紫禁城建筑之道

王子林◎著

故 宫 出 版 社

与紫禁城在一起

一座殿，

一段时间的记忆，

一座城，

一个文明的缩影。

紫禁城如浩瀚无际的海洋，汇综大小江河，任你乘风破浪，海边拾贝，总有一朵浪花反射出太阳的光芒。

记得第一次进故宫时，眼睛是迷茫的，但心灵却是震撼的。红色的墙，黄色的瓦，以及萦绕在梁枋间耀眼的彩绘，映衬在蓝天白云下，构成了一幅仿若天宫的图画。"目眩转于仰瞻，神怡恍于流盼"，还来不及梳理明晰，开悟通达。

那是 29 年前一个金秋的艳阳天，一辆面包车载着被褥和书进了故宫，我成了故宫工作者中的一员，并有缘住在了故宫十三排，咫尺殿阁楼宇，高墙深院，参差古柏，晨曦暮鸦，始能与之朝夕相处，游目骋怀，畅叙幽情。

那时的工作环境是常年失修的宫殿库房，多数天花板、墙壁脱落，窗户玻璃破损，有的库房里竟堆了半米多高的建筑渣土，当我们打开大门时，屋子里覆盖着厚厚的尘土，竟无处下脚。但我们还是将无限的热情投入到工作之中，清理渣土，擦拭尘埃，一件一件文物进行登记核对、测量照相。在整理文物期间，可以说都没有一刻闲暇的工夫停下脚步来静静地欣赏花园中的松风竹韵，宫殿里的"四美具""西方胜"。但我们有机会与文物近距离接触，乃人生之幸福与快乐。那个时候，院子里长满杂草，建筑与它们相互依偎，好像被旧日的时间镀了一层金，永不褪色，没有改变。行走其间，与它们时常做个陪伴，阳光给我们留下了无数的合影。时间久了，它们熟悉了我们的脚步声，我们也熟悉了它们那斑斓的身影。

那些年，正是在整理文物的过程中，我对紫禁城有了更多的接触和了解。

"前朝后市之规，既肃肃而严严。左庙右社之制，复亭亭而翼翼"，紫禁城分前朝和后廷两部分，庄严宏伟，由无数个院落构成，排在一起便是一个巨大的矩阵，隐藏着无限的能量。在它面前，高山仰止，越钻研越觉得其艰深，眼睛时而迷惘，时而光亮，但终究被其所获，无法摆脱。有时站在太和殿的月台上，看着阳光照耀下的日晷，它永远迎着太阳，任凭光影在它身上刻写，时间在它身上堆积，永不叹息。有时走在长长的甬巷里，一座又一座的门洞，仿若时空隧道，不知今夕何年。

"日月逝矣，岁不我与"，虽然时间在流逝，但在这个春天的季节里，餍饫于紫禁城的时光里，不能自拔，于是萌生了这本书，不过是"辞达而已矣"！

王子林

2018 年 5 月

目　录

导 言

一、紫禁城是我们文明的延续

我们的文明本质上是农耕文明，一切都是为农业服务的。对天象的掌握至关重要，日月星辰的运行、风雨雷电的出现，都会对我们的农业产生重大影响。在商代，都城的四周设有四座单台，用以观察天象，甲骨卜辞中有大量的关于风、雨、云、雷的记载。这种在巫的占卜下发展的农业生产，使商代社会形成了以神鬼祭祀为主的形态，并裹挟着一切语言和行为。如十二时辰中的"酉"时，酉即酒，酒是农业生产的产物，日落时，殷人要用酒祭祀上天以求福，故用酒来表示"酉"时。正是由于殷人用酒祭祀上天，逐渐形成了"湎于酒"的社会风气，到帝辛时代，作为一国之君的纣王，更是放纵于酒色之中，《史记·殷本纪》记殷纣："大聚乐戏于沙丘，以酒为池，悬肉为林，使男女倮相逐其间，为长夜之饮。"

商纣王好酒，以为有命在天，不顾臣民的痛苦，对于天下的怨恨置若罔闻而不思悔改。他大兴淫乱，沉迷于酒池肉林之中，因宴乐而丧失了威仪。他只想放纵于酒，不想自己制止其淫乐。没有明德芳香的祭祀升闻于天，只有臣民的怨气、群臣私自饮酒的腥气升闻于天。故《尚书·酒诰》称："天降丧于殷，罔爱于殷，惟逸。"上帝对殷降下灾祸，让殷走向灭亡，就是出于淫乐的缘故。

武王讨伐商纣王时，就以此为借口召集诸侯进攻朝歌。《尚书·泰誓》记载周武王十三年的春天，于孟津会盟诸侯，他说："商纣王不尊敬上天，降下灾祸给下民。他嗜酒贪色，施行暴虐，用灭族的严刑惩罚人，凭世袭的方法任用人。所以上天帮助下民，为人民设立君主和师长，是为了辅助上帝，爱护和安定天下。天下是天下人的天下，天子必须要做到公。天下的官职不应该是世袭的，而应该通过考察德行、才能和贡献来选拔贤能的人担任。天子是承受上天之命来管理人民的，上天设立君主，是为了给人民带来利益的，因此，当君主残害人民的时候，他就失去了上天的使命，成为独夫民贼。"《春秋繁露·尧舜不擅移汤武不专杀》称："天之生民，非为王也；而天立王，以为民也。故其德足以安乐民者，天予之；其恶足以贼害民者，天夺之。"天生养人民不是为了王，天选择王是为了使人民的愿望得到满足。所以他的德行足以使人民安乐，天就把王位给他。但当他的恶行残害人民时，天就会收回天命。所以《史记》称："殷纣之国，左孟门，右太行，常山在其北，大河经其南，修政不德，武王杀之。由此观之，在德不在险。"

"树德务滋"，建立美德务求滋长，周代追求道德的力量，将殷人迁徙到洛邑，使他们接近王室，用此改变他们的礼仪，以德治天下。《尚书·毕命》曰："惟文王武王敷大德于天下，用克受殷命。惟周公左右先王，绥定厥家，毖殷顽民，迁于洛邑，密迩王室，式化厥训。"又将上帝与民听民视结合起来，《泰誓》曰："天视自我民视，天听自我民听。"上天的看法，出自我们人民的看法；上天的听闻，出自我们人民的听闻。所以"惟我文考若日月之照临，光于四方"，周文王的明德像日月照临一样，光被四方。《论语》记"子不语怪力乱神"，"敬鬼神而远之"，"俎豆之事，则尝闻之矣"，注重礼仪之事，不学礼，无以立。《周礼》一书记载了大量的周代礼仪，故孔子说："吾从周。"

因此我们的文明来自两个源头，殷商的神鬼文明和周代的圣德文明。

紫禁城延续了这种文明，在浩繁的祭祀礼仪基础上，突出了圣德文明。明永乐帝迁都北京营建紫禁城，遵祖制名大朝正殿曰奉天殿，出自《尚书》："惟天惠民，惟辟奉天。"因为上天是爱护人民的，故君主要敬奉上天，像上天那样爱护人民。清乾隆帝为太和殿题写的对联曰："帝命式于九围，兹惟艰哉，奈何弗敬；天心佑夫一德，永言保之，遹求厥宁。""帝命式于九围"出自《诗经·商颂·长发》，是说上承天命的皇帝一言一行应做天下万民的榜样、九州百姓的表率。"天心佑夫一德"出自《尚书·咸有一德》，上天只会保佑那些道德高尚思想纯粹的人。乾隆帝名太上皇宫正殿曰皇极殿，题联曰："惟以永年，敷锡厥庶民，向用五福；慎乃有位，佑启我后人，抚绥万方。"皇极，出自《尚书·洪范》："皇极：皇建其有极。敛时五福，用敷锡厥庶民。"把五福赐给百姓，才能长治久安。故乾隆皇帝说："皇极敷锡，无好必斥。"

二、紫禁城的建筑语言

　　紫禁城有着丰富的建筑语言，强调秩序、比例和对称原则。中轴是建筑的脊梁，是支撑整个宫城的元枢；《周礼》中的五门三朝、前朝后寝、东西六宫，构成紫禁城的框架；《周易》中的乾坤卦象使建筑的组合有了形而上的高度，有了贞固不动的基础，如东西六宫的平面结构呈现"☷"三画卦，象征坤卦卦象，而乾清宫、坤宁宫和交泰殿的名称直接来源于乾卦、坤卦和泰卦，使紫禁城有了天地定位、天地相交的逻辑法则。红墙黄瓦构成紫禁城建筑的色彩基调，在传统的认知里，黄色象征土，红色象征火，土位于中央，故三大殿建在土字形的台基上，"中央戊己属土，其色黄，故中央帝曰黄帝"。按五行之理，火可以生土，故红墙象征火，黄瓦象征土，火生土，火旺则土厚，体现了农业文明的根本离不开土。紫禁城中的建筑屋顶几乎包括了中国古代建筑屋顶的所有形式，如硬山、悬山、歇山、庑殿、攒尖、十字脊、重檐、卷棚、盝顶等，它们有着严格的等级区别，就像人头上的帽子，不同级别的人戴的帽子是不同的，帝王的冠冕是最高级别的帽子，太和殿和乾清宫的重檐庑殿顶是最高等级的象征，体现了那个时代的礼制特征。

　　除了从建筑本身去破解建筑语言外，当山水与建筑融为一体，不再是孤立的自然景观时，它们也成为建筑语言的一部分，担负着诠释建筑理想的重任。紫禁城的金水河和万岁山，二者已经不是纯粹意义上的自然的山与水，而是与建筑有着不可分割的关系。万岁山是紫禁城的靠山，没有这座山，紫禁城将失去最坚固的屏障，变成孤城。金水河也同样具有此作用，它不仅为整个宫城提供水源，保证宫城的用水与排水，同时它还起着将西北乾与东南巽相连接的作用，使金水河成为意象上的一条乾金之河，使天地得以沟通，山泽得以相连。

三、紫禁城的思想境界

　　孔子说："菲饮食而致孝乎鬼神，恶衣服而致美乎黻冕，卑宫室而尽力乎沟洫。"把丰盛的美食、华丽的衣服献给鬼神和祭祀，不去建造壮美的宫室，而是尽力于沟渠水利，这是大禹的志向、圣人的典范。从这点看，紫禁城宏伟的宫殿离圣人的简朴之风远矣。但《周易·系辞下》曰："上古穴居而野处，后世圣人易之以宫室，上栋下宇，以待风雨。"汉代萧何称帝王宫室"非壮丽无以重威"，所以随着历史的发展，后人对"卑宫室"的理解发生了变化，记得乾隆皇帝改建他的潜邸西二所为重华宫时，他说"未废司农之帑，何劳庶民之功"，没有劳民伤财，故重华宫"茅茨土阶兮，钦尧俭之堪尚"，事实上重华宫并非茅茨土阶，但乾隆皇帝则是从未动用国家财政和劳役百姓这个方面来说明自己的重华宫是简朴的，继承了圣尧的简朴风尚。

修建壮美的宫殿，并不意味着就不把最美味的果品献给鬼神，就不去兴修水利。周人迁都周原，所建都城也是"皋门有伉，应门将将"，高大庄严，富丽堂皇。所以重要的是宫室所隐藏的思想，才是继承圣人之道的根本。因此紫禁城不仅仅是用砖、瓦建造起来的宫殿，它更是传统文化的载体，有着崇高的思想境界。

在前朝，中轴的东西两侧分布着文武两组建筑，东为文楼、文华殿，西为武楼、武英殿。这种建筑布局，使紫禁城形成东西文武对称的格局。在传统文化中，文属阳，武属阴，所以它是"一阴一阳之谓道"思想的体现，使紫禁城上升到形而上的高度。阴阳结合，产生生命，"天地有大德曰生"，让万物生长，这是天的仁德，也是天的本质。紫禁城的文武格局，体现了天的本质，是仁义的反映。所以天的本质也就是紫禁城的本质。

周代出现了"六宫六寝"，六宫是帝王的寝宫，六寝是王后的寝宫，前六宫后六寝分布于轴线上。到明代时，将"六宫六寝"制度改变为东西六宫，分布于轴线的东西两侧，融入了坤卦卦象，以突出"坤顺承乾"即遵循自然规律的思想。

乾隆皇帝营建太上皇宫宁寿宫，于中轴上建有皇极门、宁寿门、皇极殿、宁寿宫、养性门、养性殿、乐寿堂、颐和轩、景祺阁九座建筑，取象乾卦，用了老阳之数"九"；然而太上皇宫的后门却名曰"贞顺门"，贞顺出自《周易》坤卦，原因在于中轴上不算门座，只有六座宫殿，符合老阴之数六，故又用了"六"数。太上皇宫既用九又用六，用九目的是为了达到"天下治平"，用六的目的是为了"以大终也"，儒家认为最崇高的理想是"赞助天地,化育万物"，像大地那样厚德载物，让万物在自己的怀抱中生长、繁荣。

紫禁城的境界是因为融入了天地之道，它像一粒火种，使几千年文明，得以薪火相传。

第一章

都城设计营建法则

天轴与三正原理

万方之枢会的都城，其营建法则是不断演变和发展的，总体说来，它有四个理论原则：一是四方中心理论，二是天轴理论，三是三统三正理论，四是上合天星垣局下钟正龙王气理论。夏商周时代以四方中心理论来营建都城，以都城居中的方式确定王朝的政治中心。由于天文学的发展，大地中心观遭到了质疑。人们开始把眼光投向浩瀚无际的宇宙，以天的中心来定大地的中心，天轴理论就产生了。从此，都城的规划多了一条御道即中轴，大朝正殿取象天上的北极星，神圣而至高的地位建立了起来。王朝的更替是讲究正统的，易服色、改正朔是每个王朝必须遵循的规则。建子、建丑、建寅三正成为都城取象天象的普遍规律，上承天命使王朝建立找到了最根本的依据。上合天星垣局下钟正龙王气理论让都城的规划走得更远了，除了把天象搬到都城的布局中外，地理山川同样成为都城的一部分，并被赋予新的元素。

一、四方中心观

按照文明发展的次序，是先有采集、狩猎，后才向农业过渡，最终定居下来。狩猎又分为两个阶段，初级阶段是跟着动物迁徙，高级阶段则是氏族部落各自占有一块领地进行狩猎活动。随着一部分人权力的增长，他们获得了首领赐予的囿。有了固定的狩猎场地，人们开始定居下来，一些动物被驯化圈养，保证了食物来源。同时在采集过程中，农作物被不断地培植出来，逐渐向农业生产迈进。甲骨文"田"字的发明就反映了早期先民的狩猎活动规律，徐中舒称"田"字："象田猎战阵之形。古代贵族有囿以为田猎之所，囿有沟封以为疆界，亦即堤防，其形方，因谓之防。甲骨文'田'字从囗从十、卄、ᖫ等，囗象其防，十、卄、ᖫ等表示防内划分之狩猎区域。故封疆之起在田猎之世。围场之防，就田猎言，本以限禽兽之足，就封疆言，则为封疆之界，故此古代之封疆，必为方形。而殷代行井田制，其井田之形亦必为方形。此井田乃农耕之田，已非田猎之所。后世不知农田阡陌之形初本田猎战阵之制，故《说文》云：'田，陈也，树谷曰田，象四口十，阡陌之制也。'不确。"[1] "田"字的造型最初源于狩猎所列战阵之形。贵族有囿为狩猎之所，囿的沟封作为疆界即堤防，防内再划分狩猎区域，所以封疆起源于田猎，其形为方形。农耕兴起后，殷代以此作为井田制推行，井田之形也是方形，但已不是狩猎的场所了。故农田中的阡陌之形乃本于田猎战阵之制。

由田发展演变为两种建都模式：一是四方中心模式，二是"九分其国"模式。

（一）四方中心模式

1. 田猎与立表建旗

《周礼·夏官·大司马》记："田之日，司马建旗于后表之中，群吏以旗物鼓铎镯铙，各率其民而致。质明，弊旗，诛后至者。"这则记载，说明田猎与立表有关系。田猎那天，大司马在后面五十步表中竖起旗帜，各级官吏打着自己的旗号，带着鼓铎镯铙，领着自己的徒役向大司马报到。天亮时，大司马放下旗帜，诛杀迟到的人。《周礼》的这则记载，反映了田猎时严格的纪律要求，同时也透露出了以下几点：第一，立表建旗，立表即立杆测影，确定时间，建旗即测天气或作为召集民众聚集的标志。第二，各级官员见建旗则要率领民众前来集合。第三，在规定的时间内迟到者将被诛杀。《史记·司马穰苴列传》亦记载司马穰苴与监军庄贾约于"旦日日中会于军门"，但庄贾迟到，司马穰苴即"仆表决漏"即卧其表且中断壶中漏水，杀了庄贾。从《周礼》和《史记》的记载看，以立表确定的时间是神圣的，任何人都必须遵守。

从四面八方奔向赴约的地点，说明这个地点是中心，先民是用建旗来表示的，我们先来看看甲骨文"中"字有哪些写法：

中（一期，乙四五〇七），中（一期，前六·五九·七），中（一期，乙四〇二），中（一期，前六·一七·七），中（一期，人三一一四），中（五期，合集三五三四七），中（四期，粹八七），中（四期，粹五九七），中（周甲川大 H11：112）。

唐兰先生认为："中象旗旅之旗，古文字凡垂直之线中间恒加一点，双钩写之为$\nsubseteq$、$\nsubseteq$形，省变为中形。$\nvdash$本为氏族社会之徽帜，古时有大事，聚众于旷地先建中焉，群众望见中而趋赴，群众来自四方则建中之地为中央矣。"徐中舒先生认为卜辞中多有立中之辞，如"卜央贞王立中（人九七二）""丙子其立中亡风八月（存二、八八）"等，与唐说合，它既是立旗建中以聚众，又是观测风向的地方。除此之外，还有中间、日中、中室之义，如卜辞：丁酉贞，王作三师左中右（粹五九七）；中日至塘兮启（甲五四七）；丁巳卜，$\nvdash$小臣刺$\nsubseteq$鞠于中室（甲六二四）。[2]总之，中是中心之义，于"丨"上悬旗用于观测风向，说明"中"也是观天象之处。

中字取象于旗，旗的本字，甲骨文写为$\nvdash$，"丫"为单字，卜辞有"采，$\nsubseteq$云自北，西单雷（库四九一）"，单是观天象的地方，所以中字的"丨"实际上是单，于单上挂旗以为观察风向之用。单同干，单即表，又可以立单测影以定时，故后世有立表建旗聚众的记载。

表即单原是狩猎的武器干"丫"，后成为观天象的工具，单台是"望氛祥"的台。[3]司马建旗实际上是上古巫立单建旗的反映，确定这里不仅是观天象之处，而且是最高权力的象征，是政令所出之处。所以立中就是立旗，旗的出现能聚众，故有旗的地方成为中心。为了用这根旗杆表示中心之义，于是在这根杆子的中间加一点以示取中之义，这一点后来就变成了"囗"或"○"。

2. 立杆测影求中

营建国都时，要进行测绘，确定水平、距离和高程，划定方向。四方的确定来自于立杆测影，《周礼·冬官·匠人》记载："匠人营国，水地以县。置槷以县，视以景，为规，识日出之景与日入之景，昼参诸日中之景，夜考之极星，以正朝夕。"以表为圆心画出一个圆圈，将日出和日落时的表影与圆圈相交的两点记录下来，参考白天正午的影子位置和晚间北极星的方位，这样两点的直线就是正东西方向，而直线的中心与表的连线方向则是正南北方向（图1），东南西北四方就确定下来了。进一步，以此为基础则可确定四隅，以表杆为圆心O点，画一个圆，A为日出时的表影与圆圈的交点定为西南点，B为日落时的表影与圆圈的交点定为东南点，垂直于东西连线的南北直线OE与圆圈的交点E为直线CD与圆圈的切点，将AD、BC连为一线，于是就得到一个ABCD方形，A、B、C、D即为四隅（图2），四隅的确定至关重要，它是决定城市形状和规模的基础。

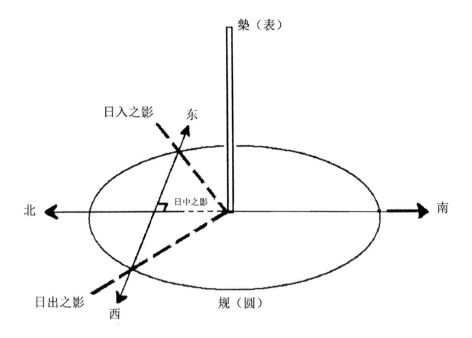

图1　立杆测影图

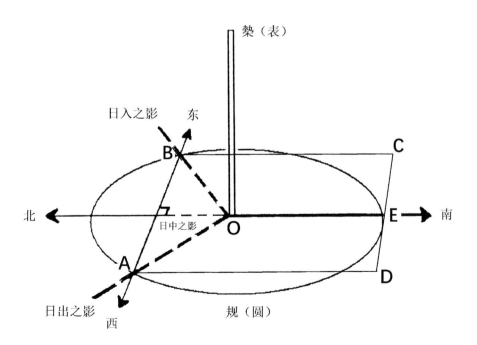

图2　立杆测影求四隅图

《周礼》郑玄注曰："于四角立植而悬。以水望其高下，高下即定，乃为位而平地。"唐代贾公彦进一步解释曰："云于四角立植而悬者，植即柱也，于造城之处，四角立四柱，而悬，谓于柱四畔悬绳以正柱，柱正，然后去柱远以水平之法遥望，柱高下定，即知地之高下。"[4] 据秦建明先生的考证，所谓植、柱，都是表的异名，要建城，需要于四隅立四表以确定四方，用水平工具测望，求得水平，然后根据水平标准进行施工，所以中国古代都城的平面形式，一般都是方形或长方形。[5]

于四隅立四表，是因为四个角分别是两条直线的相交点，是固定的，容易确定平面布局，对于测量来说是一种切实可行的方法。其实四隅立四表在商代已出现，如甲骨卜辞中的四单：

庚辰卜，央贞，爰南单（乙三七八六）。

庚辰贞，翌癸未，屎西单田，受有年，十三月（存二、一六六）。

庚辰王卜，在𢆉贞，今日其𢽾旅，𠯑执于东单，亡灾（存二、九一六）。

采，𡌴云自北，西单雷（库四九一）。

竹口北单（后上一三、五）

于省吾释"单"为台即积土而成的高台，丁山释"单"为坛，《论语·颜渊》记"樊迟从游于舞雩之下"，苞氏注曰"舞雩之处有坛墠树木,故下可游焉"，称坛墠之上立有木。商都殷四隅的测天象的四单，最初则是源于监测都城的平面位置和水平高程的四个表杆即四个基准测量点位。这种测量方法，极有可能源于早期田猎之田的划分测量。

中心点即是测日影的表杆所在处,《周礼·地官·大司徒》称："以土圭之法，正日景，以求地中。日南则景短，多暑；日北则景长，多寒；日东则景夕，多风；日西则景朝，多阴。日至之景，尺有五寸谓之地中，天地之所合也，四时之所交也，风雨之所会也，阴阳之所和也。然则百物阜安，乃建王国焉，制其畿方千里而封树之。"用土圭测量土地的方法，测量南北距离，依据日影，求得土地的中央。偏南的地方，太阳的影子较短，而其地气候炎热；偏北的地方，太阳的影子较长，而其地气候寒冷；偏东的地方，落日也较早，并且多风；偏西的地方，日出较迟，落日也较迟，并且多阴。当周公把洛河地区夏至的中午表杆的影子测定为一尺五寸时，这就是大地的中央，成为确定中央的标准。那地方天地之气和合，春夏秋冬四季交替，风调雨顺，阴阳和谐，因此物产丰富，是建立国都最理想的地方，这个地方显然有利于子孙的繁荣。以土圭之法测出的日至之影为一尺五寸，使立表建旗有了更为实践标准的意义。

当四方与中心能够用工具测绘确定时，四方中心观也就随之产生了。《吕氏春秋》称："古之王者，择天下之中而立国，择国之中而立宫，择宫之中而立庙。"《周礼》开篇就讲："辨方正位，为民立极。"立杆测影是为了辨方正位，找出中心点，中心点就是正位，正位是为了为民立极，为百姓确立一个中心，建立标准。《尚书·盘庚》称："盘庚既迁，奠厥攸居，乃正厥位，绥爰有众。"盘庚迁殷，先要正厥位，确定自己的都城是四方的中心。这样就可以"惠此中国，以绥四方"[6]，拱卫京师，安定四方诸侯了。考古出土的周代何尊青铜铭文上也是这个意思："惟武王既克大邑商，则廷告于天，曰：'余其宅兹中国，自之义民。'"[7]将都城迁至天下的中心成周即正位，到那里去治理人民。《尚书·召诰》亦记："王来绍上帝，自服于土中。且曰：'其作大邑，其自时配皇天。毖祀于上下，其自时中义。'"成王卜问过上帝，建都洛邑以匹配皇天，要在这个中心地方来统治天下。于是成王派周公到洛邑相土，周公置五圭于颍川阳城，以某点为中心设置一土圭，按东、南、西、北四个方位距离中心点一千里处各置一圭，结果测得中心土圭的日影是一尺五寸，为天地的中心。周公于是向成王报告说："此天下之中，四方入贡道里均。"[8]"四方入贡道里均"是指四面八方到成周朝贡的距离都相等，都城位于四方的中心，这就是四方中心模式。这种模式以立单测影为基础来确定地中，然后向四方扩展，共同构成一个中心与四方相互依存的关系。

四方中心模式即是《尚书·益稷》所记"弼成五服，至于五千"的体现（图3），汉人孔安国传曰："五服，侯、甸、绥、要、荒服也。服，五百里。四方相距为方五千里。"[9]《尚书·禹贡》曰："五百里侯服：百里采，二百里男邦，三百里诸侯。五百里绥服：三百里揆文教，二百里奋武卫。五百里要服：三百里夷，二百

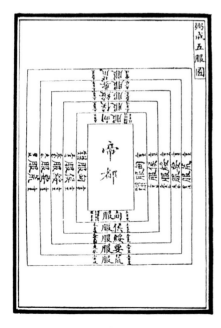

图3 弼成五服图（采自《书经图说》）

里蔡。五百里荒服：三百里蛮，二百里流。"王畿外围，以五百里为一区划，由近及远分为侯服、甸服、绥服、要服、荒服，合称五服，一直到五千里远的地方。服，服事天子之意。冯时《中国古代的天文与人文》一书通过对甲骨文巫"丒"、方"Ꞔ"和国"囗"的考证，认为商代的政治区划是以中商——大邑商——为中心、其外为国、再外为方的次序划分的，国（封建之地）是拱卫王室（中商）的同宗和同盟，方是属于或叛或服的异族，这与《弼成五服图》的构架是一致的。[10]

（二）"九分其国"模式

当由田猎战阵发展到井田时，生产得到了提高，人口增加了，聚居地得到了扩大，城市也就随之出现了，其形制即源于田猎战阵。《周礼·冬官考工记第六》记："匠人营国，方九里，旁三门。国中九经九纬，经涂九轨。左祖右社，面朝后市，市朝一夫……九分其国，以为九分，九卿治之。"贺业钜先生认为"九分其国"以及"市朝一夫"是按井田制来规划国都的（图4）。从《考工记·匠人》"营国"条所说的"九分其国"以及"市朝一夫"，便可看出，营国制度王城规划意匠实系井田规划概念所派生，而且是运用井田方格网系统方法规划的。"九分其国"，表明视"国"若田地，按"九夫为井"田制的规划概念，将"国"划分为九个面积相等的部分。井田阡陌转化为经纬涂，井田经界之沟封演进而为深沟高垒的城池。井田基本单位"夫"，即一农夫所受之一百亩耕地，用来作城市规划用地的基本单位，"井"作为组合单位。"方一里九夫之田"，即一井之地为方一里。王城方九里，总面积为八十一平方里，即八十一"井"。井田各井之间均有纵横交错的阡陌，这八十一井土地之间也是如此。利用经纬主次道路，划分为"井"或"井"的倍数的方块地盘，充作营建用地。由此可见，王城规划也仿效了井田的方格网系统规划方法，以"夫"为基本网格，"井"为基本组合网格，经纬涂作坐标，中经中纬作坐标系统的纵横轴线而安排的。"九分其国"就是凭借这套井田方格网系统来划分各种分区的营建用地，进行王城的分区规划的。[11]

武廷海老师在此基础上，认为"九分其国"，正合"量人掌建国之法，以分国为九州"之意，也与"方九里，旁三门"相呼应。与《尚书·禹贡》所言"九州攸同，四隩既宅，九山刊旅，九川涤源，九泽既陂，四海会同"相一致。运用"九夫为井"田制的规划概念，按照"井字"格局进行王城总体布局，形成宫城居中、左祖右社、面朝后市的严谨格局，以一井之地（方一里）为组合单位，"方九里"的王城总面积八十一平方里，这与邹衍所言"所谓中国者，于天下乃八十一分居其一分耳"，两者是何等的同构与一致！因此，可以进一步推论，尽管《山海经》《国朝》与《宫宅地形》这三部书所涉及的地理尺度并不相同，但是它们都"举九州之势"，亦即都代表着一种"井字"或"九宫"格局。[12] 武廷海老师以隋大兴城为例，说明大兴城的格局完全是按"九夫为井"即九宫格来规划的。[13]

武廷海老师在《从形势论看宇文恺对隋大兴城的"规画"》[14] 一文中把遵善寺作为规划的中心点即圆点，分别在西南、东南、南、北约十里的地方依

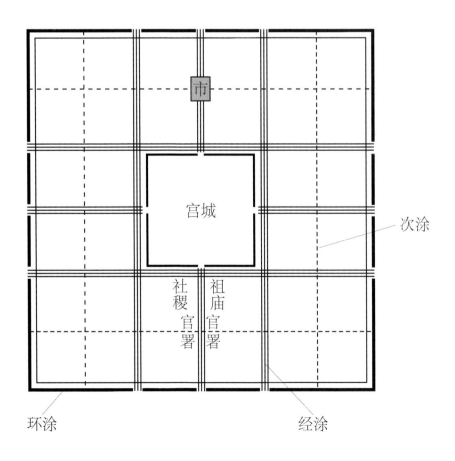

图 4 《考工记》王城规划想象图

据其地貌特征选了四个点，画了一个圆圈，根据圆与外城廓的切线和外城廓长宽的比例关系，可以确定都城外城廓位置、中轴线、街道、城门以及宫城和皇城的位置，宫城、皇城与各坊之间的大小比例，武老师称："对于宇文恺到现场踏勘的具体情形，目前尚不得而知，但是从前述《诗经》对公刘'相其阴阳，观其流泉'等描画，我们可以推测，宇文恺想必也登上山原，俯瞰开阔舒缓的川野，领会隋文帝所称的'龙首山川原秀丽，卉物滋阜'。放眼龙首山南坡这块地区，地势起伏较大，愈向东南，地势愈高，但是原面更广，选作都城更有回旋余地。并且，从东南两面引水入城，可以方便地解决城市用水问题；依靠山原将都城与渭河远远隔开，又可避免洪水没都的危险。从今天的地形图上看，这个地块大致处于海拔 400 米至 450 米之间，引水、排水都十分方便，符合《管子·乘马》中的立都原则：'凡立国都，非于大山之下，必于广川之上。高毋近旱而水用足，低毋近水而沟防省'，的确是构建新都的好地方。"[15]武老师根据文献梳理出的隋大兴城的规划方法，并非凭空产生的，其实它就是笔者前文所述立杆测影求四隅的方法。

《史记·孟子荀卿列传》记："儒者所谓中国者，于天下乃八十一分居其一耳。中国名曰赤县神州，赤县神州内自有九州，禹之序九州是也，不得为州数。中国外如赤县神州者九，乃所谓九州也。于是有裨海环之，人民禽兽莫能相通者，如一区中者，乃为一州。如此者九，乃有大瀛海环其外，天地之际焉。"天下分八十一分，赤县神州即中国居一分，而中国内又分为九州，中国外有八州，中国居中。按此逻辑，天子的宫城应居于都城九宫格的中心，但实际上并非如此，而是居于北方，如隋大兴城，这就与天轴理论有关了。

二、天轴理论

在群星闪烁的夜空里，北斗七星率领天空中所有的星宿围绕着一个固定的中心旋转。这个中心点名曰北极即北辰。孔子说："为政以德，譬如北辰，居其所而众星共之。"

这个中心点是怎样测出来的呢？

古人发明了牵星术，用一根绳子牵着星走，就可以测出诸星的轨迹，找出北极所在的地方。《周髀算经》记载："欲知北极枢，旋周四极。常以夏至夜半时北极南游所极，冬至夜半时北游所极，冬至日加酉之时西游所极，日

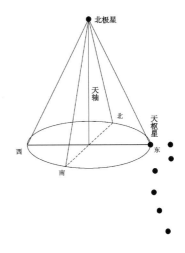

图 5　北斗绕北极周天旋转图
（采自余健：《堪舆考源》，第 161 页）

图 6　天为圆形（圆锥体）

加卯之时东游所极，此北枢璇玑四游。正北极枢璇玑之中，正北天之中。正极之所游，冬至日加酉之时，立八尺表，以绳系表颠，希望北极中大星，引绳致地而识之。又到旦明，日加卯之时，复引绳希望之首，及绳致地而识，其两端相去二尺三寸，故东西极二万三千里。其两端相去，正东西。中折之以指表，正南北。"[16] 首先在大地上立一标杆即表，高八尺。在表的顶端系一条绳子，牵直并移动绳子，让眼睛顺绳子望去，使表顶与被瞄准的北斗之天枢星处于一条线上，即三点成一线，这时在地上标出绳子与地面的交点。当通过一年的测量，可在地面获得此星在极南、极北、极东、极西四个测量点位，然后将东西连为一线，南北连为一线，其交点就是北极点（图 5）。然后从这一点出发，通过表顶，所望到的天上的那一点即为北极点所在处。[17] 此点是天的最高处，由于此点不动，众星皆围绕它而运转，故又称北极是天的中心。当巫引绳做四游测量时，他在地面上画出的是一个圆圈，与表的顶点则形成一个圆锥体（图 6），这实际上是北斗星绕北极旋转在地面上的投影。所有星宿都会确定在这个圆锥体里面，故古人认为天是圆形的。所以与天有关的建筑都是圆锥体的屋顶，顶点为一圆球，象征北极点即北极星，如天坛、玄极宝殿、乾元殿、大光明殿等。圆锥体的顶点十分重要，圆锥体以此为原点，呈放射状，证明了天体里的万物都是被此点所覆盖的。故《中庸》说："天之所覆，地之所载，日月所照，霜露所坠，舟车所至，人力所通，凡有血气者，莫不尊亲，故曰配天。"万事万物都被天所覆盖，这一认识就是从这个测天实践中得来的。《史记》称天神运动，阴阳开闭，皆在此中之内。

测出了天的顶点北极，但它为何不动呢？是因为天存在着贯穿整个天体的一根天轴，天轴的顶点为北极，故而不动。其原理如一把伞，撑开伞，旋转伞轴，带动伞盖旋转，但伞轴的顶点是永远不动的。伞盖如天盖，上面有很多星，伞轴如天轴。《周礼·冬官考工记第六》称"盖如圆也，以象天也"，说天体就像车上的伞盖一样。

所以天轴是北极不动的决定因素。北极之义即相对于大地北方的天空最高的那一点，由于它不动，故而既是天的中心，又是天的最高点。这就是天轴理论。

但要把天轴搬到大地上来，必须是两点才能确定一条直线，《诗经·鄘风》："定之方中，作于楚宫。揆之以日，作于楚室。"定，即定星，也称营室星，为北方七宿之一。大约在每年的十月十五后至十一月初，定星在黄昏时出现在正南天空，与北极星相对应。根据此天象，产生了都城中轴原理：建一座大殿，自殿前修一条道路象征天轴，对准前面的一座大山。为何要选择山为对准对象呢？因为山是永恒不变的，如天上的星一样，象征中轴不变。

秦始皇营建都城咸阳，运用了天轴理论：建一座大殿，自殿前修一条道路，大殿就像北极位于天轴的顶点一样而位于道路的顶点。这条御道直线方向的确定是对准了东方的骊山。《史记》记："二十七年，始皇巡陇西、北地，出鸡头山，过回中。焉作信宫渭南，已更命信宫为极庙，象天极。自极庙道通骊山，作甘泉前殿。"[18] 但这根最早的取象天轴的御道是东西向的，不是南北向的。这可能与早期关中地区以东为尊有关，因为东方是太阳升起的地方。这一点也深深地影响到汉代长安城最早的主干道是以东西取向为准的。

始皇三十五年（公元前 212 年），秦始皇觉得咸阳宫太小了，于是又根据天轴理论建了庞大的阿房宫，《史记》记：

先作前殿阿房，东西五百步，南北五十丈，上可以坐万人，下可以建五丈旗。周驰为阁道，自殿下直抵南山。表南山之巅以为阙。[19]

阿房宫前殿上可坐万人，下可建五丈旗，这是立表建旗聚众的遗存，但

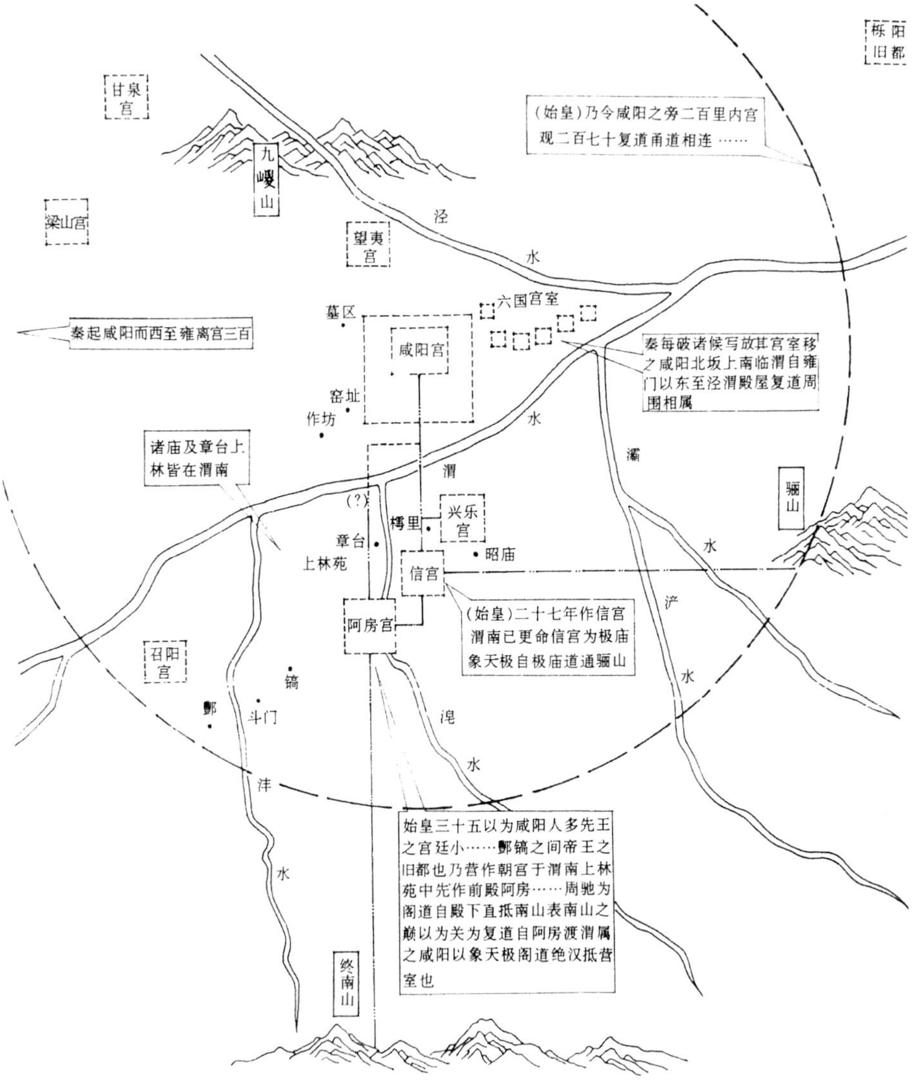
栎阳旧都
甘泉宫
九嵕山
梁山宫
望夷宫
泾
水
(始皇)乃令咸阳之旁二百里内宫观二百七十复道甬道相连……
六国宫室
墓区
秦起咸阳而西至雍离宫三百
咸阳宫
秦每破诸侯写放其宫室移之咸阳北坂上南临渭自雍门以东至泾渭殿屋复道周阁相属
窑址
作坊
水
灞
诸庙及章台上林皆在渭南
渭
骊山
(?)
兴乐宫
章台
上林苑
昭庙
水
信宫
(始皇)二十七年作信宫渭南已更命信宫为极庙象天极自极庙道通骊山
阿房宫
浐
召阳宫
镐
水
鄠
斗门
潏
水
沣
水
始皇三十五以为咸阳人多先王之宫廷小……鄠镐之间帝王之旧都也乃营作朝宫于渭南上林苑中先作前殿阿房……周驰为阁道自殿下直抵南山表南山之巅以为关为复道自阿房渡渭属之咸阳以象天极阁道绝汉抵营室也
终南山

图 7　秦咸阳城规划示意图（采自贺业钜:《中国古代城市规划史》，第 313 页）

天下中心观却改变了。“表南山之巅以为阙”，阿房宫对准南山之巅，显然，这是直接继承了信宫“道通骊山”的模式，从而确定这里是天下的中心。这一次秦始皇瞄准了南山的最高峰，把此峰当成了阙，以定位修建庞大的阿房宫。南山之巅与阿房宫连为一线，南山即正南向的山，说明阿房宫位于正北方。自阿房宫至南山形成南北向的御道即后来的子午道。秦始皇将都城中心直线方向从东西调整为南北方向，与天轴方向保持一致（图 7）。南山与阿房宫的关系实际上成为天轴北极与定星的关系的镜像。一个新的正统方向观念产生

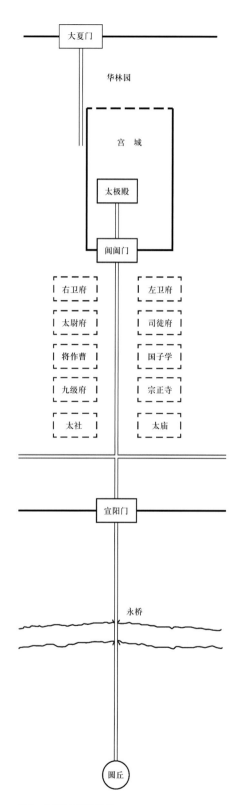

图 8　北魏洛阳城中轴图
（采自贺业钜：《中国古代城市规划史》，第 468 页）

了：与天轴方向一样的朝向即南北向。新的政治中心观也就诞生了。

按照天轴理论来规划设计都城实际上很简单，只要建一座宫殿，并于宫殿前修一条御道即可确定这里就是天下的中心。我们把这条御道称为都城的轴线即中轴。的确，后世就是这样效法的。

"表南山之巅以为阙"，从此成为都城南北取向的圭臬。汉代中期之后，王莽把祭天的建筑明堂建于南边，使南北向的安门大街从此成为新的都城的主干道。北魏洛阳城将大朝正殿命名为太极殿（图 8），太极即北极之义，自太极殿前修一条御道直达圆丘（祭天坛），圆丘好比南山，这条御道成为中轴的象征，表示这里是天下的中心。南宋朱熹曾说：

> 冀都是正天地中间，好个风水。山脉从云中发来，云中正高脊处，自脊以西之水，则西流入龙门、西河，自脊以东之水，则东流入海。前面一条黄河环绕，右畔是华山耸立，为虎。自华来至中为嵩山，是为前案。遂过去为泰山，耸于左，是为龙。淮南诸山是第二重案，江南诸山及五岭……又为第三、四重案。[20]

朱熹称冀都的前面有黄河、长江环绕，嵩山是为前案，淮南诸山是第二重案，江南诸山及五岭为第三、四重案，这些大江、大河、大山就像天上众星拱卫北极一样拱卫冀都。以冀都为起点向南至五岭的这条轴线，使冀都成为天下的中心。笔者将这条轴线称为冀都中轴（图9），显然冀都中轴是大地的地轴，与天轴对应。

元代营建大都城时，南边是平原，实在找不到一座山，怎么办？刘秉忠出了个主意，以丽正门外第三桥南一树为向以对，以确定大内的中轴朝向，得到了世祖的同意。明代北京城自永乐建成后，与元大都一样，北京平原上没有山，但到成化时，侍讲丘浚说北京城象征北辰，它的前面正对千里之外的泰山。这一建都原则也影响到帝王陵寝的设计，清东陵孝陵神道正对前面的金星山，完美地实现了"表南山之巅以为阙"的理想（图10）。正统的南北朝向轴线就这样一代一代地传了下来，印证了孔子说的"南面而听天下"。

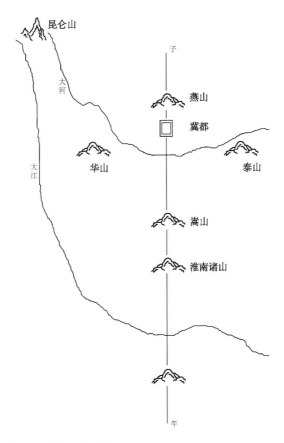

图9　朱熹冀都中轴想象图

图 10 清东陵孝陵神道正对金星山即定星

三、三统三正理论

《尚书·尧典》曰："乃命羲和，钦若昊天，历象日月星辰，敬授人时。"开展和组织生产活动，发展农业，最重要的是要建立历法，告诉大家节令和时间。上古时代，帝尧命令羲氏与和氏，遵循天数，推算日月星辰的规律，制定历法，把天时节令告诉人们。

抬头望天，天空在周而复始的运转，它是靠北斗七星绕天作周天运行而表现出来的。一天的时间或一年的月份计算，就是利用北斗运行规律而确定的。十二时辰即十二地支在商代就出现了，甲骨文中有十二时辰的字，如卜辞：丁酉卜乙巳易日（后上二一、六）。辛巳卜王步乙酉易日（合集三四〇一〇）。[21]

北斗由魁和杓两部分组成，魁由四颗星即天枢、天璇、天玑、天权组成，杓由玉衡、开阳和摇光组成。如果把北天极看作是一个圆盘，北斗则是这个圆盘中的表针，圆盘分为十二等分即子、丑、寅、卯、辰、巳、午、未、申、酉、戌、亥，则北斗之杓所指方位即表示不同的时间和节令。古人把子作为十一月，丑是十二月，寅是正月，依次往下排序。

颁布历法，就是要确定岁首之月，《尚书·甘誓》："有扈氏威侮五行，怠弃三正。"唐人陆德明引汉人马融曰："建子、建丑、建寅，三正也。"[22] 夏以寅即正月为岁首，北斗杓指寅，为正建寅；殷以丑即十二月为岁首，为正建丑；周以子即十一月为岁首，为正建子。三朝所建历法对于正月初始的不同规定，即夏以寅月正月为岁首正月，殷以丑月十二月为岁首正月，周以子月十一月为岁首正月，合称三正。因"王者始起"要"改正朔""易服色"，以表示受命于天，因此每个王朝的正朔是不同的。但《淮南子·天文训》曰"天一元始，正月建寅"，确定夏朝建寅作为王朝更替的初始。汉代董仲舒提出"三统三正"之说，称夏、商、周三代遵循天命，按黑、白、赤三统分别以寅、丑、子为正。董仲舒认为一年十二个月，有三个月可以作为岁首，它们分别是寅月即正月，丑月即十二月，子月即十一月。建寅以黑为统初，历正日月朔于营室，斗建寅即斗杓指向寅位正月；建丑以白为统，历正日月朔于虚，斗建丑即斗杓指向丑位十二月；建子以赤为统，历正日月朔于牵牛，斗建子即斗杓指向子位十一月。三正如果从黑统开始，正月初一日，太阳与月亮在北方营室之位汇合；三正如果从白统开始，正月初一日，太阳与月亮在虚宿之位汇合；三正如果从赤统开始，正月初一日，太阳与月亮在牵牛之位汇合。建"三统三正"的目的就是为了奉天。董仲舒认为从夏、商、周三代各依自己不同的天命各正一统，并从此开始，接下来的王朝必须遵循这一规则更替，形成了历史演变的循环。秦以建亥之月即夏历的十月为岁首，正黑统，汉承之则以建子之月即十一月为岁首，为正白统。

同时在同一个法统里，先王与后王之所制也不尽相同，后王可以改先王之法。比如周文王受命而王，在丰邑建都，正赤统；武王改制，在镐地建筑宫室，正黑统；周公辅佐成王接受天命，迁都洛邑，正白统。

从《尚书》"历象日月星辰，敬授人时"到董仲舒的"三统三正"，改正朔作为新王朝建立的正统依据，这就要求岁首时的天象要运用于都城的设计规划之中，以示正统。据徐斌博士的研究，《史记》记始皇三十五年于渭水南营建阿房宫，修桥渡渭，直达咸阳，这一宏大的规划，就是秦王朝以十月为岁首时的天象的投影（图11）。《史记》记："为复道，自阿房渡渭，属之咸阳，以象天极阁道绝汉抵营室也。"阿房宫象天极，咸阳象营室星宿，复道即阁道。徐斌博士称秦始皇三十五年的都城规划，将渭南新朝宫与渭北咸阳宫通过跨越渭水的复道连为一体，秦始皇在渭河南北两宫之间的活动，犹如天帝通过跨越银汉的阁道星，往来于天极星和营室星一样。[23] 徐斌博士在研究汉长安城和元大都城时，仍运用改正朔时的天象来复原二者的布局。汉武帝元封七年冬十一月甲子朔旦夜半改为太初历，此时紫宫在北天中天，东井、五诸侯在南中天，二者南北正对，形成一条轴线。天汉位于紫宫西侧，向南穿过东井、五诸侯二宿，向北穿过牵牛、织女二宿。日、岁星位于西北方向的斗、牵牛二宿之位。所以汉武帝在昆明池畔立牵牛、织女石刻，使昆明池的水系与天汉的走向基本相同，以反映太初历起算点时的岁星和日所在的方位。[24] 元大都的天象布局，徐斌博士根据元代《授时历》颁布的时间即至元十八年辛巳岁前冬至，复原了李洧孙《大都赋》创作时的天文是斗建丑，紫微垣对应大内，斗杓指中书省，大司农对应牛宿天田，万岁山东桥对应阁道，太庙对应鹑

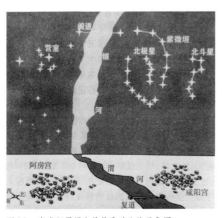

图11 秦咸阳夏历十月黄昏时分的天象图
（采自黄建军：《中国古都选址与规划布局的本土思想研究》，第96页）

火，御史台对应执法，枢密院对应魁躔。[25]

虽然天轴理论是都城布局的主要依据，但三统三正理论在明代之前的都城设计中仍在运用，并发挥着重要的作用。

四、上合天星垣局下钟正龙王气理论

明人徐善述总结历代都城形制，称：

> 夫帝都者，天子之京畿，万方之枢会。于以出政行令，莅中国，抚四夷，宰百官，统万民，天下至尊之地也。地理之大，莫先于此，必上合天星垣局下钟正龙王气，然后可以建立焉。盖在天为帝座星官，在地为帝居都会。[26]

"上合天星垣局下钟正龙王气"即《周易》提出的"仰观天象，俯察地理"。按《天文志·浑象》的记载，星宿有二百四十六个名目，一千二百八十一颗亮星，一万一千五百二十颗微星，分布于紫微、太微和天市三垣内外。中天北极紫微垣为天皇之宸居（图12），太乙之常居。北极五星正临亥地，为天帝之至尊，所以南面而治。三光迭运，极星不移，符合孔子所谓"北辰居其所而众星共之"之位。后有四辅四星居壬，勾陈六星居乾，天纲八星居戌，华盖九星居北，阁道五星居癸，咸池五星居丑，八谷八星居艮，天将军四星居寅，内陛六星居甲，司命六贵人居震，三师三星居乙。又有天理四星居辰，五诸侯五星居巽，内樀二星居巳，四贵人四星居丙，帝座二星居午，大理二星居丁，天机枪三星居未，天床三星居坤。天梧五星居申，阳德、阴德二星居庚。内屏二星居兑。天乙、柱史、女史三星居辛。有左卫七相、右卫七相以藩屏帝室。泰阶、六符辅治北斗七星以翼垣。[27]徐善述按八卦和天干地支对诸星的分布进行了定位，为都城设计中的功能划分找到了对应的天象参照。

就紫微垣的星象分布而言，杨筠松称符合风水法度（图13）："紫微垣外前后门，华盖三台前后卫。中有过水名御沟，抱城屈曲中间流。"紫微垣外前有三台星，后有华盖星作为护卫，天汉从中穿过，形成屈曲抱城拱卫之状。廖氏亦称："紫垣西藩星有七，东藩八星出。华盖杠星有后门，天床前面陈。中央一水直朝入，抱城九回屈。万山簇拥昼朝迎，拱极不虚称。"[28]这就要求都城的位置要像紫微垣那样居于北方以象北辰，南面而听天下。布局还要符

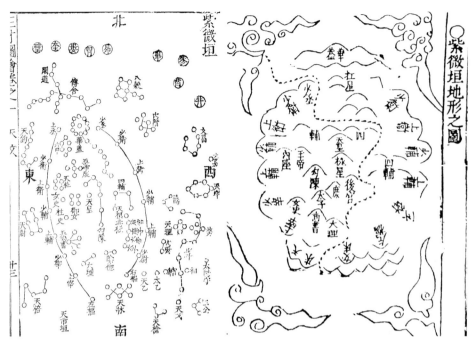

图 12　紫微垣图（采自明王圻《三才图会》）　　　图 13　紫微垣地形图（采自《玉尺经》）

合天星垣局之形，有后靠前照，中有过水，呈金城环抱之状。众水朝宗，万山簇拥，形成拱卫都城的布局。

　　徐善述兄弟俩提出的上合天星垣局，与咸阳、汉长安、元大都的正朔岁首天象不同，它实际上是把天星垣局风水化，所以他把天干地支附会于星宿的分布上，又按地理法则，后有靠前有照，左右护卫，明堂面水等也附会于星垣的分布上。

　　其实，战国时管子就已提出"凡立国都，非于大山之下，必于广川之上"，强调以地势为主建都。汉代提出"大举九州之势以立城郭"，建都要从全国的地理形势出发，唐人杨筠松提出"千山万水皆入朝"的理想，无一不从地理大势着眼来营建城郭。

　　武廷海老师以隋大兴城的规划为例说明举势定位建都的重要性，遵善寺建在一高地上，是大兴城规划的原点，如元大都城的中心台一样，称："宇文恺来到龙首山之南麓，放眼南观，前方十里处为遵善寺，又十里处为鸿固原的一个高地，更远处则冈阜相连，'直终南山子午谷'，如果在此置宫城，则北倚龙首山，南俯城邑，近以鸿固原为案，远表终南山，气势十分浩大。从宫城到遵善寺一线，可以形成壮观的中轴线，向两侧展开，可以定下一代名都的基本脉络。"[29]

元人李洧孙《大都赋》称："昔《周髀》之言，天如盖倚而笠欹，帝车运乎中央，北辰居而不移，临制四方，下直幽都。仰观天文，则北乃天之中也。维昆仑之结根，并河流而东驰，历上谷而龙蟠，向离明而正基。厥土既重，厥水惟甘。"这是对"仰观天文，俯察地理"的绝妙注释，大都城上应北极，是最尊的地方。山脉从昆仑山万里滚滚而来，经太行山从西南走东北山脊，巍巍太行山山脉蜿蜒逶迤自南向北奔腾而来；浩浩燕山山脉，层峦叠嶂，自西向东罗列簇拥。山脉经历上谷时形成龙蟠之势，使大都城南面而听天下，得其正位。元人熊梦祥《析津志》记大都城："其内外城制与宫室、公府，并系圣裁，与刘秉忠率按地理经纬，以王气为主。故能匡扶帝业，恢图丕基，遒不易之成规，衍无疆之运祚……盖地理，山有形势，水有源泉。山则为根本，水则为血脉。自古建邦立国，先取地理之形势，生王脉络，以成大业，关系非轻，此不易之论。"[30] 大都城除了按正朔岁首的天象布局大都城重要的宫殿建筑衙署外，还根据地理形势能"生王脉络"之论把周围的山川纳入其中。元人李洧孙《大都赋》亦云："俯察地理，则燕乃地之胜也。顾瞻乾维，则崇冈飞舞，岑岑莽郁。近掎军都，远标恒岳。表以仰峰莲顶之奇，擢以玉泉三洞之秀。周视巽隅，则川隰洄洑，案衍澶漫，带绕潞沽，股浸渤海。"从地理形胜来看，燕山一带为地理上的大聚大成之地，形胜完备，气势宏大。西北崇山峻岭，绵延飞舞，草木茂盛，生气浩荡。近可以军都山为依靠，远可以恒山为标杆。向西可以望见莲花峰峰顶神奇的莲花，还可引来玉泉山温润的泉水。东南则河川密布，汇流渤海。

永乐帝迁都北京，完全摒弃了正朔岁首的天象原则，而是根据"上合天星垣局下钟正龙王气"理论来经营北京城，在元大都基础上改造的北京城完全符合这一原则。北京城居北象北辰，居至尊之位。紫禁城后有万岁山为靠山，如天上的华盖星。北方玄武门外有桥通万岁山，恰如天上的阁道。金水河从西北引入，蜿蜒曲折地流向东南，至奉天门外形成金城环抱之局，然后向东南巽位流出，如同天上的银河。

北京城的正龙王气，徐善述称：

北龙有燕山，即今京师也。从燕然山脉尽于此，故曰燕山。昔昭王筑黄金台以招贤者，因又称金台。古冀州地，舜分冀东北为幽州，故又谓之幽都。按丘文庄公《大学衍义补》云："虞夏之时，天下分为九州。冀州在中国之北，其北最广，舜分冀为幽、并、荥，故幽与并、荥皆冀地也。"杨公云："燕山最高，象天市，盖北干之正结。"其龙发昆仑山之中脉，绵亘数千里，至于阗，历瀚海之玄屈曲，出夷入歙，又万余里，始至燕然山，以入中国，为燕云。复东行数百里，起天寿山，乃落平洋，方广千余里。[31]

北京城位于北干龙燕山山脉之下，其脉发于昆仑山，绵延数千里，沿太行山山脉至燕山，又东行数百里，结脉于天寿山。天寿山前是广阔的平原，明堂宏大，方广千余里。这条气势磅礴、气冲霄汉的山脉就是北京城的正龙王气。徐善述又称："以地理之法论之，其龙势之长，垣局之美，干龙大尽，山水大会，带黄河，宸天寿。鸭绿缠其后，碣石钥其门，最是合风水法度……若以形胜论，则幽、燕自昔称雄，左环沧海，右拥太行，南襟河济，北枕居庸，苏秦所谓天府百二之国，杜牧所谓王不得不可为王之地……燕蓟内跨中原，外控朔漠，真天下都会……桂文襄公谓形胜甲天下，宸山带海，有金汤之固……惟我皇朝，得国之正，同乎尧舜。拓地之广，过于汉唐。功德隆盛，上当天心，下秉地气，真万世不拔之洪基也。"[32]干龙大尽，山川拥护，北京城形胜甲天下。称成祖迁都于此，良谟远猷，当时未必虑及风水之说，然契默如此，是因为圣王之兴，动与法合，天地造化，有自然相符之理。

从此北京城与昆仑山、太行山、燕山、天寿山联系在了一起，成为大聚大成之地即徐善述所言"万方之枢会"。

注　释

1. 徐中舒主编：《甲骨文字典》，第1466页，成都辞书出版社，2017年。

2. 徐中舒主编：《甲骨文字典》，第40页，成都辞书出版社，2017年；参见唐兰：《殷墟文字记》，第53-54页，中华书局，1981年。

3. 参见陆思贤《神话考古》第172页，文物出版社，1995年。

4. [汉]郑玄注，[唐]贾公彦疏：《周礼注疏》卷四二，《钦定四库全书·经部·礼类》，台北商务印书馆影印，1986年。

5. 参见秦建明：《华表与古代测量术》，《考古与文物》1995年11月。

6.《诗经·大雅·民劳》，第 282 页，岳麓出版社，2002 年。

7. 陈福林：《何尊铭考释补订》，《考古与文物》，1992 年 6 月。

8.[汉] 司马迁：《史记·周本纪第四》，《钦定四库全书·史部·正史类》，台北商务印书馆影印，1986 年。

9.[汉] 孔安国传，[唐] 孔颖达疏：《尚书注疏》卷四，《钦定四库全书·经部·书类》，台北商务印书馆影印，1986 年。

10. 冯时：《中国古代的天文与人文》，第 31 页，中国社会科学出版社，2006 年。

11. 贺业钜：《中国古代城市规划史》，第 208 页，中国建筑工业出版社，2003 年。

12. 武廷海：《〈汉书·艺文志〉中的"形法"及其在中国城乡规划设计史上的意义》，《城市设计》，2016 年第 1 期。

13. 武廷海：《从形势论看宇文恺对隋大兴城的"规画"》，《城市规划》2009 年第 12 期。

14. 武廷海：《从形势论看宇文恺对隋大兴城的"规画"》，《城市规划》2009 年第 12 期。

15. 武廷海：《从形势论看宇文恺对隋大兴城的"规画"》，《城市规划》2009 年第 12 期。

16. 郭书春、刘钝校点：《算经十书·周髀算经》，辽宁教育出版社，1998 年。

17. 秦建明：《中国古代的牵星术》，《人类文化遗产保护》第 1 期，西安交通大学出版社，2003 年。

18.[汉] 司马迁：《史记·秦始皇本纪第六》，第 241 页，中华书局，1987 年。

19.[汉] 司马迁：《史记·秦始皇本纪第六》，第 256 页，中华书局，1987 年。

20.[南宋] 黎靖德编：《朱子语类·理气下·天地下》，《钦定四库全书·子部·儒家类》，台北商务印书馆影印，1986 年。

21. 徐中舒：《甲骨文字典》，第 1600 页，四川辞书出版社，2017 年。

22.[汉] 孔安国传，[唐] 孔颖达疏：《尚书注疏》卷六，《钦定四库全书·经部·书类》，台北商务印书馆影印，1986 年。

23. 徐斌：《秦咸阳规划中象天法地思想初探》，《城市规划》2016 年第 12 期。

24. 徐斌：《法天地而居之——汉长安象法地规划思想初探》，《城市与区域规划研究》2016 年第 1 期。

25. 徐斌：《元大都规划复原及其象天法地思想与方法研究》，《2017 年故宫博物院徐斌博士后出站报告》。

26.[明] 徐善述、徐善继：《地理人子须知》（上）卷一，第 12 页，华龄出版社，2017 年。

27.[明] 徐善述、徐善继：《地理人子须知》（上）卷一，第 12 页，华龄出版社，2017 年。

28.[明] 徐善述、徐善继：《地理人子须知》（上）卷一，第 13 页，华龄出版社，2017 年。

29. 武廷海：《从形势论看宇文恺对隋大兴城的"规画"》，《城市规划》，2009 年第 12 期。

30.[元] 熊梦祥：《析津志辑佚》，第 33 页，北京古籍出版社，1983 年。

31.[明] 徐善述、徐善继：《地理人子须知》（上）卷一，第 15 页，华龄出版社，2017 年。

32.[明] 徐善述、徐善继：《地理人子须知》（上）卷一，第 16 页，华龄出版社，2017 年。

第二章

勘定紫禁城的中轴

紫禁城中轴的东移

"象黄道以启程，仿紫极而建庭"，雄伟壮丽的元大内，在王朝更替之际，或被拆除，或被改头换面，湮没于历次宫城的改造之中，难以厘正。目前学界存在着两种说法：一说认为现在的紫禁城中轴线就是元大内轴线；另一种说法是紫禁城中轴线较元大内轴线东移，认为元大内轴线在断虹桥—旧鼓楼大街一线。本章从史料和保存下来的建筑与环境的蛛丝马迹中，再次寻证，认为元大都没有轴线，只有元大内有轴线，元大内轴线在武英殿—慈宁宫一线。

一、元大内的具体位置

　　前辈学者对寻找元大内殚精竭虑，可谓上穷碧落下黄泉，其中姜舜源先生独具慧眼，他根据元人陶宗仪《南村辍耕录》所记的两条史料：

　　1. "仪天殿在池中圆坻上,当万寿山……东为木桥,长一百廿尺,阔廿二尺,通大内之夹垣。西为木吊桥,长四百七十尺,阔如东桥,中阙之,立柱,架梁于二舟,以当其空,至车驾行幸上都,留守官则移舟断桥,以禁往来。是桥通兴圣宫前之夹垣。后有白玉桥,乃万寿山之道也。"[1]

　　2. 万寿山"山前有白玉石桥,长二百余尺,直仪天殿后"。[2]

　　姜舜源先生认为元大内在明清紫禁城偏西，有两点理由：

　　一是圆坻即今团城。圆坻西吊桥 470 尺，若以每尺 0.31 米折算，约合 145 米，与今北海大桥基本相同。后来改作石桥，清代称"金鳌玉蝀"桥。向北通万寿山的桥 200 余尺，约合 62 米以上，也大致与现在距离相同。由此可见，圆坻自元、明、清至今位置未动（图 1），只是明后期将圆坻东部与东岸填土连接，使之成为半岛，并在通道东口建"乾明门"。[3]

　　二是元大内没有护城河，但有夹垣。何谓"夹垣"？姜舜源先生引《南

图 1　元圆坻（今团城）东侧木桥处

村辍耕录》所记作了解释，《南村辍耕录》记："兴圣宫在大内之西北，万寿山之正西，周以砖垣，南辟红门三，东西红门各一，北红门一。南红门外，两旁附垣有宿卫直庐，凡四十间，东西门外各三间。南门前夹垣内，有省、院、台百司官侍值板屋。"[4] 由此可见，夹垣为大内和隆福、兴圣各区宫墙外的低矮的围墙，这些围堵与高大的宫墙之间往往布置着一些官署或其他小型设施。夹垣至水边之间多大距离，尚无准确数字，但根据元、明大内许多建筑设施尺寸相同这一特点，可以推定不超过明紫禁城城墙至护城河之间的距离，大约 18 米。[5]

　　本文依据姜舜源先生的上述论证，作进一步的求证。圆坻位置和夹垣含义确定后，从圆坻向东的木

桥长 120 尺，约合 37 米，木桥直通"大内夹垣"。由此可确定大内西北夹垣的具体位置在今团城东 37 米处（图 2），这一点至关重要，由

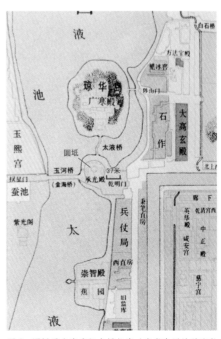

图 2　圆坻通大内夹垣木桥长度（参考中国社科院考古研究所绘制的《明北京城复原图》）

此可进一步确定西夹垣和北夹垣的位置，北夹垣最北不能超过紫禁城护城河北岸一线，因为再往北就没入北海中了。

明初人萧洵《故宫遗录》记："西出内城（作者按：大内），临海子。海广可五六里，架飞桥于海中，西渡半起瀛洲圆殿。"[6] 笔者再查阅《南村辍耕录》所记这条史料："仪天殿在池中圆坻上……重檐圆盖顶，圆台址。"[7] 大内临海子，瀛洲圆殿即仪天殿，萧洵所记"飞桥"即为《南村辍耕录》所记的圆坻东的"木桥"，两相印证，再次证明元大内西北夹垣确在距离团城37米处。

《南村辍耕录》记元大内东西宽480步，以1步1.54米折算，约合739.2米，南北深650步，约合1001米[8]；明清紫禁城东西宽753米，南北深961米，元大内东西比紫禁城少了13.8米，南北多出了40米，二者的面积几乎是一样的，一旦元大内西夹垣位置确定后，按现在紫禁城中轴的位置为定点，则紫禁城作了平行的东移，也就是说元大内中轴与紫禁城中轴没在同一条线上。

如果元大内中轴在武英殿—慈宁宫一线上，则需把紫禁城中轴移至距离235米处的武英殿—慈宁宫一线上，这时紫禁城西北城墙距离团城约73.5米，整个西城墙并没有进入中海里（图3）。这里不包括宽52米的紫禁城护城河

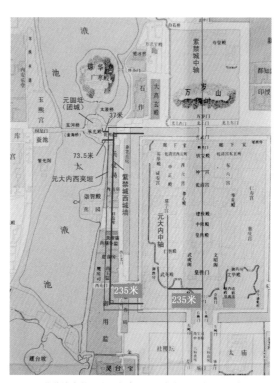

图3　当紫禁城中轴平移至武英殿－慈宁宫一线时，元大内西夹垣位置示意图
（参考中国社科院考古研究所绘制的《明北京城复原图》）

即筒子河，因为元大内没有护城河，是夹垣。又元大内东西比紫禁城东西少13.8 米，所以元大内西夹垣距中海海岸一定不会少于 20 米，从而证明元大内中轴较明清紫禁城中轴偏西的论点是成立的。下面对此作进一步的论证。

二、武英门墙角打破金水河河岸上栏杆的客观原因

从现存的武英门位置看，其东西墙角打破了河道上的汉白玉栏杆（图4），武英门前的丹陛石雕台阶距离金水桥北桥头只有 4.8 米（图5），武英殿后台阶距离围墙只有 2 米左右，是什么原因造成了这种十分局促的布局呢？

据永乐时大学士杨荣《皇都大一统赋》记："若乃震位毓德，文华穹隆；亦有武英，实为斋宫。"武英殿与文华殿相对，均建于永乐时期。《清宫述闻》记："武英殿北正中，为内务府公署，而果房、冰窖、造办处亦在焉。内务府公署即明仁智殿旧址。明仁智殿应在武英殿后，旧基已废，今之内务府官廨等处，是其旧址。"[9]武英殿后为仁智殿，而仁智殿在永乐时已存在，永乐二十二年七月十八日，永乐帝在北征元朝残部的途中，不幸崩于甘肃榆木川，灵柩运

图 4　武英门墙角打破河道栏杆

图 5　武英门丹陛石雕台阶与金水桥之间的距离

回禁城后安奉于仁智殿，《明太宗实录》记："（永乐二十二年八月）壬子，皇太孙奉大行皇帝龙辇及郊，皇太子、亲王及文武群臣皆衰服，哭迎至大内，奉安于仁智殿，加殓奉纳梓宫。"[10]

　　又据《南村辍耕录》的记载，元大内有夹垣，没有护城河，因此永乐帝营建北京紫禁城时，仿南京紫禁城祖制，于宫城内开挖了一条金水河（图6），明人刘若愚记："紫禁城内之河，自玄武门之西，从地沟入，至廊下家，由怀公门以南，过长庚桥，里马房桥，由仁智殿西，御酒房东，武英殿前，思善门外，归极门北，皇极门前，归极门北，文华殿西，而北，而东，自慈庆宫前之徽音门外，蜿蜒而南，过东华门，古今通集库南，从紫禁城墙下地沟，亦自巽方出，归护城河。"[11]金水河的流向是自西北至东南巽方，斜穿过了整个紫禁城。

　　武英殿正好位于仁智殿和新挖的金水河河道之间，为了保持与文华殿一样的体量和布局空间的对称，武英门墙角打破河岸汉白玉栏杆的现象说明：一是武英殿不能靠后建，没有余地；二是仁智殿已经存在，不是永乐帝规划紫禁城中的宫殿，也就是说它早于建紫禁城的时间。所以武英殿区域空间受到后有仁智殿、前有新设计的金水河河道走向的客观因素限制（图7），形成

图 6　从西北角楼处流入的金水河

图 7　武英殿与金水河

图 8　武英殿东侧的断虹桥

了较为局促的布局。

　　元大内里没有河流，就不会出现桥，而明清紫禁城里的金水河是永乐时设计开挖的，故武英殿东侧的断虹桥显然不是元大内里的桥梁。从断虹桥的体量、纹饰和桥头的靠山兽看，它与紫禁城中的其他任何桥梁都不一样（图 8），其桥面宽度达 9.2 米，比奉天门外中间石桥桥面还宽出了 3 米，已超越了礼制，显然这座位置偏僻的桥梁不是明代桥，而是从外面拆移过来的。

三、断虹桥是从丽正门内周桥中的中虹移来的

　　关于元代周桥，元人陶宗仪《南村辍耕录》记："大内南临丽正门……正南曰崇天……直崇天门有白玉石桥三虹，上分三道，中为御道，镌百花蟠龙。"[12] 崇天门是大内的正门，门外直对的是周桥，由三座白石桥组成，中为御道，镌刻百花蟠龙，俗称穿花龙，三座白玉石桥亦称三虹即中虹、东虹和西虹。

　　《钦定日下旧闻考》所辑《故宫遗录》记："南丽正门内曰千步廊，可七百步，建棂星门。门建萧墙，周回可二十里，俗呼红门阑马墙。门内数十步许有河，河上建白石桥三座，名周桥，皆琢龙凤祥云，明莹如玉。桥下有四白石龙，擎戴水中甚壮，绕桥尽高柳，郁郁万株，远与内城西宫海子相望。度桥可二百步为崇天门。"[13] 而《钦定日下旧闻考》所辑《大都宫殿考》则记："原南丽正门内千步廊，可七百步，建灵星门。门建萧墙，周回可二十里，俗呼红门阑马墙。

内二十步有河，上建白石桥三座，名周桥，桥四石白龙擎载，旁尽高柳，郁郁万株，远与城内海子西宫相望。度桥可二百步为崇天门。"[14] 二者略有出入，《故宫遗录》是数十步，《大都宫殿考》是二十步，本文以二十步较为合理，它与二百步成倍数关系。丽正门距离 30.8 米处建周桥三虹，过桥再往北 308 米则为大内正门崇天门。

为何周桥是三虹呢？《南村辍耕录》记："崇天之左曰星拱，三间一门，东西五十五尺，深四十五尺，高五十尺；崇天之右曰云从，制度如星拱。"[15] 大内南门一共有三座门，中曰崇天，西曰云从，东曰星拱，其中崇天门最大，"十二间，五门，东西一百八十七尺，深五十五尺，高八十五尺左右"，故建三虹相对，按崇天门的体量，中虹应为最大的桥梁。

《南村辍耕录》记周桥三虹中只有中虹为御道，镌百花蟠龙。而《故宫遗录》则记三虹皆雕龙凤祥云，与《南村辍耕录》所记相矛盾。既然元大内正门有三门，中崇天门肯定是皇帝所出入之门为御道，桥镌百花蟠龙，以示皇权等级；东西两侧的云从门和星拱门，按"云从""星拱"之义，是形容扈从跟随帝王的用词，肯定是大臣们所出入之门，桥的等级必然低于中门所对之中虹，不能镌百花蟠龙，必是素面石桥，故《故宫遗录》所记有误。

武英殿东侧的断虹桥，南北桥头各置一对靠山神兽，桥身两侧的栏板上雕刻的正是百花蟠龙主题（图 9），纹饰华缛，满地装饰各种各色花卉，蟠游的二行龙一前一后，前者回头探望，后者翘首追赶，穿行于百花之中。龙的

图 9　断虹桥栏板上的百花蟠龙雕刻

形象为长鼻，鹿角，五爪，遍身饰鱼鳞，长鼻龙鬃毛上冲，曲颈躬背，四腿张迈，五爪攫攥有力，极富动感和力量。石雕层次丰富，百花蟠龙主题突出，与《南村辍耕录》所记相符，为元大内外的周桥中虹。宋讷在永乐五年来到北京，路过元大内外的周桥时，作《壬子秋过元故宫诗》，诗中写道："御桥路坏盘龙石，金水河成饮马沟。"盘龙即蟠龙，周桥的路面已坏，金水河已成了饮马沟，作为行走的桥梁和排洪的金水河看来都要重新改造。所以永乐帝营建紫禁城时，改了金水河河道，并把这座精美的周桥中虹拆除移到了武英殿东侧，所以现在断虹桥北是 18 棵槐树，不是"绕桥尽高柳，郁郁万株"的景象。故断虹桥的位置不是原周桥中虹所在的地点，它已经改变了地点，也就不在元大内的中轴上了。

娄旭老师发现了周桥东西二虹的四对靠山神兽[16]，它们被拆下后也搬到了宫中，被做成了石屏风的底座（图 10），陈设于后妃居住的景仁宫和永寿宫大门内（图 11），王朝兴废，令人感慨。四座靠山神兽与断虹桥的靠山神

图 10　永寿宫石屏风

图 11　景仁宫石屏风

兽相比，其材质、形态完全相同，但二者的大小则不同，断虹桥的靠山神兽体量大（图12），高99厘米，宽35厘米，而永寿宫、景仁宫的靠山神兽高73.5厘米，宽27.5厘米，体量小（图13）。作为镇桥的神兽，三虹都可以用，但东西二虹由于不是皇帝所过之桥，在体量上就小了许多，显然二者的等级是不一样的。四对靠山神兽的发现，证明周桥三虹是真实存在的，而且中虹等级高，是皇帝的御桥，两侧的桥梁等级低。

四、发现紫禁城西路有三座大殿

（一）仁寿宫

仁寿宫和大善殿在永乐时就已存在，永乐时大学士金幼孜《皇都大一统赋》称："乾清并耀于坤宁，大善齐辉于仁寿。"另一位大学士李时勉《北京赋》亦

图12　断虹桥靠山神兽　　　　　　　图13　景仁宫靠山神兽

称："其后则奉先之殿，仁寿之宫，乾清坤宁，眇丽穹窿，掖庭椒房，闺闼阃通；其前则郊建圆丘，合祭天地，山川坛壝，恭肃明祀。"仁寿宫、大善殿可与乾清、坤宁二宫相媲美，大善殿与乾清宫相对，仁寿宫与坤宁宫相对，说明大善殿位于仁寿宫南。仁寿宫不仅与奉先、乾清、坤宁并列，还可与圆丘、山川坛相提并论，地位崇高，可见二者是两座大殿。

永乐帝的生母早死，为马皇后抚养成人，马皇后于洪武十五年已去世，故永乐帝迁都北京营建皇宫紫禁城时，没有规划修建太后宫。《明实录》记载宣宗即位后，尊张皇后为太后，暂时让张太后居住于仁寿宫，可知仁寿宫原不是太后宫，但体量巨大，《明实录》记载弘治十七年，孝宗下旨意欲请圣慈仁寿周太皇太后居住仁寿宫前殿，是因为："今仁寿宫前殿尽宽大，意欲奉太皇太后于此。"[17]嘉靖四年三月辛巳，仁寿宫发生火灾，《明实录》记："仁寿宫工未决，钦天监请，及是岁利，以吉日经始，下工部议。工部请，先以见材，如期举事，令军夫运瓦砾出之外，俟大木踵至，工次第，幸可就。上虑旷日特久，徒劳人力，命待大木至，择日兴工。"[18]嘉靖帝下旨称等采伐到大木时再行兴工，可见仁寿宫是一座大殿。后来嘉靖帝并没按原样重建仁寿宫，而是于仁寿宫的基址上建了一座体量小得多的慈宁宫，嘉靖十五年四月初九日，嘉靖帝下令说："今复思太皇太后、皇太后二宫，我皇祖原未有制。今曰清宁者乃青宫所居，虽无其人，可无其所，是非母后所居也；曰寿者乃统于乾清宫者，非母后之宫。今朕拟将清宁宫存储居之地后即半作太皇太后宫一区，仁寿宫故址并除释殿之地作皇太后宫一区，以备皇祖一代之制。"[19]2015年5月，故宫管线施工，第二次于慈宁宫东墙外垂花门以北挖出大型磉墩遗址（图14）。此前于1991年，故宫顶管施工时于此已挖出此遗址[20]，说明仁寿宫比慈宁宫大得多。

（二）大善殿

大善殿是一座佛殿，《明实录》记："禁中大善佛殿内有金银佛像并金银函贮佛骨、佛头、佛牙等物，上既廷臣议撤佛殿，即其地建皇太后宫。是日，命侯郭勋大学士李时、尚书夏言入视殿址。于是尚书言请敕有司以佛骨等瘗之中野，以杜愚民之惑。上曰：'朕思此物，听之者，智曰邪秽，必不欲观。愚曰奇异，必欲尊奉。今虽埋之，将来岂无窃发，以惑民者，可议所以永除之。'于是部议请投之火。

图 14　慈宁宫

上从之，乃燔之通衢，毁金银像。像凡一百六十九座，头牙骨等凡万三千余斤。"[21]
大善殿里陈设有 169 座佛像，头牙骨等 13000 余斤，数量之多、种类之全，非明
代之供奉，只能是永乐时保留下的原元大内佛殿及殿内所供之物。

（三）仁智殿

明末人刘若愚在《明宫史》中称："（隆宗门外往东，过慈宁宫，再东曰
外膳房）有井存焉。再南，则宝宁门，门外偏西大殿，曰仁智殿，俗所谓'白
虎殿'也，凡大行帝后梓宫灵位，在此停供。"[22] 刘若愚称仁智殿是一座大殿，
这在刘若愚的记载中是唯一如此说，可见仁智殿确为一座大殿，才有可能永
乐帝的灵柩停放于此，以当寝宫乾清宫之用。

武英殿后是仁智殿，今慈宁宫建在仁寿宫故址上，故仁智、大善、仁寿
三殿处同一根中轴线上（图 15），其占地规模已超过紫禁城奉天、华盖、谨
身三殿或乾清、交泰、坤宁三宫，出现于紫禁城的西路是超乎想象的。

五、燕王府"燕用元旧内殿"

洪武元年八月初二日，大将军徐达率军攻下元大都，下令封存图籍宝物，
并派兵守卫故宫殿门。洪武二年九月辛丑，朱元璋放弃了建都北平的打算，

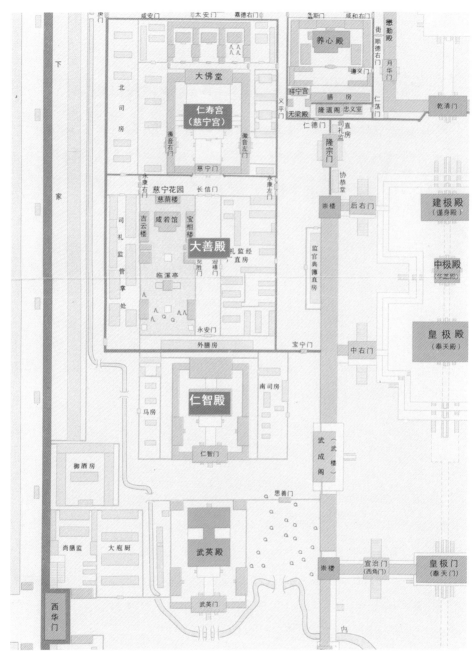

图 15 紫禁城西路的三座大殿示意图（参考中国社科院考古研究所绘制的《明天启紫禁城图》）

最终立南京为都，称："若就北平，要之宫室不能无更作，亦未易也。今建业
长江天堑，龙盘虎踞，江南形胜之地，真足以立国。"[23] 洪武二年十二月丁卯，
朱元璋御览北平行省参政赵耀奏进的工部尚书张允画的《北平宫室图》后，说：
"令依元旧皇城基改造王府。"洪武三年七月辛卯，张允言诸王宫城宜各因其
国择地而建："燕用元旧内殿……上可其奏，命以明年次第营之。"[24] 朱元璋

说燕王府要建在元旧皇城基础上，但张允称诸王府应各因其国择地而建，因此燕王府最终是建在元旧内殿（即元大内）之上的，并得到了朱元璋的同意。

洪武十二年，燕王府竣工（图16），其规模，据《明太祖实录》记："甲寅，燕府营造讫。工（部）绘图以进，其制：社稷、山川二坛在王城南之右。王城四门，东曰体仁，西曰遵义，南曰端礼，北曰广智。门楼廊庑二百七十二间。中曰承运殿，十一间。后为圆殿，次曰存心殿，各九间。承运殿之两庑为左右二殿。自存心、承运周回两庑至承运门，为屋百三十八间。殿之后为前、中、后三宫，各九间。宫门两厢等室九十九间。王城之外周垣四门，其南曰灵星，余三门同王城门名。周垣之内堂库等室一百三十八间。凡为宫殿室屋八百一十一间。"[25] 据此，可得出：1.中轴上有前三殿和后三宫，其中正殿承运殿广11间。其余均为9间。2.王城有四门。3.王城外还有周垣萧墙，辟四门，其南门名曰棂星门。

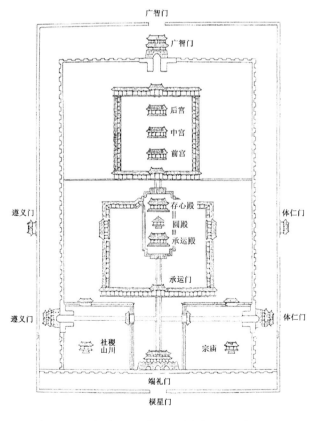

图16　燕王府图（赵鹏绘制，采自《明代北京都城营建丛考》）

我们再看元大内的规制和规模（图 17），据元人陶宗仪《南村辍耕录》记载，大内辟六门，正南辟三门，中曰崇天、西曰云从，东曰星拱门。正殿大明殿广 11 间，柱廊 7 间，寝室 5 间，大明、柱廊和寝室相当于前三殿。延春阁广 9 间，柱廊 7 间，寝室 7 间，延春阁、柱廊和寝室相当于后三宫。[26] 又据萧洵《故宫遗录》记崇天门外有棂星门，门建萧墙，周回达二十里。萧墙俗

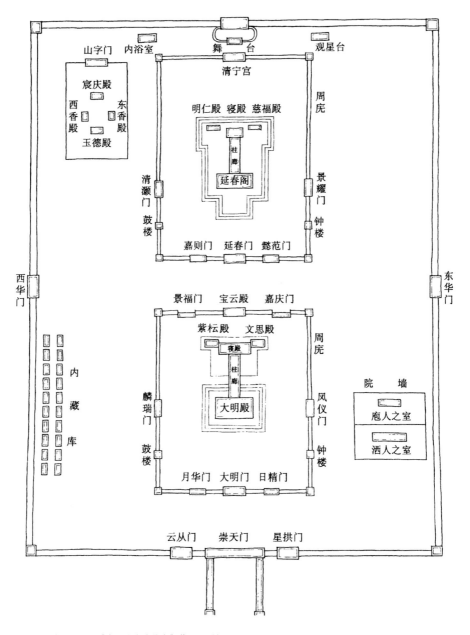

图 17　元大内图（采自《中国古代建筑史》第 440 页）

称红门阑马墙，也就是说在大内宫墙的外面还围有一周砖墙即萧墙，这种形式称为夹垣。门为红门，不同于城墙门即城门楼子。

我们将燕王府与元大内进行比较，有三点相同：1. 均有两重城垣，没有护城河。2. 均有棂星门。3. 正殿开间均为 11 间。据王璞子《燕王府与紫禁城》[27] 和白颖《燕王府位置新考》[28] 考证，棂星门自宋代始为普及，宋之后棂星门用于坛庙、孔庙、陵寝遂成为制度，但棂星门用在宫殿者甚为少见，元大内前建棂星门，为历代宫阙门制的唯一现象。燕王府南有棂星门则是直接继承了元大内棂星门制度，这是燕王府在元大内基础上重建的一个重要证据。另一个证据是在元大内、兴圣宫和隆福宫三大宫殿群中，只有大明殿广 11 间，其他如延春阁广 9 间，隆福宫正殿光天殿广 7 间，兴圣宫正殿兴圣殿广 7 间。燕王府正殿承运殿广 11 间，说明只能是在拆除了大明殿的 11 间基址上重建的，故才有 11 间之数。如果燕王府是在兴圣宫或隆福宫的基址上改建的，那么它的正殿直接利用兴圣殿或光天殿 7 间的基址就可以了，不必建成 11 间。按明代王府制度，《大明会典》记洪武七年始定王府前朝宫殿为："前殿名承运，中曰圆殿，后曰存心，四城门。南曰端礼，北曰广智，东曰体仁，西曰遵义。"[29] 虽然对正殿开间没有明确规定，但根据嘉靖十四年重建秦王府的记载看，恢复正殿承运殿"在承运门北，南向 9 间"，说明秦王府初建时正殿承运殿开间是 9 间。秦王为朱元璋第二子，为朱元璋所倚重，镇守西安。据此燕王府正殿也应为 9 间，由于朱元璋没有明确规定，而且同意了把燕王府建在"元旧内殿"上，故承运殿只能是继承了元大明殿基础，才可能有 11 间之数。[30] 这应该算是越制了，难怪朱棣会于建文元年十一月乙亥上书为自己辩护称："谓臣宫室僭侈，过于各府。此盖皇考所赐。自臣之国以来，二十余年，并不曾一毫增益。其所以不同各王府者，盖《祖训·营缮》条云明言'燕因元之旧有'，非臣敢僭越。此奸臣之枉臣也。"[31] 所以燕王府是由元大内改造而来。

朱棣即位后，将燕王府前三殿更名为奉天、华盖和谨身，以为巡狩时临时办公、举办典礼之所。

六、西宫由燕王府改造而成

到了永乐十四年八月，情况有所变化，朱棣可能对迁都有所动摇，决定在北京建西宫，《明太宗实录》记："丁亥，作西宫。初，上至北京，仍御旧宫，及是将撤而新之，乃命工部作西宫为视朝之所。"[32]确实三个月后即十一月壬寅的一条记载则揭示了未下决心迁都的原因："复诏群臣议营建北京。先是车驾至北京，工部奏请择日兴工，上以营建事重恐民力不堪，乃命文武群臣复议之。"[33]之前工部奏请择日兴工营建北京，但永乐帝一直下不了决定，到十一月才命文武群臣复议，所以在迁都定下来之前有建西宫之举，于是"撤而新之"将旧宫燕王府重新改造为西宫，以为日后巡狩时的视朝之所。

朱元璋曾于洪武二十二年建西宫，后"崩于西宫"[34]。西宫与东宫相对应，东宫特指太子宫，西宫特指皇帝的便宫。从永乐帝效法南京紫禁城而建北京紫禁城的心理看，于北京建西宫，显然是效法其父的做法。永乐十五年四月癸未西宫完工（图18），《明太宗实录》记："西宫成，其制：中为奉天殿，殿之侧为左右二殿，奉天之南为奉天门，左右为东西角门，奉天之南为午门，午门之南为承天门。奉天殿之北有后殿、凉殿、暖殿及仁寿、景福、仁和、万春、永寿、长春等宫，凡为屋千六百三十余楹。"[35]西宫规模是燕王府的两倍，却只用了不到一年的时间，故只能是在原燕王府的基础改建才有可能完成。中轴上保留了前三殿和后三宫，前三殿仍用奉天、华盖、谨身之名，后三宫则更名为后殿、凉殿、暖殿，并于左右两侧增建六宫，奉天门外设午门、承天门等，殿宇共计1630余间，超越了朱元璋所建之西宫，俨然一座南京紫禁城的翻版。

七、仁智、大善和仁寿三殿是永乐帝的潜邸

永乐帝生母早死，没有于紫禁城中规划建造太后宫，而西路上耸立的仁寿、大善、仁智三座大殿，只能跟他有关系，应是他的潜邸，燕王府由元大内改造而成，西宫由燕王府改造而成，这一记载明确的前后变动史料，也说明了这点。永乐帝驾崩后，其灵柩停放于仁智殿，一是因为乾清宫于永乐二十年闰十二月初八日被烧毁，不能回到正寝，而奉天、华盖、谨身三殿早已被烧毁还未重建。二是因为选择仁智殿停放灵柩，说明仁智殿对永乐帝来说很重要，具有乾清宫的功能和地位，从而证明仁智殿曾是永乐帝的潜邸或西宫里的重要宫殿，也进一步地证明了潜邸或西宫不在西苑。

紫禁城刚落成时，金幼孜等人写的歌咏紫禁城的赋文中一再强调大善殿和仁寿宫可与乾清、坤宁二宫媲美，并与圆丘、山川坛相提并论，实属罕见

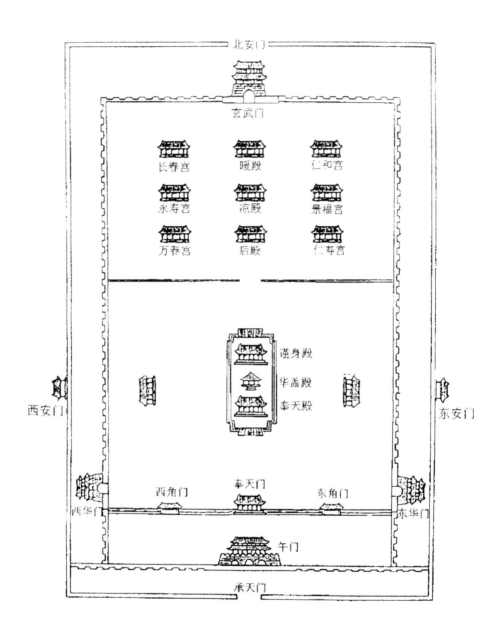

图 18 明初西宫图（赵鹏绘制，采自《明代北京都城营建丛考》）

奇怪：一是二殿的位置在紫禁城西路上，没在中路上，哪谈得上如此重要呢？二是如果说大善、仁寿二宫与紫禁城同时竣工，永乐帝还没入住，故事还没发生，重要性怎么体现？金幼孜等人把地处偏僻的二宫提出来，究其原因，一定是二宫对于永乐帝来说太重要了。如果把二宫与仁智殿联系在一起来看，就明白了，它们一定是永乐帝的潜邸或西宫里的重要宫殿，所以不能拆除，必须保留，即使造成紫禁城东西路严重的不对称，甚至西路与中路在建筑体量上不相上下的后果。所以仁智、大善和仁寿三殿属原燕王府或西宫里的重要宫殿。

由燕王府改造成的西宫建成不到两个月，六月正式营建北京新宫城紫禁城，《明太宗实录》记："初，营建北京，凡庙社、郊祀、坛场、宫殿、门阙，规制悉如南京，而高敞壮丽过之。复于皇城东南建皇太孙宫，东安门外东南建十王邸。通为屋八千三百五十楹，自永乐十五年六月兴工，至是成。"[36] 原潜邸燕王府或西宫的重要宫殿被纳入新宫城之中，变成新宫城的一部分，西宫之名随即消失。保存下来的这些重要宫殿的殿名要也随之改名，我们注意到仁智、大善、仁寿三殿名称之义几乎相同，应是同时统一更名的，极有可能是由奉天等诸殿更名而来。

八、紫禁城中轴东移所带来的影响

为了保留永乐帝的潜邸，紫禁城的中轴没有采用元大内中轴，而是向东进行了平行移动，又因元大内中轴西为海子，西移无空间，所以不得已新宫城的中轴只能向东移，这是紫禁城中轴东移的唯一客观原因。

金幼孜《皇都大一统赋》曰："而自莅祚以来，宵旰拳拳惟思，所以继志述事，以承太祖高皇帝之意，于是仿古制，肇建两京。"北京紫禁城遵祖制仿建南京紫禁城，故有与南京宫城同名的奉天、华盖、谨身三大殿和东西对称的文华、武英二殿，金幼孜《皇都大一统赋》曰："奉天屹乎其前，谨身俨乎其后，惟华盖之在中。"李时勉《北京赋》曰："东崇文华，重国家之大本；西翊武英，严斋居而存诚。"

（一）奉天殿的体量超越大明殿的体量

由于西路上存在着仁智、大善和仁寿三座庞大的宫殿，而它们又是由元大内大明殿等诸殿改造而成的，所以紫禁城中轴东移后，中轴上的大朝正殿奉天殿的体量必须要大于这三座大殿中的任何一座宫殿，才能压得住西路，显示其尊贵的地位。元人陶宗仪《南村辍耕录》记大明殿："乃登极、正旦、寿节、朝会之正衙也。十一间，东西二百尺，深一百二十尺，高九十尺。"[37] 大明殿按今制折合为东西宽 62 米，南北深 37.2 米，高 27.9 米，而奉天殿的体量为广三十丈，深十五丈 [38]，折合为东西宽 95.19 米，南北深 47.6 米，其体量大于大明殿。

（二）拆除周桥

周桥位于元大内崇天门外，是元代等级最高的桥梁，永乐帝营建紫禁城时，随着中轴的东移和金水河的引入，原周桥失去作用，故拆除了周桥，中虹被完整地拆移至武英殿东侧，东西虹的靠山神兽也被改造成宫门里的屏风底座，使我们有幸能目睹元代精湛的造桥技术和精美的雕刻艺术。

（三）东西路建筑不对称

在开工修建新宫城紫禁城时，正是因为保留了西宫里的三座大殿，整体设计紫禁城时，造成东、西路建筑不对称，西路矗立着仁智、大善和仁寿三座大殿，而东路却没有。

九、元大都没有中轴

既然确定了元大内的中轴位于武英殿至慈宁宫一线，按照都城中轴的传统观念，大内中轴向南北延伸即构成整个都城的中轴，但武英殿—慈宁宫中轴向北延伸必然要穿过后海，中轴就是道路，怎么可能中轴穿过宽阔的水面呢？

这种观念的形成是由于受到了明代北京城的影响，明代北京城存在着一条贯穿整个城市的中轴，从鼓楼至永定门，全长 7.8 千米，但形成明北京城中轴的原因正是紫禁城中轴东移所造成的。

（一）中轴源于天轴理论

古人在长期的观察和测天实践中，找到了天的中心，天的中心是北极，北极永远不动，所有星均绕着北极旋转，如《晋书·天文》所言："北极，北辰最尊者也。其纽星，天之枢也。天运无穷，三光迭耀，而极星不移，故曰：'居其所而众星共之。'"为什么北极不动呢？是因为天存在着一根贯穿天体的中轴，中轴旋转带动天上的星宿旋转，由于北极处顶点，则永远保持不动。为了标识北极所在的地方，故定旁边的一颗小星为北极星。其原理就像伞一样，撑开伞，旋转伞轴带动伞盖旋转，但伞轴的顶点则永远保持不动。《周礼·冬官考工记第六》称车上撑起的伞盖"盖如圆也，以象天也"。由于北极处天体的最高点，故成为最尊，"居其所而众星共之"。

有北极则有南极，于是把附近的一颗星定名为北极星和南极星，北极星和南极星成为天轴的两个顶点，这就是两点确定一线的原理。

秦始皇建都咸阳，放弃了传统的圆心中心观即《弼成五服图》所示中心观念，而以天象为参照对象，定信宫为北极，于信宫前修建御道直达骊山，形成天极中心。《史记》记："二十七年，始皇巡陇西、北地，出鸡头山，过回中。焉作信宫渭南，已更命信宫为极庙，象天极。自极庙道通骊山，作甘泉前殿。筑甬道，自咸阳属之。是岁，赐爵一级。治驰道。"[39] 始皇三十五年，秦始皇又建更为庞大的宫殿群阿房宫，《史记》记："先作前殿阿房，东西五百步，南北五十丈，上可以坐万人，下可以建五丈旗。周驰为阁道，自殿下直抵南山。表南山之巅以为阙。为复道，自阿房渡渭，属之咸阳，以象天极阁道绝汉抵营室也。"[40] 以阿房宫为起点像北极，自殿前修建御道直达南山。信宫和阿房宫前的御道成为天轴的象征，起点信宫和阿房宫则是北极的象征，这里成为天下的中心。中轴起点为大朝正殿，是为了确立正殿的尊极地位，是皇权的象征，所以中轴不可能贯穿整个都城。

从此，建一座大殿，在前面修一条道路，就成为确定天下中心的方法。简单而可行，在哪儿建都都将成为可能。但确定这条道路有个不二法则，必须要有两个点，像天轴的两端北极星和南极星一样。由于中国处北半球，因此坐北朝南是不容更改的尊贵原则，在北边的大殿就成为一个象征北极星的点，那么，南极星这个点在大地上怎么确定呢？于是古人想到了南边的山，山与星是相对的，古人认为气在天上凝结为星，在地上则形成山，故山可以像星那样永恒不变。以山为瞄准的对象，能保持中轴的永恒性。南山与大殿就成为确定中轴的两个点了。因此，准确地说，只有宫城中轴，而无都城中轴，因为中轴的顶点是大殿，如北极星，象征最尊的地位，中轴至大殿就结束了。《诗经·天保》曰："如月之恒，如日之升。如南山之寿，不骞不崩。"《诗经·南山》曰："南山崔崔，雄狐绥绥。"《诗经·信南山》曰："信彼南山，维禹甸之。"《诗经》

中的南山都是高大的、延绵不绝的，它像天上的南极星那样永恒长久，王朝的中轴怎么能不对准它呢？"表南山之巅以为阙"成为确定宫城中轴的法则。

（二）北京城中轴的形成

自秦后，历代继承秦都设计原则，将大朝正殿定为中轴的起点，以象征北极星而成为天下的中心。北魏洛阳城直接将正殿命名为太极殿象征北极星，自殿下修御道直通圆丘。圆丘如秦都骊山或南山。隋唐长安城定太极宫为大朝正殿，自殿下修御道朱雀大街，大街指向终南山。宋汴梁城以正殿大庆殿为起点，修御道直达南薰门。长安城北为禁苑名大兴苑，规模宏大，周回一百二十里，南连宫城，北达渭滨，东接灞水，西包汉故城。[41] 汴梁城的北部继承隋唐长安城亦为禁苑，规模宏大，包括延福宫、宝箓宫及艮岳，仅艮岳的面积就达 17 万平方米。由于宫城北为禁苑，上述都城的御道即中轴均终于大内，特别是宋汴梁城，北城区虽有街道，但都不与中轴相连。从元上都的规划复原图看（图 19），上都也没有中轴线，只有宫城有中轴线。元大都继承历代都城规制，故有定元大内中轴的记载，而无定大都城中轴的记载，《析津志辑佚》记："世祖建都之时，问于刘太保秉忠定大内方向。秉忠以丽正

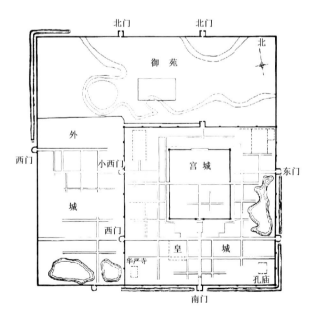

图 19　元上都规划复原图

门外第三桥南一树为向以对。上制可。"[42] 由于北京平原上无山可对，刘秉忠只能以丽正门外第三桥南面的一棵大树作为参照物，来确定大内中轴，中轴终于元大内正殿大明殿，北为禁苑，故元大都城没有一根贯穿全城的中轴存在，也就不会向北穿过后海了。但大都城却有中心台作为都城的中心。

　　一百多年后，一个特殊的情况出现了，朱棣分封在北平，藩王府由元大内改造而来，后来他取得了皇位，当上了皇帝，曾经的燕王府成为潜邸，因此迁都北京营建紫禁城时，为了保存潜邸，不得已，宫城的中轴作了东移。但一个问题出现了，广阔的北京平原上，南边无山可对，只好另作打算，将北边的中心台当作一座山以确定宫城的中轴。因为明初徐达攻占大都城后，北城墙向南移了两千米，大都城的中心台已不处中心位置了，留着已无意义，因此将中心台改造成鼓楼的台基，高大的鼓楼成为中轴的一个定点。正是这样的原因，原为宫城的中轴就变成了整个都城的中轴了，中轴延长了，意外的是成就了北京城宏大的气势。

　　紫禁城中轴没有利用原元大内中轴，而是作了平行的东移，为何是一种平行的移动呢？这是由于元大内的面积和它周围的地理环境所造成的。元大内与明清紫禁城的占地面积几乎是一样的，元大内西夹垣靠近中海，中轴向东作平行移动能做到最大可能节约人力和财力。

　　为了保存永乐帝的潜邸，紫禁城中轴的东移是不得已而为之的，但正是出于此原因，则完全摆脱了元大内中轴的控制，紫禁城得以按照南京紫禁城的规制进行设计和建造，在中轴一线上形成统一的建筑风格，突出统一的建筑思想。

　　紫禁城中轴的确定，预示着一座伟大的宫城的诞生。

注 释

1.[元]陶宗仪:《南村辍耕录》卷二一, 第 256 页, 中华书局, 1997 年。

2.[元]陶宗仪:《南村辍耕录》卷二一, 第 255 页, 中华书局, 1997 年。

3.姜舜源:《故宫断虹桥为元代周桥考:元大都轴线新证》,《故宫博物院院刊》1990 年第 4 期。

4.[元]陶宗仪:《南村辍耕录》卷二一, 第 253 页, 中华书局, 1997 年。

5.姜舜源:《故宫断虹桥为元代周桥考:元大都轴线新证》,《故宫博物院院刊》1990 年第 4 期。

6.[明]萧洵:《故宫遗录》,《钦定日下旧闻考》卷三一,《钦定四库全书·史部·地理类》, 台北商务印书馆影印，1986 年。

7.[元]陶宗仪：《南村辍耕录》卷二一，第 256 页，中华书局，1997 年。

8.[元]陶宗仪：《南村辍耕录》卷二一，第 250 页，中华书局，1997 年。

9.《清宫述闻》（初、续编合编本），第 347 页，紫禁城出版社，1990 年。

10.《大明太宗文皇帝实录》卷二七四，永乐二十二年八月壬子。

11.[明]刘若愚：《酌中志》卷一七，第 142 页，北京古籍出版社，2018 年。

12.[元]陶宗仪：《南村辍耕录》，第 250 页，中华书局，1997 年。

13.《故宫遗录》，《钦定日下旧闻考》卷三二，台北商务印书馆影印，1986 年。

14.《大都宫殿考》，《钦定日下旧闻考》卷三〇，《钦定四库全书·史部·地理类》，台北商务印书馆，1986 年影印。

15.[元]陶宗仪：《南村辍耕录》，第 250 页，中华书局，1997 年。

16.永寿宫和景仁宫的石屏风靠山神兽与断虹桥的关系是娄旭先生发现的，见他的公众号中的一篇文章《永寿宫／景仁宫的石影壁》。

17.《大明孝宗敬皇帝实录》卷二〇九，弘治十七年三月丁丑。

18.《大明世宗肃皇帝实录》卷八一，嘉靖六年十月戊午。

19.《大明世宗肃皇帝实录》卷一八六，嘉靖十五年四月癸巳。

20.白丽娟、王景福：《故宫建筑基础的调查研究》，《紫禁城建筑研究与保护》，第 286 页，紫禁城出版社，1995 年。

21.《大明世宗肃皇帝实录》卷一八六，嘉靖十五年五月乙丑。

22.[明]吕毖编：《明宫史》，第 17 页，北京出版社，1963 年。

23.《大明太祖高皇帝实录》卷四五，洪武二年九月辛丑。

24.《大明太祖高皇帝实录》卷四七、五四，洪武二年十二月丁卯，洪武三年七月辛卯。

25.《大明太祖高皇帝实录》卷一二七，洪武十二年十一月甲寅。

26.[元]陶宗仪：《南村辍耕录》，第 250-252 页，中华书局，1997 年。

27.王璞子：《燕王府与紫禁城》，《梓业集》，第 116 页，紫禁城出版社，2007 年。

28.白颖：《燕王府位置新考》，《故宫博物院院刊》2008 年第 2 期，紫禁城出版社。

29.《大明会典》卷一八一，江苏广陵古籍刻印社，1989 年。

30.王璞子：《燕王府与紫禁城》，《梓业集》，第 116 页，紫禁城出版社，2007 年。

31.《大明太宗文皇帝实录》卷五，建文元年十一月乙亥。

32.《大明太宗文皇帝实录》卷一七九，永乐十四年八月丁亥。

33.《大明太宗文皇帝实录》卷一八二，永乐十四年十一月壬寅。

34.《大明太祖高皇帝实录》卷二五七，洪武三十一年闰五月乙酉。

35.《大明太宗文皇帝实录》卷一八七，永乐十五年四月癸未。

36.《大明太宗文皇帝实录》卷二三二，永乐十八年十二月癸亥。

37.[元]陶宗仪：《南村辍耕录》，第 251 页，中华书局，1997 年。

38.《大明世宗肃皇帝实录》卷四四七，嘉靖三十六年五月癸亥。

39.[汉]司马迁：《史记·秦始皇本纪第六》，第 241 页，中华书局，1987 年。

40.[汉]司马迁：《史记·秦始皇本纪第六》，第 256 页，中华书局，1987 年。

41.贺业钜：《中国古代城市规划史》，第 478 页，中国建筑工业出版社，2003 年。

42.《析津志辑佚》，第 213 页，北京古籍出版社，1983 年。

第三章

万里江山奔来眼底

北京城的中轴

中轴是支撑都城为天下中心的核心元枢，取象于天轴。首先建一条御道，于御道的北端建一座大殿，大殿成为北极星的象征，御道成为天轴的象征，这里就成了天下的中心。这种规划之道简单且容易做到，摆脱了地域上的中心限制，可以找任何地方建都，灵活性更大了，因此被历代所继承。但另一方面，中轴受限于都城的地理位置，汉长安城的中轴尽管在理论上说达到了74千米，但它处于关中，不能成为全国的轴线。只有北京城中轴才与朱熹的"冀都是正天地中心"之说相符合，虽然它只有8千米长，但它有一根看不见的轴线存在，它穿越泰山、淮南诸山、江南诸山、五岭，还有黄河和长江，使北京城轴线成为大地的轴线，北京城成为真正意义上的取象天轴的都城，实现了孔子说的"南面而听天下"的理想。因此中轴上布置了众多的庞大建筑，以增强中轴统握元枢的力量。

一、秦汉轴线的局限

中国人自古以来就产生了以自己为世界中心的观念，周成王迁都洛邑，就是为了实现"此天下中，四方入贡道里均"的理想，四面八方到洛邑朝贡的距离相等。

秦始皇统一中国后，他的眼光不再放在自己的脚下了，而是抬头望天。浩瀚无垠的宇宙，远远超越了他对大地的想象。于是大一统思想在他的脑海中形成。秦始皇决定效法天道，以天的中心来建大地的中心。宇宙中心说出现了，它的核心观点就是天体由一根天轴支撑，位于天轴顶端的北极是天的中心。如果按照宇宙模式来构建人间都城，实现居天下中心的理想，并非遥不可及，只需把天空星宿的组合排列方式搬到大地上来即可。简单地说就是

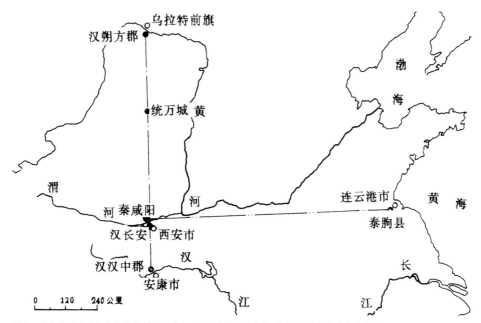

图 1　秦东门图（采自秦建明等：《陕西发现以汉长安城为中心的西汉南北向超长建筑基线》）

以人工的方式指定某宫殿为北极星的象征，再以此为起点建一条南北向的中轴以象征天轴，那么这座宫殿就成为大地的中心，它所在的都城也就被看作天下的中心。

秦始皇正是按照这种意图来构建他的宇宙中心蓝图的，最初他以咸阳信宫至骊山为轴线，以定信宫为北极，建立天下中心；到始皇三十五年，他觉得先王建立的宫廷太小了，"吾闻周文王都丰，武王都镐，丰镐之间，帝王之都也"，他要建立一个广大的帝国中心，于是下令要在渭南上林苑兴建庞大的朝宫，以阿房宫至南山之巅为轴线来构建天下中心。

秦始皇"立石东海上朐界中，以为秦东门"[1]，信宫轴线可直达东海上朐秦东门（图 1），但不足之处，这是一条东西向的轴线，与天轴南北不符。阿房宫至南山之巅，虽然轴线改变为南北向，但这条轴线局限于汉中，不能支撑起全国的形势。汉长安城轴线经考古发掘，证实安门大街与子午谷、长陵、清峪河大回转处、天齐寺同在一条线上，总长度为 74.24 千米，这条轴线将天、地、山川、陵墓、都城一以贯之[2]，但它也只限于关中，不过是对秦始皇"表南山之巅以为阙"的延长（图 2）。

从秦始皇确定信宫、阿房宫的御道以来，经过上千年的中轴，到宋代朱熹提出"冀都是正天地中间"之说时，冀都轴线才成为理想中的天下轴线。

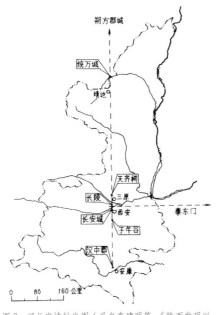

图2　汉长安城轴线图（采自秦建明等：《陕西发现以汉长安城为中心的西汉南北向超长建筑基线》）

为什么说冀都轴线是一种理想呢？因为世上根本就没有冀都这座城，它是朱熹设想出来的。这可能是朱熹不愿王朝偏安一隅，希望北上统一中国，位于北方的冀都才能充当天下的都城。朱熹向往尧舜禹时代，冀地曾是尧都所在之地，在这里定都，才能统领天下。

这条想象中的轴线何时能实现呢？

凭借中国人的雄心和宽广的胸怀，一条贯穿大地的中轴一定会出现。

二、北京城大中轴

朱元璋的第四子燕王朱棣，发动"靖难之役"，率军攻打南京，推翻了建文帝的统治。鉴于北平是他的龙兴之地和为了更好地集中全国的力量对付元朝残余势力，于是他下令迁都北平，改称北京，仿南京宫城之制，营建紫禁城。由于紫禁城中轴的东移，正好与后门桥和鼓楼连为一线，使中轴贯穿了整个北京城，从而形成北京城的中轴，改变了历代中轴不贯穿整个都城的历史（图3）。北京城中轴从奉天殿（清太和殿）向北穿过华盖殿（清中和殿）、谨身殿（清保和殿）、乾清宫、交泰殿、坤宁宫、钦安殿、万岁山（清景山）、后门桥，终于鼓楼；向南穿过太和门、午门、端门、天安门、大明门（大清门），终于正阳门，嘉靖时终于永定门。中轴全长约8千米，最重要的三大殿和后三宫、万岁山均位于中轴上，其他次要建筑则都严格遵守对称排列的原则，配置在中轴的左右两边，以增强中轴及中轴上的建筑至高无上的地位（图4）。

北京城大中轴诞生了！

中轴上的建筑之多、体量之大，远远超越了历代中轴上的设置。但北京城的中轴并没就此结束，而是向南一直延伸至五岭，成为全中国的中轴。

明成化时侍讲丘浚《大学衍义补》指出北京城：

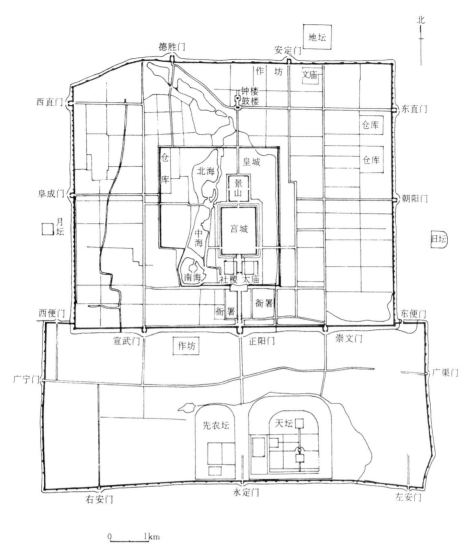

图3　明北京城图（采自贺业矩:《中国古代城市规划史》第 644 页）

况居直北之地，上应天垣之紫微，其对面之案以地势度之，则太岳万山之宗，正当其前。夫天之象以北为极，则地之势亦当以北为极。[3]

丘浚称北京城位于北方，与紫微垣相对应。如果从地势的角度来衡量的话，万山之宗泰山正好处在北京城的面前。天以北极星为中心，相对于地势而言则亦以北为中心。北京在北方，又有泰山朝拱，更显北京城王气所在，所以北京城是天下的中心。

到万历时，章潢在《图书篇》中仍然如丘浚那样认为：

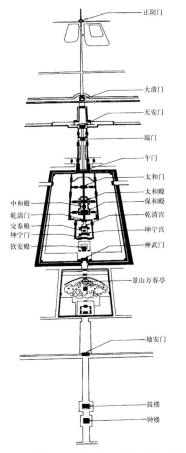

图4 北京城中轴图（采自于倬云：《中国宫殿建筑论文集》第134页）

图中标注（自上而下）：
正阳门
大清门
天安门
端门
午门
太和门
太和殿
保和殿
中和殿
乾清门
乾清宫
交泰殿
坤宁门
坤宁宫
钦安殿
神武门
景山万春亭
地安门
鼓楼
钟楼

山东诸山横过为前案，黄河绕之。淮南诸山为第二重案，大江绕之。江南诸山则为第三重案矣。盖黄河为分龙分祖之水，与大河及山东淮南江南之山水，皆来自万里而各效用于前，合天下一堂局，此所谓大聚大成之上者也。[4]

所谓山东诸山即指泰山，为北京城的第一重案山，再前是黄河环绕。淮南诸山是第二重案山，再前为长江环绕。江南诸山为第三重案山。大河大江以及山东淮南江南诸山水，从万里奔赴而来，在北京城前形成朝宗之象，汇聚天下形势于一堂，这就是风水上的所谓大聚大成之势。

这两段话显然直接来源于朱熹的"冀都是正天地中间"之说，也就是说朱熹所说的冀都指的是北京，徐善述《人子须知资孝地理学统宗》称：

朱子曰："冀都是正天地中间……第三四重案。"正谓此也。吴兴唐子镇以燕京为枝结，谓朱子所论冀都，指作尧都。非也。彼盖未考舜分冀东为幽州，而幽燕古通称冀耳。尝如所指，则朱子为何复曰："尧都，中原风水极佳，左河，东太行，诸山相绕，海岛诸山亦指相向。"此不待辩说而明矣！故丘文庄公《衍义补》，直以朱子所称为今京师，诚确见也。其以燕京为枝结者，不为妄谈也乎？[5]

冀都不是指尧都，朱熹说完"冀都是正天地中间"这段话后，接着又说尧都的风水如何。舜时分冀州东北为幽州，幽燕古代通称为冀，故冀都就是北京。

虽然丘浚、章潢的这两段话来源于朱熹"冀都是正天地中间"之说,但做了改动,改动之处是把冀都正前方所对的嵩山校正为泰山,使万山之宗的泰山成为北京城的第一重案山。明代时,天下一统,当时人们认识水平提高,地理空间更加准确,故说北京城中轴与泰山为一线。我们从清康熙时所绘的《皇舆全览图》和《康熙年间部分实测经纬度数据》上得知,北京的经度为0°,泰山的经度为0°48′,二者几乎在同一条线上。明代说北京城与泰山在同一条轴线上是准确的。也就是说北京城中轴的延长,使泰山、淮南诸山、江南诸山成为北京城中轴延长线上的三个点,即为北京城的三重案山。这根中轴把中国的万里江山统贯了起来,实际上已成为地轴的象征。北京城位于地轴的顶端,就好像北极位于天轴的顶端那样,泰山、黄河等诸山水就像天空中的诸星宿围绕着北极旋转那样而拱卫于北京城前,实现了唐人杨筠松所说的"千山万水皆入朝"的理想。[6] 根据朱熹"冀都是正天地中间"之说和丘浚、章潢、徐善述之论,可以给北京城画一张天下中轴图(图5),使北京城位

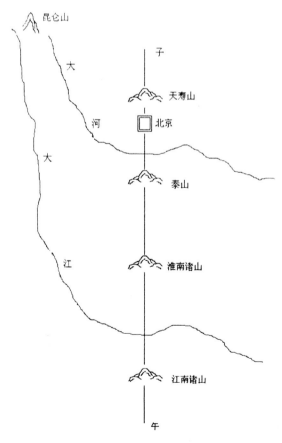

图5 根据朱熹假想轴绘制的北京天下中轴想象图

于天下的中心，中轴成为中国的大中轴。明人陶望龄《帝京篇》称北京城大中轴为：

> 地轴幽燕壮，星辰北极尊。
> 向明开帝服，面势敞天门。

陶望龄明确提出北京城的中轴就是地轴，地轴使幽燕更加雄伟，星辰以北极为尊，使北京城成为天下拱卫、朝觐之地，丘浚总结说：

> 臣按《朱熹语录》："冀都正是天地中间，好（个）风水。……江南诸山为第三重案。"……则知古今建都之地，皆莫有过于冀州可知矣。虞夏之时，天下分为九州，冀州在中国之北，其地最广，而河东河北皆在其域中四分之一。舜分冀为幽、并、营，幽与并、营皆冀境也。就朱子所谓风水之说，观之风水之说起于郭璞谓无风以散之、有水以界之也。冀州之中，三面距河处，是为平阳、蒲坂，乃尧舜建都之地，其所分东北之境是为幽州。太行自西来演迤而北，绵亘魏、晋、燕、赵之境，东而极于医无闾。重冈叠阜，鸾凤峙而蛟龙走，所以拥护而围绕之者，不知其几千万重也。形势全，风气密，堪舆家所谓藏风聚气者，兹地实有之。其东一带，则汪洋大海。稍北，乃古碣石沦入海处。稍南，则九河既道，所归宿之地，浴日月而浸乾坤，所以界之者，又如此其直截而广大也……前乎元而为宋，宋都于汴。前乎宋而为唐，唐都于秦。在唐之前，则两汉也，前都秦而后洛，然皆非冀州境也。虽曰"宅中图治，道里适均"，而天下郡国乃有背之而不面焉者……我朝得国之正，同乎尧舜拓地之广，过于汉唐书所谓东渐西被朔南暨声教讫于四海，仅再见也。猗欤盛哉！孔子曰："为政以德，譬如北辰，居其所而众星共之。"[7]

按朱熹之说，可知古今建都之地，冀州为最上乘。冀州位于中国北方，地理广阔，而河东河北只占其面积的四分之一。舜时把冀州划分为幽、并、营三州，幽州位于冀州的东北。风水之说起源于晋代郭璞所谓"藏风界水"之论，就朱熹所说之风水观之，太行山自西而北逶迤而来，绵亘于魏、晋、燕、赵之境，重峦叠嶂，山势厚重，互相拥护围绕，不知有几千万重。形势全，风气密，是堪舆家所谓藏风聚气的地方。向东为汪洋大海，靠北为古碣石入海处，向南为九河故道，山脉止处，浴日月而浸乾坤，直截而广大。如果把北京与历代都城进行比较，可知宋都汴梁、汉唐都长安、秦都咸阳，它们都没在冀州境内，虽然洛阳有"宅中图治，道里适均"之称，但天下郡国并不都是面对称臣而有相背离者。只有北京城，才真正地实现了孔子所说的"南面而听天下"的理想，像北极星那样，"居其所而众星共之"。

三、历代中轴上的宫殿建筑

秦始皇为都城建了两根中轴，第一根是信宫直达骊山的中轴，第二根是阿房宫直抵南山之巅的中轴，第一根中轴上的宫殿有信宫和甘泉宫，第二根中轴上有阿房宫，其信宫、阿房宫的规模如何？我们可以根据文献和考古发掘进行推想。始皇三十五年，秦始皇以为咸阳人多，先王宫殿小，拟将咸阳重心置于丰镐古都之间，另建阿房宫，并扩大城址直达南山，即以山为宫阙，视渭河为"天汉"（银河），凭借复道、甬道、驰道及桥梁为联络手段，渡渭而北直达咸阳宫，好像天梯一般，自天极，经阁道，渡银河，直抵"营室"。同时通过复道、甬道的联系，将城周二百里内的二百七十座宫观，聚集在"天极"周围，有若众星拱极一般，形成一个势将遍布全畿的庞大宫殿群。[8] 在如此众多的宫殿群中，阿房宫是中心，它的规模是最大的，相传阿房宫大小殿堂七百余所。《史记·秦始皇本纪》中说：阿房宫前殿，东西五百步，南北五十丈，殿中可以坐一万人，殿下可以树起五丈高的大旗。秦代一步合六尺，三百步为一里，秦尺约 0.23 米。如此算来，阿房宫的前殿东西宽 690 米，南北深 115 米，占地面积 8 万平方米，容纳万人自然绰绰有余了。根据考古勘探发掘确定，仅阿房宫前殿遗址夯土台基东西长 1270 米，南北宽 426 米，现存最大高度 12 米，夯土面积 541020 平方米，是迄今所知中国乃至世界古代历史上规模最宏大的夯土基址。据考古专家推算，阿房宫前殿遗址的面积规模与《史记》所描写的基本一致。

气势恢宏的阿房宫，让我们通过唐朝诗人杜牧的《阿房宫赋》而想象吧："六王毕，四海一。蜀山兀，阿房出。覆压三百余里，隔离天日。骊山北构而西折，直走咸阳。二川溶溶，流入宫墙。五步一楼，十步一阁；廊腰缦回，檐牙高啄；各抱地势，钩心斗角。盘盘焉，囷囷焉，蜂房水涡，矗不知其几千万落。长桥卧波，未云何龙？复道行空，不霁何虹？高低冥迷，不知西东。歌台暖响，春光融融；舞殿冷袖，风雨凄凄。一日之内，一宫之间，而气候不齐。"

西汉长安城的中轴早期以未央宫的轴线为中轴，未央宫位于中轴上。未央宫是群宫之首，高据龙首原，方圆二十八里，当时高祖刘邦见后，十分愤怒地对萧何说："天下匈匈，劳苦数岁，成败未可知，是何治宫室过度也。"萧何回答说："天子以四海为家，非壮丽无以重威。"萧何还想把未央宫建成令后世无法超越的标杆。张衡《西京赋》云："正紫宫于未央，表峣阙于阊阖。疏龙首以抗殿，状巍峨以岌嶪。"可见未央宫的宏伟壮丽。据考古发掘，未央宫平面呈方形，四面各有一门，周筑围墙，东、西两墙各长 2150 米，南、北两墙各长 2250 米，周长合汉代 21 里，面积约 5 平方千米，占汉长安城内总面积的七分之一左右。东、北两门外有阙，称东阙和北阙。据文献记载，宫内主要建筑有前殿、宣室、温室、清凉、麒麟、金华、承明、高门、白虎、玉堂、宣德、椒房、昭阳、柏梁等殿和天禄、石渠两阁等，共 40 余座。前殿是未央宫最重要的主体建筑，居全宫正中，其他重要建筑围绕它的四周。夯土台基北部至今残高达 15 米，南北长约 350 米，东西宽约 200 米，有前、中、后三座大殿，是利用南北向的龙首山丘陵修建的高台建筑。前殿北 360 米有一座宫殿基址，其主体建筑的南夯土台基东西长 50 米，南北宽 30 余米。它的北面有一长方形庭院，南面有两夯土台，似为正殿前的两座阙门。据推测是后宫椒房殿遗址，即皇后的住处。

东汉定都于洛阳，中轴定于铜驼街，自南宫正宫门，经城之正南门平城门，一直延伸到距城七里的南郊圆丘。中轴上建有南宫，保持了营国制度的传统即"择中立宫"的原则，强调了尊卑礼制，突出了宫殿的至尊地位，班固《东京赋》云："增周旧，修洛邑，扇巍巍，显翼翼；光汉京于诸夏，总八方而为之极。于是皇城之内，宫室光明，阙庭神丽，奢不可逾，俭不能侈。"

三国时，魏国都城邺城的中轴南起中阳门，经文昌殿，北达北垣，正殿文昌殿位于中轴上。左思《魏都赋》云："造文昌之广殿，极栋宇之弘规。"

曹丕称帝后，迁都洛阳，把南北二宫连为一体，定都城中轴起自宫城向南延伸至城外的礼制建筑区及郊坛。中轴上有建始殿、显阳殿、太极殿、司马门、路门、阊阖门、库门等雄伟建筑，太极殿是宫殿区的主体殿即正殿。

北魏孝文帝迁都洛阳，遵循《周礼》的营国制度，改革东汉的南北两宫，将宫室集中布置于同一座宫城内，宫城外建城，城外建廓，形成三重环套的城市模式。宫城处于全城的中心，以显示"王者居天下之中"的权威。这种规划，进一步加强了中轴在全城中的主导作用，将宫城的南北中轴作为全城的中轴，并渡洛河一直延伸至洛南圆丘。中轴上建有宣阳门、阊阖门、太极殿等。据考古发掘，宫城南部有一大基址，直对铜驼街，俗称为"金銮殿"。基址南北宽约60米，东西长约100米，地下保存夯土台基高达6米以上，周围尚密布成组的夯土基础。此基址应是正殿太极殿。

隋唐长安城与汉长安城不同之处是隋唐长安城据龙首原南麓向南展开，于龙首原高地建置宫殿，以建瓴之势，突出王居。宫城位于郭城北部中央，宫城的中轴即是全城的中轴，中轴上的建筑自南往北有朱雀门、承天门、嘉德门、太极门、太极宫、朱明门、两仪门、两仪殿、甘露门、甘露殿、重玄门、玄武门。正殿太极宫实际上由三部分组成，中为太极宫（图6），左为东宫，右为掖庭宫，太极宫是主体，其余二宫依附于太极宫。太极宫形制呈长方形，南北长1492.1米，东西宽2820.3米。

北宋都城汴梁仿洛阳城而建，宫城居中，以宫城的轴线作为全城的中轴，中轴上建有正殿大庆殿、视朝之前殿紫宸殿等。

元代都城大都城的宫城系帝居，习称之"大内"，中轴上有宫城正门丽正门、正殿大明殿和寝宫延春阁等，凡登极、正旦、万寿和朝会在大明殿举行，殿广十一间，深一百二十尺，高九十尺。大明殿后辟有寝殿，不露楹架，四

图6　隋唐宫城正殿太极宫

壁高旷，通用素绢包围，绘龙凤图案，中设金屏障，障后即为寝宫，深约十尺，俗称为拿头殿，龙床三张呈品字排列。延春阁即大内后廷正宫，皇后居住，殿广九间，东西宽一百五十尺，深九十尺，高一百尺，三檐重屋式阁楼，高于大明殿。

历代中轴上的建筑都是全城最高大的建筑，而正殿是其主体。隋唐太极宫不仅体量巨大，而且建于龙首原上，更突显了建筑的高度和磅礴的气势，突出了至高无上的皇权。元代宫殿皆丹楹朱琐窗，间金藻绘，它们屹立于中轴上，更显金碧流辉，高明华丽。

四、北京城中轴上的建筑

北京紫禁城宫观峻嶒，拟于九重，充分实现了汉代萧何对刘邦所说帝王建筑宫室的目的："天子以四海为家，非壮丽无以重威。"

（一）中轴上的北斗七星

北京城的中轴包含着紫禁城中轴，紫禁城中轴是指从午门至玄武门（清神武门），据廖文修《天坛故宫梦红楼》的研究，中轴上布置了七座宫殿以象征北斗七星，它们是奉天殿（清太和殿）、华盖殿（清中和殿）、谨身殿（清保和殿）、乾清宫、中圆殿（交泰殿）、坤宁宫和钦安殿。

建筑模仿北斗七星而建，据学者考证太祖朱元璋修建孝陵时就已有了用北斗七星来设计建筑布局的先例，宝城、享殿、五龙桥、棂星门、望柱、大金门和下马坊七座建筑连在一起，正好呈一北斗形。[9] 同时为了更显著地点明北斗七星，以紫禁城内七座屋顶上的建筑圆球来象征七颗星。午门平面呈一凹字形，东西雁翅楼南北两端各建有重檐攒尖顶阙亭一座，屋顶攒尖的四个圆球连在一起，呈一北斗星的斗魁（图7），华盖殿（中和殿）、中圆殿（交泰殿）和钦安殿屋顶的圆球和宝瓶组合在一起，形成斗杓（图8）。

北斗七星，在古代天文中占有重要位置，它是天空中最为显著的标志，天空星宿的运转，都是因为它的号令而带着运行的，是天帝的权杖。远古时部落首领手中所执的钺，就是北斗的象征。《甘石星经》称："北斗星谓之七政，天之诸侯，亦为帝车。"《史记·天官书》说："北斗七星，所谓'旋、玑、玉衡，

图 7 午门上的四座攒尖顶亭子

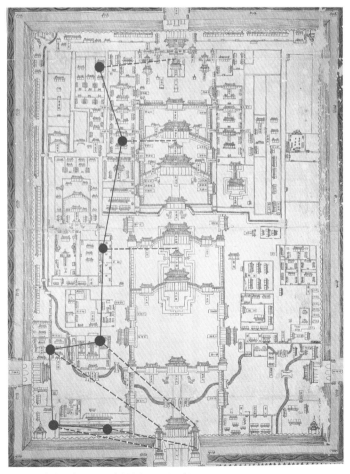

图 8 紫禁城北斗七星图（《皇城宫殿衙署图》）

以齐七政'……斗为帝车，运于中央，临制四乡。分阴阳，建四时，均五行，移节度，定诸纪，皆系于斗。"《鹖冠子·环流第五》称："斗杓东指，天下皆春；斗杓南指，天下皆夏；斗杓西指，天下皆秋；斗杓北指，天下皆冬。"紫禁城中轴上的华盖殿、中圆殿和钦安殿所组成的斗杓为北指，暗示冬至的到来、万物的起源，同时也暗示斗杓北指北极星，证明这条轴线是正南北向。斗杓所指的北极星在哪里呢？这就是玄武门后的万岁山（清景山）。天地是由阴阳二气相互碰撞，清轻者上升形成天，重浊者下降形成地，凝结在天上者是星，凝结于地上者为山，所以山与星是相通的。

（二）中轴上的建筑形制及功能

北京城中轴上的建筑从南至北一字罗列，气象万千，巍峨高大，震慑人心。我们先从南门永定门说起，永定门为重檐歇山三滴水楼阁式建筑，面阔五间，通宽 24 米，进深三间，深 10.5 米，楼连台通高 26 米。意为恒久安定。它的南面是南海子和南苑，《大明一统志》称南海子："在京城南二十里，旧为下马飞放泊，内有按鹰台。永乐十二年增广其地，周围凡一万八千六百六十丈，乃域养禽兽、种植蔬果之所。中有海子大小凡三，其水四时不竭，汪洋若海。以禁城北有海子，故别名曰南海子。"[10] 南海子是与北海相对应的，永乐十二年（1414）把南海子圈禁了起来，说明南海子不仅仅是当作养禽兽种蔬果之所，还是作为北京城的"朱雀"之神的。按《阳宅十书》之说"前有污池，谓之朱雀"，风水中象征"聚财"或"聚星"之意。南海子林荫蔽日，水面广阔，飞禽走兽聚集，草木茂，禽兽肥，云气萦绕不散，天地之气郁积。在清代，这里是皇帝春狩的校猎之处，也是会同"诸侯"的地方。

永定门内中轴左为天坛，右为先农坛。穿过天桥，直达正阳门，正阳门是内城的第一道门，高 42 米，是北京城中最高大的城门。城台高 13.2 米，上建有城楼，为灰筒瓦绿琉璃剪边，重檐歇山式三滴水结构。城楼两层，面宽七间，高 27.3 米。正阳即面南向阳，也称前门即南门，原名称丽正门，正统元年改称正阳门。丽正取义于《周易》离卦，为"附丽得正之义"，以连续不断的光明道德照临天下四方之意。

大明门（大清门）位于正阳门内（图 9），是明代继承《周礼》传统"五门三朝"的第一座门。飞檐重脊，面阔 40 米，门高 21 米，正中开三券门，

图 9 大明门（大清门）旧影

门前为棋盘街，围以石栏，左右各设石狮下马碑 1 座，门内东西两侧有千步廊向北环抱形成中轴御路，通向皇城正门承天门。作为紫禁城建筑外部空间的序列，就是从这里开始的。永乐时大学士李时勉《北京赋》云："列大明之东西，割文武而制异。"于棋盘街的两侧各立一座牌坊（不存），位于东侧的牌坊名曰"文德"，西侧的牌坊名曰"武功"，文属阳，武属阴，中轴自此就起着分阴阳的作用，同时也暗示着大明门外两侧是国家文武各部的办公区域。左边有五军都督府（明代）、刑部（清代）等属武即阴的衙门；右边有吏部、户部、翰林院等属文即阳的衙门。

图 10 《光绪大婚图》中天安门颁诏图

　　大明门至承天门之间为千步廊（不存），东西向朝房各 144 间，皆联檐通脊，凡吏部、兵部月选官掣签，礼部乡、会试磨勘，刑部秋审，都于此举行。

　　千步廊北为天街，象征天上的天街，开敞广阔，东出为长安左门，西出为长安右门。太庙和社稷坛就位于天街的东西两侧。迎面正中耸立的是象征天庭南天门的承天门（清天安门）（图 10），为"五门三朝"的第二座门，故永乐初建时为黄瓦飞檐三层楼式的五座木牌坊形制，牌楼正中悬挂着"承天之门"的匾额，清顺治重建时改为城楼，重檐歇山顶，高 33.7 米。凡国家大庆、覃恩，则于门楼上宣示诏书，由堞口正中，承以云朵，设金凤衔下。承天门取"承天启运""受命于天"之义，清顺治八年改名为天安门，取"受命于天，安邦治民"之义。门前是金水河，五座白玉石桥象征天上的津梁。

　　端门位于承天门后，是"五门三朝"的第三座门。端门之制古已有之，《周礼》云："建路鼓于大寝之门外而掌其政。"汉代郑玄注曰："大寝，路寝也。其门外则内朝之中，如今宫殿端门下矣。"说明汉代时宫城大门就有端门之名存在。取名为"端门"，大概与《墨子》所说库影"在午有端与景长，说在端"有关。明人因宋人陈祥道《礼书》所云"库门，兵库在焉"，认为库门就是府库之义，

图 11　午门

故朱元璋于端门侧建武库，表示以应古天子之库门。实际上古天子的库门即端门并没有库府之意，更不是藏兵器的地方，它应是古人设孔观天的遗意。据余健《堪舆考源》[11]的考证，库、窟音义相同，窟即穴，也就是圭窬之孔。圭窬即窥觎，它是于室的门旁穿壁为一孔，形状为上圆下方，当着虚形的圭表，以作为观测星辰出入的门户，即运用小孔成像原理以窥孔测天，也就是《墨子》所说的"库影"（倒影），故曰端。后来人们把测天的门户称为端门。

　　午门是紫禁城的正门南门，是"五门三朝"的第四座门（图 11），是紫禁城中最大的门，高达 37.95 米。午门之午出自甲骨文午字𠂤，表示中午 12 点之义。中午 12 点是一天之中太阳运行到的最高点即阳气最盛的时刻，过了 12 点，天就慢慢地暗了下来，进入了下半段时间段，与一天的上半段 0—12 点正好相反。所以一天的上半段与一天的下半段是矛盾的、悖逆的。盛极必反，殷人正是抓住了这个重要的时间节点，把一天确定为两个 0—12 点段，而没有确定为 24 小时，就是为了体现天的这个特性。所以《说文》的这个解释是对的，《说文》称："午，牾也。五月阴气牾逆阳，冒地而出也。"过了 12 点，阴气就出现了，所以称牾，为相反、悖逆、矛盾之义，所以午就是牾之义。

甲骨文午字§，取束丝相交之形，束丝是指两股相反的丝绳缠在一起成为一束，以寓意悖逆、相反、矛盾之义，故用§代表最高点即 12 点。§代表一天之中最阳气的时刻，正好与夏至相对应，夏至时太阳到达最北回归线上，处于最高点，太阳直射带来了一年之中最热的季节，故§放置于正南方位上以向阳。

午门的平面呈"凹"字形象征北斗之斗魁，沿袭了唐朝大明宫含元殿和宋朝宫殿丹凤门的形制，是从汉代的门阙演变而成。午门上建崇楼五座，故又称五凤楼。午门左右各有一阙，东为左掖门，西为右掖门。午门共三座门，文武官员从左门出入，宗室王公则由右门出入。中楼左右方形亭内设置钟鼓，皇帝御大朝时，钟鼓齐鸣。皇帝祭祀坛庙出午门则钟鸣，祭祀太庙则鼓鸣。颁历于午门外正中设黄案，恭进皇帝时宪书于其上。皇帝大祀圆丘时，要在午门外陈设大驾卤簿。午门还是一个举行征讨凯旋献俘的重要场所，皇帝亲御午门受献俘礼。清康熙二十三年八月，大将军裕亲王以诸道兵破厄鲁特于乌兰布通，宣捷午门；清乾隆四十年，献金川俘馘于庙社，乾隆御午门受俘。文武官员每日五更到午门外列班集合，等候部院启奏官出，始散归署办公。

过了午门，金水河横亘于前，象征天上的银河，五道桥梁好似五道彩虹。跨过金水河，前面是"五门三朝"的第五座门奉天门。奉天门，嘉靖时改为皇极门，顺治时改为太和门。太和门面阔 9 间，进深 3 间，上覆重檐歇山顶，门前列铜狮一对、铜鼎四只，为明代铸造的陈设铜器。奉天门在明代是"御门听政"之处，常朝皇帝每日御此接受臣下的朝拜和上奏，颁发诏令，处理政事。所设御座称为金台。清代初年的皇帝也曾在太和门听政、赐宴，后来"御门听政"改在乾清门。

奉天门是五座门中唯一建在汉白玉基座上的宫门，丹陛上雕刻云龙象征天上的玉阶（图 12），能跨过金水桥（彩虹），登上玉阶的人，是得到莫大恩宠和荣光的人。《三国志·魏书·陈思王曹植传》记："常愿得一奉朝觐，排金门，蹈玉陛。"玉阶亦与读书人有关，明人徐咸《徐襄阳西园杂记》记："正德庚子冬，会试北上，予与潘惟远、钟彦材同舟，至白洋河，见流贼沿途劫杀，心甚忧悚，曰：'功名有分，脱犯不测，奈何？'欲返者屡。二友曰：'行已至此，盖祷以决？'至济宁，夜，予三人即船头焚香，告天乞梦。是夜，予梦至一境，山明水秀，云是凤阳。见一宫殿，朱门半掩，人曰：'此鬼乐殿也。'三人即入。观玉阶金阙，极为宏丽。登殿，见一塑像，高丈许，冠皮弁，服葱白袍，西向坐。予曰：'此高皇帝像也。'"徐咸北上去京师准备参加会试欲获取功名，但行经路中，

图 12　奉天门玉阶（清太和门）

见强盗抢劫，深感恐惧，欲回家，经两位同行的朋友劝说，以焚香告天乞梦的方式来决定取舍。徐咸在梦中登玉阶金阙，见到高皇帝朱元璋，于是决定继续北上获取功名。"朝为田舍郎，暮登天子堂"，指的就是读书人通过考试，一朝改变命运，荣登天子堂，这是古代无数读书人的梦想，希望总有一天能登上玉阶金阙。作为选拔国家人才的最高考试殿试是安排在禁城举行的，殿试两天后，皇帝要在太和殿召见新考中的进士，考中的进士身着公服，头戴三枝九叶冠，恭立天安门前听候传呼，然后就像做梦一样与王公大臣一起登

图 13　奉天殿（清太和殿）

玉阶，过金阙太和门，进金殿太和殿分列左右，肃立恭听宣读考取进士的姓名、名次，这就是"金殿传胪"，莫大的荣光啊！

乾隆时太和门的对联是"日丽丹山，云绕旌旗辉凤羽；祥开紫禁，人从阊阖觐龙光"，"鹓观祥云，九译同文朝玉陛；凤楼焕彩，八方从律度瑶闿"，登上玉阶就可以朝拜金銮殿了，目睹那位光彩照人的真龙天子了。

奉天门内便是三朝大殿。

前朝以三大殿为中心，东西文楼、武楼二楼和文华、武英二殿为两翼。永乐时奉天殿广三十丈（图 13），深十五丈，折合为今制米即东西宽 95.19 米，南北深 47.6 米，面积达 4531.04 平方米，体量庞大，故杨荣《皇都大一统赋》称奉天殿"觚棱云耸"，金幼孜《皇都大一统赋》称"竦摩空之伟构"，李时勉《北京赋》称"奉天凌霄以磊砢"，陈敬宗称"屹中天以层构，抗浮云而上征。激日景以纳光，耀丹碧于紫清"。奉天殿矗立在一座庞大的象征五行"土"的台基上，台基高 2 丈（8.13 米），源于殷商时的单台。奉天殿重檐四阿庑殿顶，气冲云天，如高山耸入云端一样屹立于前，赫然当朝，君临天下。正统时仍按旧制复建，嘉靖重建时，因无法采伐到巨干楠木，"旧制固不可违，因变少减，亦不害事"，奉天殿体量缩小，以后一再缩减，至清康熙重建时，其体量已缩小到永乐时的三分之一。殿正中设宝座（图 14），髹金漆，圈椅式，须弥底

图14 太和殿宝座

座的四角饰玛瑙柱，束腰四面开光透雕双龙捧珠，衬以蓝色地纹。座上两侧立有六根髹金漆木柱，与殿内围绕御座空间的六根沥粉贴金盘龙大柱相呼应。宝座每柱上盘绕两条雕龙，共计12条，上层的龙身绕柱后以后爪攫擦相邻木柱拉伸身体形成扶手。除前柱下层雕龙的龙头朝前外，其他柱上的雕龙均伸出一前爪上举如意宝珠，其龙头均朝向雄踞宝座椅背最高处的正龙。椅背由上、中、下三格组成，上格下雕海水江崖并托起一正龙，正龙前两爪攫擦两条龙尾，使两条龙的身体伸直形成圈背。中格浮雕祥云火珠，下格透雕卷草。扶手上的12条盘龙，骄纵恣肆，手托宝珠，形成众龙献宝、拱卫正龙的格局。宝座后置髹金漆雕龙屏风，共七扇，雕龙11条，为升降两种姿态的龙，与宝座扶手上的盘龙形成鲜明对照，更加突出了椅背上的正龙的尊贵与威严。殿前宽阔的丹陛及月台上陈设铜龟、铜鹤，象征江山万年。乾隆时增设计时器日晷和量器嘉量，以表天下一统。

奉天殿的形制和陈设，《春明梦余录》记："奉天殿，洪武鼎建初名也，累朝相沿至嘉靖四十一年改名皇极殿。制九间，中为宝座，座旁列镇器。座前为帘，帘以铜为丝，黄绳系之，帘下为毯，毯尽处设乐。殿两壁列大龙橱八，相传中贮三代鼎彝，橱上皆大理石屏。每遇正旦、冬至、圣节则御焉。"[12]殿内共有72根大木柱，其中宝座两侧的6根沥粉蟠龙金柱，取象乾卦，乾卦由六根阳爻组成，为阳极即纯阳，代表天，故六根蟠龙金柱象征天，而皇帝就是天的代表。现为清代陈设原状，殿内悬清乾隆帝御笔匾，匾曰"建极绥猷"，联曰："帝命式于九围，兹惟艰哉，奈何弗敬；天心佑夫一德，永言保之，遹求厥宁。"

奉天殿是国家举行盛大典礼的地方，如皇帝登极即位、皇帝大婚、册立皇后、命将出征，此外每年万寿节、元旦、冬至三大节，皇帝在此接受文武官员的朝贺，并向王公大臣赐宴。清初，还曾在太和殿（奉天殿）举行新进士的殿试，乾隆五十四年始，改在保和殿举行，"传胪"仍在太和殿举行。

皇帝上朝，明初规定大朝、朔望常朝在奉天殿举行，平日早朝在华盖殿举行。但明代中期以后，则改在奉天门举行。清代则改在乾清门举行，史称"御门听政"。

奉天殿是中轴上最神圣的宫殿，是皇权的象征，当皇帝莅临太和殿时，如拥有广博的土地，万里江山奔来眼底：泰山、淮南诸山、江南诸山、大江、大河，于千里之外奔来拱卫，四海雍熙，万邦和谐，南面而听天下，仿若北极星照耀天空。

奉天殿后为华盖殿（图15），位于奉天殿、谨身殿之间，是皇帝去太和

图 15　华盖殿（清中和殿）

图 16 谨身殿（清保和殿）

殿大典之前休息，并接受执事官员的朝拜的地方。凡遇皇帝亲祭，如祭天坛、地坛，皇帝于前一日在中和殿阅视祝文，祭先农坛举行亲耕仪式前，还要在此查验种子和农具。皇太后上徽号，皇帝在此阅视奏书。玉牒告成，恭进中和殿呈御览，同时要举行隆重的存放仪式。

华盖殿取象紫微垣中天皇大帝星座上的九颗星即华盖星，九星形如伞盖，以覆蔽大帝之座故名。又《史记》记华盖乃是黄帝与蚩尤战于涿鹿之野时，天空突然出现有如华盖的五色云气照于黄帝头上，由于有华盖保护，黄帝最终取得了胜利，后世便把华盖比喻为天子盖，有天子盖护顶，是皇帝身份的象征。华盖殿在永乐时形如伞盖，李时勉《北京赋》云："奉天凌霄以磊砢，谨身镇极而峥嵘，华盖穹崇以造天。"后改为渗金方檐圆顶。殿内陈设，据明人蒋德璟记："时天气尚热，辟四大门熏风习习。上宝座周围刻金龙形一片，黄金璀璨也。内置金椅及御榻，以黄绫衣之。"[13]现为清代陈设原状，殿内悬乾隆帝御笔匾，匾曰"允执厥中"，联曰："时乘六龙以御天，所其无逸；用敷五福而锡极，彰厥有常。"

华盖殿后为谨身殿（图 16），谨身殿东西九间、重檐、垂脊。清改称保和殿。殿正中设宝座。保和殿于明清两代用途不同，明代大典前皇帝常在此更衣，册立皇后、太子时，皇帝在此殿受贺。清代每年除夕、正月十五，皇帝赐宴外藩、王公及一二品大臣，场面十分壮观。赐额驸之父、有官职家属宴及每科殿试等均于保和殿举行。每岁终，宗人府、吏部在保和殿填写宗室、满、蒙、汉军以及各省汉职、外藩世职黄册。清顺治三年（1646）至十三年（1656），顺治帝福临曾居住保和殿，时称"位育宫"，大婚亦在此举行。康熙自即位至八年（1669）亦居保和殿，时称"清宁宫"。二帝居保和殿时，皆以暂居而改称殿名。清代殿试自乾隆年始在此举行，也就是皇帝面见状元等前三名。现为清代陈设原状，殿内悬乾隆帝御笔匾曰"皇建有极"，联曰："祖训昭垂，我后嗣子孙尚克钦承有永；天心降鉴，惟万方臣庶当思容保无疆。"

前朝三大殿于永乐十九年四月初八日被雷击烧毁，正统五年重修三大殿，六年九月竣工。嘉靖三十六年四月，三大殿再次被雷击烧毁，四十一年九月重修完毕，更名曰皇极殿、中极殿和建极殿。清入关后，定都北京，继续以明紫禁城为宫城，顺治时重修三大殿完工后更名为太和殿、中和殿和保和殿，改明"三极"为"三和"。"和"，甲骨文为龢，A为朝下的口，指多管的排笛，表示用嘴吹奏多管多孔的排笛。"禾"表声旁和形旁，表示禾类植物的芦管。所以"和"的意思是吹奏多管的排笛，排笛由不同大小高低管组成。高低音不同，但通过口吹奏，使不同的音造成谐音共振，产生美妙的乐，这就叫"和"，比喻协调，相应。"和"表示不同声音因和拍、相融而产生共鸣，强调诸异而致同。"谐"表示相同的声音因一致而统一，强调诸同而大同。所以"和"与"谐"其义不同，但二者可以组合在一起为"和谐"。太和、保和，出自《周易·乾卦》："大哉乾元，万物资始，乃统天。云行雨施，品物流形。大明始终，六位时成。时乘六龙以御天。乾道变化，各正性命。保合太和，乃利贞。首出庶物，万国咸宁。"古人认为生命的产生是由于宇宙中阳气的运动，万物借助乾阳才开始具有生命的迹象。但仅有阳气还不能产生生命，还必须要有阴气，阴阳二气相交，产生太和之气，则云行雨施，各类事物因为阴阳的流变化生而获得了各自不同的形体。太阳从早到晚有规律地反复运行，形成了六个不同次序的时段，光照天下，给生命带来阳光。按照规律运动变化，才使万物的性命得正，各得其宜。保持这种和谐的运动规律，万物才能长存永固，天下安宁的局面才会出现。谁能为之调和呢？《吕氏春秋》说"唯圣人为能和"，"中和"即指此意。"中和"出自《中庸》："喜怒哀乐之未发，谓之中；发而皆中节，谓之和。中也者，天下之大本也；和也者，天下之达道也。致中和，天地位焉，万物育焉。""太和"和"保合"是讲宇宙生成万物和万物和谐相处的条件和环境，中和则是讲人性的修养，所以要"率性之谓道，修道之谓教。道也者，不可须臾离也"，率真本性，没有扭曲、非常自然、非常顺畅地按照本性去做，这就是道。万物由天生成，天产生万物，所以天的本性是善良的，故而率性之本性也是善良的，修道就是圆满自己的天性。中和是情绪的原始状态，不杂含任何好恶成分。保持内心的中和，就可以臻至大道。所谓大道，就是回归于太和之气上，达到至善，只有这样，才能赞助天地，化育万物。

大明门、承天门、端门、午门、奉天门和奉天殿、华盖殿、谨身殿取自周代"五门三朝"，代表前朝部分。五门三朝是中国古代最高的宫殿建筑等级，代表皇权，明代因袭，表示继承了儒家正统。

乾清门是后廷的正门（图 17），面阔 5 间，进深 3 间，高约 16 米，单檐

图 17　乾清门

歇山屋顶，坐落在高 1.5 米的汉白玉石须弥座上，周围环以雕石栏杆。门前三出三阶，中为御路石，两侧列铜鎏金狮子一对。中开三门，门内有高台甬路连接乾清宫月台。乾清门是连接内廷与外朝往来的重要通道，在清代又兼为处理政务的场所，清代的"御门听政"、斋戒、请宝接宝等典礼仪式都在乾清门举行。

乾清宫广九间，进深五间，高 20 米，重檐庑殿顶。殿名出自乾卦卦象，象征天阳，代表皇帝。正中为地平，上设金漆五屏风、九龙宝座一份，铜掐丝珐琅甪端一对，铜掐丝珐琅垂恩香筒一对，铜掐丝珐琅仙鹤一对，铜掐丝珐琅圆火盆一对，地平两侧设大镜屏一对[14]，东西板墙下设紫檀木大案一对。明人刘若愚记："其殿内居中向南大匾曰'敬天法祖'，崇祯元年八月初四日悬挂，系司礼监掌印高太监时明笔也。"[15] 在明代，乾清宫为皇帝正寝宫，定制乾清宫暖阁有九间，每间上下两层，设三床，共二十七床，天子随时居寝。清代殿内正中悬清顺治帝御笔匾曰"正大光明"，自雍正创立秘密建储制后，"建储匣"就藏在这个匾之后。

乾清宫建筑规模为内廷之首，明朝的十四个皇帝和清朝的顺治、康熙两个皇帝，都以乾清宫为寝宫，在这里居住，也在平时处理日常政务。作为明代皇帝的寝宫，自永乐皇帝朱棣至崇祯皇帝朱由检，共有 14 位皇帝曾在此居住。清代康熙皇帝以前，这里沿袭明制，清代顺治、康熙年间，乾清宫与政务关系相当密切，皇帝在这里读书学习、批阅奏章、召见官员、接见外国使节以及举行内廷典礼和家宴。自雍正皇帝移住养心殿以后，这里即作为皇帝召见廷臣、批阅奏章、处理日常政务、接见外藩属国陪臣和岁时受贺、举行宴筵的重要场所。

乾清宫后为交泰殿，渗金圆顶，旧名中圆殿。殿名出自泰卦卦象，寓意"天地相交，天下太平"。殿中设宝座，上悬乾隆摹康熙帝御书"无为"匾，宝座后有板屏一面，上书乾隆帝御制《交泰殿铭》。东次间设铜壶滴漏，乾隆年后不再使用。在交泰殿内西次间一侧，设有一座自鸣钟（图18），这是嘉庆三年制造的。皇宫里的时间都以此为准。清代象征国家权力的二十五宝印玺藏于此殿。交泰殿开宝与封宝定于每岁正月，钦天监预先择定吉日，开宝掌仪司知会宫殿监，先期奏闻，届日宫殿监率交泰殿首领太监等，于殿中设供案、香烛、果酒之品，行三跪九叩首礼。吉时一到，开封，把宝陈设于案上，奏请皇帝拈香行礼，礼毕，捧宝贮于匣内。封宝时间在岁暮，钦天监预先择定

图 18　交泰殿内陈设的大自鸣钟

日期，前一日，内阁具奏，届日，内阁学士一人率典籍到乾清门门左，陈设
黄案，宫殿监率交泰殿首领太监开启宝匣，把宝陈设于案上，学士率典籍等
洗拭后，再由交泰殿首领捧拿，贮于匣内。[16]

　　交泰殿后为坤宁宫，进深九间，出自坤卦卦象，象征地阴，代表皇后。
皇后居住中宫即坤宁宫，主内治，皇贵妃一位、贵妃二位、妃四位、嫔六位，分居东西十二宫，佐内治。贵人、常在、答应无定位，随居十二宫，勤修内则。在明代，坤宁宫为皇后寝兴之所，妃嫔亦有住此宫的。清代坤宁宫改为祭祀萨满神的主要场所（图19），改原明间开门为东次间开门，原隔扇门改为双扇板门，其余各间的棂花隔扇窗均改为直棂吊搭式窗。室内东侧两间隔出为暖阁，作为居住的寝室，门的西侧四间设南、北、西三面炕，作为祭神的场所。与门相对后檐设锅灶，作杀牲煮肉之用。

作为皇帝处理政务及皇帝、皇后、皇太后、妃嫔、皇子、公主居住的内廷，以乾清宫、交泰殿、坤宁宫居中，象征天地乾坤卦象，东、西六宫居左右相辅，以两个三画卦的坤卦形式即"六六大顺"，象征"顺天承乾之坤德"。

永乐时期没有御花园，御花园是景泰六年增建的。坤宁宫北有围廊，曰游艺斋，与御花园相连，其钦安殿后顺贞门即坤宁门。明嘉靖十四年改坤宁门为顺贞门。

御花园正中为天一门，天一门为钦安殿的正门，按《河图象数》即"天一生水，地六成之"而建造，嘉靖十四年添额。

钦安殿是紫禁城最北面的建筑，殿顶为盝顶，上立渗金宝瓶（图20）。

图19　坤宁宫萨满祭祀场景

图 20　钦安殿盝顶

钦安殿盝顶结构在紫禁城中独一无二，盝顶，是指屋顶顶部有四个正脊围成为平顶，下接庑殿顶。元陶宗仪《南村辍耕录》称："盝顶之制，三椽其顶，若笛之平，故名。"[17] 在元大内中出现了很多盝顶宫殿，《南村辍耕录》记："西盝顶殿在延华阁西，版垣之外，制度同东殿……东盝顶殿红门外有屋三间，盝顶轩一间，后有盝顶房一间……又有盝顶房一间，盝顶井亭一间，周以土垣……盝顶轩三间，南北房各三间。西北隅盝顶房三间，红门一，土垣四周之学士院在阁后，四盝顶殿门外之西。"[18] 钦安殿四周装饰汉白玉石栏杆，雕刻精美的百花龙图案。《南村辍耕录》记："直崇天门有白玉石桥三虹，上分三道，中为御道，镌百花蟠龙。"[19] 故宫武英殿旁的断虹桥就是元代三虹中的一虹，故称断虹，其汉白玉石栏板雕刻百花龙图案，与钦安殿百花龙极为相似。鉴于钦安殿的这两大特点，故认为钦安殿很有可能为元代遗存建筑。钦安殿前有一棵象征祥瑞的连理木（图21），使钦安殿愈显神秘。钦安殿祭祀北方神玄天上帝，玄天上帝是紫禁城的保护神，殿内悬挂清乾隆帝御书匾"统握元枢"。

　　钦安殿左右，在永乐时期为东、西七所，象征天空北方七宿即玄武星象，以符合钦安殿奉祀玄武大帝之意，永乐之后，七所被改为五所即乾清宫东、西五所。

　　玄武门（清称神武门）位于钦安殿之后，是紫禁城的北门即后门，北方属水，神为玄武，故称玄武门，康熙时为避讳改为神武门。在永乐时期，紫禁城的北方是一个完整的玄武建筑空间序列即玄武门、钦安殿和东西七所。

明代玄武门外设内市，以符合《周礼》"前朝后市"之制，据《春明梦余录》记："宫阙之制，前朝后市，市在元武门外，每月逢四则开市，听商贾易，谓之内市……若奇珍异宝进入尚方者，咸于内市萃之。至内造，如宣德之铜器，成化之窑器，永乐果园厂之髹器，景泰御前作房之珐琅，精巧远迈前古，四方好事者，亦于内市重价购之。"[20]

玄武门之北，过桥为万岁山，后改为景山（图22）。景山，出自《诗经·鄘风·定之方中》"望楚与堂，景山与京"和《诗经·商颂·殷武》"陟彼景山，松柏丸丸"，即大山之义。又唐代诗人王勃《滕王阁序》云"望长安于日下，目吴会于云间"，景字即日下京，代指京城。

景山下为寿皇殿（图23），是供奉清朝皇帝御容的场所。该殿建于明代，原在景山东北，乾隆十四年敕命移建至中轴上，殿门外有木牌坊3座，分东、南、

图21 钦安殿前的祥瑞连理木

图 22　景山上的万春亭

图 23　寿皇殿

西三面,正中牌坊前匾曰"显承无斁",后匾曰"昭格惟馨",东牌坊前匾曰"绍闻祗遹",后匾曰"继序其皇",西牌坊前匾曰"世德作求",后匾曰"旧典时式"。正殿覆黄琉璃筒瓦重檐庑殿顶,面阔9间,进深3间,规制仿太庙。除了正殿外,还有左右山殿、东西配殿,以及神橱、神库、碑亭、井亭等附属建筑。康熙帝驾崩后,雍正帝于此供奉康熙帝御容,乾隆十四年仿太庙形制重建,成为供奉清代历朝皇帝神像的处所。乾隆五十七年元旦作《寿皇殿瞻礼纪事》诗序回忆说:"我太祖、太宗、世祖三朝,胥有御容,向惟收供体仁阁,无展谒献祭之礼,予小子既重修寿皇殿,奉皇祖、皇考御容,以时瞻拜献祭,因敬于乾隆庚午年元旦,恭奉三朝御容于寿皇殿,一如奉先殿昭穆次序,俱南向,按室悬像,行献祭礼。翼日收奉于殿之左,别为一殿,曰衍庆者,比祧庙之制。自此每年元旦瞻拜如例。"

景山后是皇城的后门北安门(清称地安门),元代称厚载门,取"坤厚载物"之意,象征地。承天门和北安门是宫城的南门和北门,取"天南地北"之义。

北安门后便是中轴的终点鼓楼、钟楼。

对紫禁城中轴上的建筑,作了上述的巡礼后,我们发现明永乐时所建北京城(即嘉靖增扩外城后称内城者)中轴上有九重宫阙即正阳门、大明门、承天门、端门、午门、奉天门、乾清门、玄武门和北安门,明人杨荣《皇都大一统赋》亦云:"尔乃九门洞开,三殿攸建。"永乐时外城廓共有九门:正阳门、崇文门、宣武门、朝阳门、阜成门、东直门、西直门、安定门和德胜门。取意九门之数,源于《礼记》所云:"喂兽之药,毋出九门。""命国难,九门磔攘。"另一方面,古人认为天有九重,有九门,则天帝之下都亦有九门,如《山海经·海内西经》云:"海内昆仑之虚,在西北,帝之下都。昆仑之虚方八百里,高万仞,上有木禾,长五寻……以玉为槛,面有九门。"战国屈原《天问》云:"圜则九重,孰营度之。"唐代诗人王维《和贾至舍人早朝大明宫之作》诗云:"九天阊阖开宫殿,万国衣冠拜冕旒。"

永乐皇帝建筑北京城时则把这一观念融入其中,以应皇帝称九重天子之仪,把九重天、九重门搬到了大地上,气势磅礴,壮丽重威。

大明门两侧的对联曰:"日月光天德,山河壮帝居。"日月合在一起为明,标榜明王朝是为了光耀天德,"天地有大德曰生",天德即仁德,让仁德普照天下。北京城前的泰山、淮南诸山、江南诸山、黄河和长江诸山水就像天上的诸星围绕北极旋转一样拱卫于前,使北京城更加气势宏伟。

注 释

1.[汉] 司马迁 :《史记 · 秦始皇本纪第六》,第 256 页,中华书局,1987 年。

2. 秦建明等:《陕西发现以汉长安城为中心的西汉南北向超长建筑基线》,《文物》1995 年第 3 期,
文物出版社。

3.[明] 丘浚:《大学衍义补·治国平天下之要备规制·都邑之建上》,《钦定四库全书·子部·儒家类》,
台北商务印书馆影印,1986 年。

4.[明] 章潢 :《图书篇 · 皇明南北两都总叙 · 南北两地山川》,《钦定四库全书 · 子部 · 类书类》,
台北商务印书馆影印,1986 年。

5.[明] 徐善述、徐善继 :《人子须知资孝地理学统宗》,第 31 页,《故宫珍本丛刊》第 411 册,
海南出版社,2000 年。

6.[唐] 杨筠松 :《撼龙经》,《四库术数类丛书》(六),第 53 页,上海古籍出版社,1995 年。

7.[明] 丘浚 :《大学衍义补 · 治国平天下之要备规制》,《钦定四库全书 · 子部 · 儒家类》,台北
商务印书馆影印,1986 年。

8. 贺业钜 :《中国古代城市规划史》,第 311 页,中国建筑工业出版社,2003 年。

9. 叶蕾、婉慧 :《朱元璋魂归明考陵"北斗"》,《中国地名》2004 年第 2 期。

10.[明] 李贤等撰 :《大明一统志 · 京师》(上),第 1 页,三秦出版社,1990 年。

11. 余健 :《堪舆考源》,第 78 页,中国建筑工业出版社,2005 年。

12.[明] 孙承泽:《春明梦余录》,《钦定四库全书·子部·杂家类》,台北商务印书馆影印,1986 年。

13.[明] 孙承泽:《春明梦余录》,《钦定四库全书·子部·杂家类》,台北商务印书馆影印,1986 年。

14. 大镜屏取意于唐太宗之言 :"夫以铜为镜,可以正衣冠。以古为镜,可以知兴替。以人为镜,
可以明得失。朕常保此三镜,以防己过。"

15.[明] 吕毖:《明宫史》第 13 页,北京出版社,1963 年。

16.《交泰殿日记档》,乾隆元年至嘉庆三年所立,故宫博物院图书馆藏。

17.[元] 陶宗仪 :《南村辍耕录 · 宫阙制度》,第 254 页,中华书局,1997 年。

18.[元] 陶宗仪 :《南村辍耕录 · 宫阙制度》,第 255 页,中华书局,1997 年。

19.[元] 陶宗仪 :《南村辍耕录 · 宫阙制度》,第 250 页,中华书局,1997 年。

20.[明] 孙承泽:《春明梦余录》,《钦定四库全书·子部·杂家类》,台北商务印书馆影印,1986 年。

第四章

两块石头与北京城

北京城的文武布局

图1　前朝三大殿

　　人类的发展经过了旧石器时代和新石器时代，石器是先民开拓疆土、抵御异族入侵和狩猎的利器，并被赋予洪荒之力。相传水神共工氏和火神祝融氏，在不周山大战，结果共工氏大败，怒触不周山，导致天塌陷，天河之水注入人间。于是女娲"炼五色石以补苍天，断鳌足以立四极，杀黑龙以济冀州，积芦灰以止淫水"。非常神奇的是周代朝门外就设置了两块石头，但它们可不是用于"补天"的，而是惩罚犯罪之人和为百姓平冤诉讼的。但正是因为朝门外设置的这两块石头，却深深地影响了都城的布局，成为北京城文武建筑东西对称分布的法则，并影响到文武官僚系统的办公衙署的布局，使东西城形成显著的对称性特点。

一、五门三朝制度

明永乐帝迁都北京城，改造北京城，营建紫禁城，确定了新的轴线，但仍遵循祖制，按南京紫禁城来规划北京紫禁城，于轴线上依据《周礼》所定设置五门三朝，永乐时大学士李时勉《北京赋》称北京宫室符合黄帝宫室之制，遵循太祖设计格局，建奉天、华盖、谨身三朝大殿和五座宫门（图1）："若夫其宫室之制，则损益乎黄帝合宫之宜式，遵乎太祖贻谋之良居，高以临下，背阴而面阳。奉天凌霄以磊砢，谨身镇极而峥嵘，华盖穹崇以造天，俨特处乎中央。上仿象夫天体之圆，下效法乎坤德之方……五门高矗乎昊苍。"[1]

万历时人刘若愚记五门是大明门、承天门、端门、午门、皇极门即奉天门（图2），三朝是皇极殿（奉天殿）、中极殿（华盖殿）、建极殿（谨身殿）。

图 2　奉天门（太和门）

　　五门三朝是周代的宫室制度，代表正统，几乎被历代所继承。三朝指的是外朝、治朝和燕朝，《周礼注疏》郑玄注曰："周天子、诸侯皆有三朝，外朝一，内朝二。内朝之在路门内者，或谓之燕朝。"[2] 它们的功能各有不同，外朝，《周礼·朝士》曰："朝士：掌建外朝之法。"《周礼·槁人》曰："槁人：掌共外内朝冗食者之食。"郑玄注曰："外朝司寇断狱弊讼之朝也，今司徒府中有百官朝会之殿，云天子与丞相旧决大事焉，是外朝之存者，与内朝路门外之朝也。"[3] 外朝是帝王办公和举行大典的地方，如商议如何对抗外族入侵或命将出征，商议迁都和立储君等国家大事。外朝是皇宫的正殿。

治朝，《周礼·大宰》曰："王视治朝，则赞听治。"郑玄注曰："治朝在路门外，群臣治事之朝。王视之，则助王平断。"[4]《周礼·宰夫》曰："宰夫之职：掌治朝之法，以正王及三公、六卿、大夫、群吏之位。掌其禁令。"郑玄注曰："治朝在路门之外，其位司士掌焉，宰夫察其不如仪。"[5] 治朝是帝王与群臣处理日常政务的地方，天子与三公、六卿、大夫和群吏等都要在治朝排正位置，然后群臣上奏章，百姓上书，帝王根据他们的陈述，下达裁决的圣旨。

燕朝，《周礼·大仆》记："王视燕朝，则正位，掌摈相。"郑玄注曰："燕朝朝于路寝之庭。"贾公彦疏曰："以其路寝安燕之处，则谓之燕朝。以其与宾客飨食在庙，燕在寝也。但与宾客及臣下燕时，亦有朝。"[6] 顾名思义燕朝是帝王燕寝的地方，《周礼》记有专门掌管燕朝的官员叫大仆，他的责任是负责帝王的日常起居，准备好不同的场合所穿的不同衣服、行不同的礼，随时准备好天子外出的车驾，伺候天子饮酒等诸事。

除了三朝外，周天子还有五座宏伟的大门，《礼记注疏》郑玄注曰："天子五门：皋、库、雉、应、路，鲁有库、雉、路，则诸侯三门。"[7]《周礼注疏》曰："郑司农云：'王有五门，外曰皋门，二曰雉门，三曰库门，四曰应门，五曰路门，路门一曰毕门。外朝在路门外，内朝在路门内，左九棘，右九棘。'故易曰：'系用徽纆，置于丛棘。'玄谓《明堂位》说鲁公宫曰'库门，天子皋门；雉门，天子应门'，言鲁用天子之礼。所名曰库门者，如天子皋门。所名曰雉门者，如天子应门。此名制二兼四，则鲁无皋门、应门矣。《檀弓》曰'鲁庄公之丧，既葬，而绖不入库门'，言其除丧而反，由外来，是库门在雉门外必矣。如是王五门，雉门为中门，雉门设两观，与今之宫门同。"[8] 称鲁公宫的库门相当于天子的皋门，雉门相当于天子的应门。根据《檀弓》所记，推证库门在雉门外，雉门设有两观即左右各有一阙，如凤的翅膀，故称为雉门。雉门相当于天子的应门。

《诗经·绵》记载了周人迁都岐山脚下的周原，建筑都城的热火朝天的场面："乃立皋门，皋门有伉。乃立应门，应门将将。"[9] 古公亶父与妻子太姜率领族人来到周原，刻龟占卜，勘察地形，在得到神灵的指示后，一同开荒，丈量土地。

命司空管理工程，众人拉开墨线，竖起夹板，夯筑土墙。工地顿时响起铲土的噌噌声、倒土的轰轰声、捣土的噔噔声、用括刀削平墙的乒乓声。数百堵土墙同时动工，声势压倒了鼓鸣声。不久，宏伟的周都大城门建起来了，皋门高大，应门庄严堂皇。

古公亶父的时代仍处于立杆测影、契龟的尾声时代，因此五门与之有关系。据余健《堪舆考源》[10]的考证，皋门，皋即臬，古代圭臬并称，臬又作闑，是门正中之橛或柱，即设柱于门中以测日影的宫门。《说文解字》曰："闺，特立之户，上圜下方，有似圭。从门圭，圭亦声。"据余健的考证于门中立圭不是一般意义上的出入之户，通过圭表可以测日影，通过圭表上的孔可测星、月运行，它实际上是日月星辰的出入之户，以定时辰与方位。库门，库通窟，于库门内设圭窬，以窥觑之孔观察天体运行的宫门。原来五门形制最早是巫测天的地方，是非常神秘之处，后来王权代替了神权，五门归天子拥有，但其门名却保存了下来。

五门三朝不仅是一种王宫制度，而且如九鼎一样，只有帝王才能享有，它是王权的象征。诸侯只能拥有三门。

《周礼》是一部儒家经典，在古代相当于一部立国大法，它所记载的宫室制度成为历代遵循的法则。汉、晋、南北朝时，在正殿两侧设东西厢或东西堂，三者横向排列，是为三朝。到隋文帝营建新都大兴宫时，才依《周礼》改横向排列为纵向排列，建广阳门、大兴宫和中华殿三朝。此后，历代皆以纵向排列的三朝为准则。唐宫城承袭隋大兴宫之制，设置三朝，改广阳门为承天门，大兴宫为太极殿，中华殿为两仪殿。凡国有大典，如元正冬至、赦过宥罪、除旧布新、受万国之朝贡、迎四夷之宾客等，则御承天门听政。此门建有门楼，考古勘查发现，至少有三门洞，形制颇为宏伟。门外有朝堂，并东置肺石，西设登闻鼓。门前东西大道宽达三百步，实为一大广场（合411米）。《唐六典》谓为"外朝"，亦即营国制度之"外朝"。而此门便相当古之"应门"。承天门北为太极殿，是朔望坐朝处，《唐六典》谓为"中朝"，实即营国制度之"治朝"。太极殿北为两仪殿，皇帝日常在此听政。《唐六典》谓为"内朝"，实乃营国制度之"路寝"，而殿门朱明门，即古之"路门"。[11]

唐高宗迁居大明宫，仍沿轴线布置含元、宣政、紫宸三殿为"三朝"，含元殿为举行大典朝会之外朝，宣政殿为中朝，紫宸殿为日常听政之内朝。

北宋汴京宫殿以大庆、垂拱、紫宸三殿为"三朝"，但由于地形限制，三殿前后不在同一轴线上。大庆殿为宫之正殿，北为紫宸殿，为视朝前殿，垂拱殿为日常视朝及宴会之所。

元大内是个例外，它依蒙古人的生活为准则，于中轴线前后建大明殿和延春阁两组庭院，没有三朝大殿。

明代在对元代拨乱反正时，干脆把元大内夷为平地，按照《周礼》的正统思想设置五门三朝，表示大明王朝承袭了大统。

根据《周礼》记载，朝门外设有嘉石和肺石，历代在继承周代"五门三朝"制度时，这两块石头虽然没有保留下来，但它们却以另一种形式在延续，而且深远地影响了北京城的格局。

二、北京城的文武格局

前朝并非只有五门三朝，在正殿奉天殿的东西两侧修建了文、武二楼和文华殿、武英殿，形成文、武对峙的格局。永乐时大学士杨荣《皇都大一统赋》曰："文楼、武楼之特耸，左顺、右顺之并建。若乃震位毓德，文华穹隆；亦有武英，实为斋宫。"金幼孜《皇都大一统赋》曰："奉天屹乎其前，谨身俨乎其后，唯华盖之在中，竦摩空之伟构。文华翼其在左，武英峙其在右。"李时勉《北京赋》曰："东崇文华，重国家之大本；西翊武英，严斋居而存诚。"陈敬宗《北京赋》曰："翊以文楼武楼、左阙右阙之嵾崿。"

为什么要于正殿两侧建文、武二楼呢？

原来文、武二楼就是起源于周代宫城朝门外的那两块石头。

《周礼·大司寇》记："以嘉石罢平民……以肺石达穷民，凡远近茕独老幼之欲有复于上而其长弗达者，立肺石三日，士听其辞，以告于上而罪其长。"《周礼·朝士》亦记："左嘉石，平罢民焉；右肺石，达穷民焉。"唐人贾公彦疏曰："嘉石，文石也。以其言嘉，嘉善也。有文乃称嘉，故知文石也，欲使罢民，思其文理以改悔。""肺石，赤石也。阴阳疗疾法，肺属南方火，火色赤，肺亦赤，故知名肺石是赤石也，必使之坐赤石者，使之赤心不妄告也。"[12] 设于朝廷门外左边的是嘉石，右边的是肺石（图3）。设嘉石的目的是使有罪过但还没有触犯刑法的人跪在嘉石上，以令其悔改。立肺石的目的是民有不平，得击石以鸣冤。到西晋时建立了直诉制度，所以自西晋时起，在朝堂外悬设登闻鼓，允许有重大枉屈者击鼓鸣冤，直诉中央甚至皇帝。唐宫城

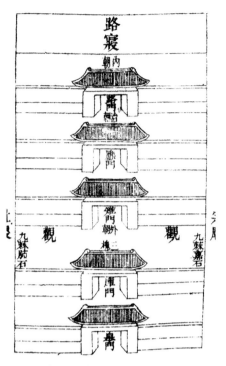

图 3　周代朝门外的嘉石和肺石
（采自清乾隆《钦定周官义疏》）

承天门朝堂外东置肺石，西设登闻鼓，就是这一制度的反映。《唐会要》记："其年二月，制朝堂所置登闻鼓及肺石，不须防守，其有捶鼓石者，令御史受状为奏。"[13] 唐玄宗建大明宫时，于含元殿前建钟楼和鼓楼，则把二者演变为配楼的形制。《新唐书》记："武班居文班之次入宣政门，文班自东门而入，武班自西门而入……百官班于殿庭左右，巡使二人分莅于钟鼓楼下。"[14] 宋代继承唐宫阙之制，于殿庭左右设钟楼二楼，《宋史》记："太宗召工造于禁中，逾年而成，诏置于文明殿东鼓楼下。"又记："设鼓楼钟楼于殿庭之左右。"[15] 金中都仿北宋汴京，分为宫城、皇城和廓城，宫城位于中央，皇城在宫城的南边。皇城正南门宣阳门内辟驰道直达宫城正南门，驰道东西两侧建有千步廊。据《金图经》记载，道东建文楼，道西建武楼。元大内继承了这一制度，萧洵《故宫遗录》云："大明门旁建掖门，绕为长庑，中抱丹墀之半。左右有文、武楼与庑相连。正中为大明殿。"[16] 元人陶宗仪《南村辍耕录》解释说："钟楼又名文楼……鼓楼又名武楼。"[17] 可知，金代和元代的文武二楼，实际上就是唐宋时代的钟鼓二楼。

金中都的文楼、武楼位于宫城南门外驰道的东西两侧，元大内文楼、武楼，则位于元大内正南门大明门内正殿大明殿的左右。明紫禁城文楼、武楼承袭元制，建于正殿奉天殿左右两侧，但与前代文武二楼有着本质的区别（图4）。

我们现在看到的太和殿前东西两侧耸立着两座重檐楼阁，东曰体仁阁，西曰弘义阁，高25米，黄色琉璃瓦庑殿顶，形成东西对峙护卫正殿的格局。在清代，弘义阁是银库，体仁阁曾于康熙时举办过博学鸿词科考试，为清王朝招揽名士贤才，奠定儒家思想作为治国思想。

体仁阁原名文楼（图5），弘义阁原名武楼（图6），建于永乐十八年，

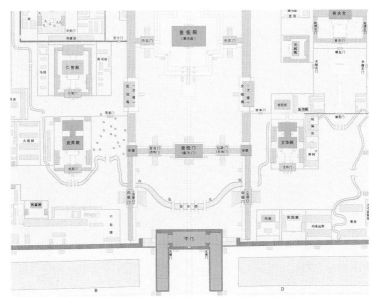

图 4　紫禁城前朝文武二楼布局图（《明天启紫禁城图》）

图 5　文楼（清体仁阁）

图 6　武楼（清弘义阁）

图 7 文华殿

是正殿奉天殿的两座配楼，如左膀右臂衬托着三朝大殿的宏伟，直接继承了太祖朱元璋所建南京紫禁城的文武二楼之名。南京文楼有时是太祖与亲信大臣谈古论今、商议政务的地方，如洪武元年，上御文楼，太子侍侧，与儒臣讲说经史，议论七国之乱；洪武五年与徐达等重臣于此商议国事。迁都北京后文楼的这一功能几乎没有了，立春时于文楼举行大朝贺，设定时鼓漏刻报时。《永乐大典》贮于文楼。文武二楼，明嘉靖四十一年九月改称文昭阁和武成阁，清初顺治时才更名为体仁阁和弘义阁，并一直沿用至今。

我们发现，明代之前正殿两侧虽然有文武二组建筑，但并没有强调文与武的特质，而是把它看成是钟楼和鼓楼的形制，在整个宫城和都城中是孤立的。而明代则强调了文武两组建筑，而且还于文武二楼后建文华殿（图7）和武英殿（图8），并与北京城的崇文门和宣武门遥相呼应，形成了新的城市布局特点，即以中轴为准把城市分成东西阴阳文武对称分布的格局。所以，明紫禁城的文楼和武楼在宫城中的作用与前代有所不同。当我们从北京城整体布局来把握时，会发现以中轴线为基准，属文主阳的建筑都位于东方，如文楼、文华殿和崇文门；属武主阴的建筑都位于西方，如武楼、

图 8　武英殿

武英殿、宣武门。甚至连国家中央官署机构的设置也是以中轴为准按文武来布置的，中轴以东设吏、户、礼、兵、工部及鸿胪寺、钦天监等机构，主文属阳；以西设中、左、右、前、后五军都督府及刑部、太常寺、锦衣卫等机构，主武属阴。明清两代考中文状元在长安左门揭黄榜，考中武状元则在长安右门揭黄榜，告示天下。明永乐时大臣李时勉《北京赋》云："至于五军庶府之司，六卿百僚之位，严署宇之齐设，比馆舍而并置，列大明之东西，割文武而制异。"[18] 文楼和武楼是两座象征阴阳两仪的标志性建筑，因此在北京城中形成了鲜明的文武即阴阳对称的建筑格局（图 9 ）。

三、东西文武格局的阴阳之道

东汉人班固《两都赋》曰："其宫室也，体象乎天地，经纬乎阴阳，据坤宁之正体，放太紫之圆方。"称宫室是按照阴阳来经营规划的，阴阳是二股气，它是如何产生的呢？

"天地未分，混沌一气。一气充溢，分为二仪。有清浊焉，有轻重焉。轻

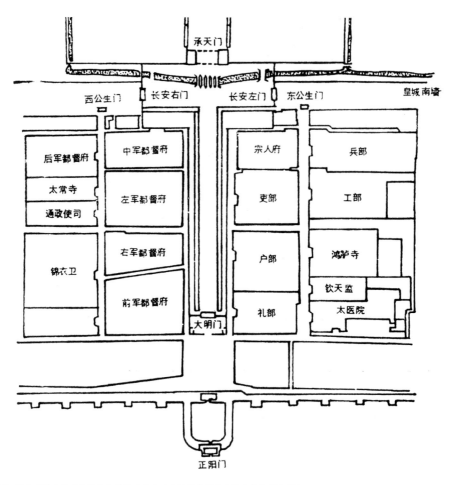

图 9　明北京城中央官署机构分布图（采自《中国紫禁城学会论文集》第 1 辑）

清者上，为阳为天；重浊者下，为阴为地矣。天则刚健而动，地则柔顺而静，气之自然也。"[19] 唐人无能子说宇宙洪荒之时，没有阴阳二气，阴阳二气是因为混沌一气不断膨胀运动而分化产生的。轻清的气上升形成天，重浊的气下降形成地，天因刚健而动，地因柔顺而静。唐人李筌称："天圆地方，本乎阴阳。阴阳既形，逆之则败，顺之则盛；盖敬授农时，非用兵也。夫天地不为万物所有，万物目天地而有之；阴阳不为万物所生，万物因阴阳而生之。"[20] 天是圆的，地是方的，这是因为阴阳不同的性质所决定的，万物是因为有了阴阳才产生的。宋人周敦颐说："二气交感，化生万物，万物生生而变化无穷焉。"[21]

　　为什么由阴阳二气化生的万物是无穷无尽的呢？这就要从《易经》的角度去理解了。一阴一阳的本意源于《易经》"伏羲六十四卦次序"图，从下往上数，第一层是太极，第二层是一阴一阳（称作两仪），第三层是第二层所生之一阴一阳即四象，第四层是第三层所生之八卦，八卦再生出六十四卦，如此循环下去，可至无穷无尽。每层都是一阳生出一阴一阳且一阴也是生出一阴一阳，这就是阴阳变化的道路，故称一阴一阳之谓道。这个道也就是天生万物之道，因为原始为一，一生二，二生三，三生万物，也就是说可以无穷无尽地生下去，故天地有大德曰生。能够继续生成下去而不熄灭，这就是善，并能由此成就万物，这就是性。故曰："离了阴阳更无道，所以阴阳者是道也。阴阳，气也。气是形而下者，道是形而上者，形而上者则是密也。"[22] 一阴一阳之谓道，目的在于揭示万物生成的原理，原理的要点在于两极矛盾的对立统一，任何事物都具有这个特性。宋人叶适称："道原于一而成于两。古之言道者必以两。凡物之形，阴、阳、刚、柔，逆、顺，向、背，奇、偶，离、合，经、纬，纪、纲，皆两也。夫岂惟此，凡天下之可言者，皆两也，非一也。一物无不然，而况万物；万物皆然，而况其相禅之无穷者乎！"[23]

　　将对立的、相反的、矛盾的事物进行组合，从而形成一个对立统一体，这就是对天道的诠释。由于万物的产生是一种自然的力量，是无意识即无为的，故生是天的本性，朱熹说"生底意思是仁"，生即是仁和善。

　　所谓"替天行道"，是指天把产生万物之道隐藏了起来，需要圣人去揭示它，说明它，然后去推行。所以孔子说："一阴一阳之谓道，继之者善也，成之者性也。仁者见之谓之仁，知者见之谓之知。百姓日用而不知，故君子之道鲜矣。"仁者认识到这种变化规律把它叫作仁，智者认识到这种变化规律把它叫作智。百姓在日用生活中每天都会接触到这种阴阳变化，但他们不去关心事物的本质和规律，因而不懂得这个道理。

　　北京城的文武格局，实际上就是阴阳格局。效法天道，一方面体现在都城的文武建筑布局上，另一方面政治体制的文武官僚系统就是按阴阳之道而设置的，从周代开始，上朝制度就出现了按品位、等级排列的次序："左九棘，孤、卿、大夫位焉，群士在其后；右九棘，公、侯、伯、子、男位焉，群吏在其后；面三槐，三公位焉，州长众庶在其后。"[24] 在外朝的左边植九棵棘树，用来标明孤、卿、大夫的朝位，所有的刑官之士站在他们的后面；右边植九棵棘树，用来标明公、侯、伯、子、男的朝位，乡遂及都鄙公邑的官吏站在他们后面；南面植三棵槐树，用来标明三公的朝位，州长和平民的代表站在他们后面。唐代时，虽然没有出现带文、武名称的二楼，但文官是从东门入，武官是从西门入。明代继承这一传统，《明会典》明确规定："文武百官齐班，位于午门外之东西北上。文官侍立，位于文楼之北西向；武官侍立，位于武楼之北东向。"[25]

北京紫禁城奉天殿东西两侧的文、武二楼，高大宏伟，它不仅拱拥着奉天殿，而且也在提醒着统治者，左文右武的建筑格局即是一阴一阳之谓道。阴阳之道是治国的最高之道，其目的就是要求统治者时刻牢记仁道是天道，强调以仁为本，推行仁政，施善与民。永乐元年春正月己卯日即元旦，永乐帝御奉天殿接受朝贺，大宴文武群臣及四夷朝使，庚辰日即第二天，敕谕中外文武群臣曰：

> 上天之德，好生为大。人君法天，爱人为本。四海之广，非一人所能独治。必任贤择能，相与共治。尧舜禹汤文武之为君此道，历代以来用之则治，不用则乱，昭然可见……尔文武群臣，职无崇卑，体朕斯怀，各尽其道……为民造福，悉力一志，敬之，慎之。[26]

永乐帝说上天的大德是好生，作为人君，就要效法天道，推行仁政。但四海之大、生民之多，不是靠一个人的能力治理得好的，必定要任贤择能，一起担负治理国家的大任。尧舜禹汤文武的为君靠的就是此道，历代以来如果用此道天下就太平，不用此道就天下大乱，历历在目，昭然可见。你们文武群臣，无论职务高低，都要各尽其道，团结一心，只有这样才能把国家治理好，才能为百姓造福。

注　释

1.[明] 孙承泽：《春明梦余录》，《钦定四库全书·子部·杂家类》，台北商务印书馆影印，1986 年。

2.[汉] 郑玄注，[唐] 贾公彦疏：《周礼注疏》卷三五，《钦定四库全书·经部·礼类》，台北商务印书馆影印，1986 年。

3.[汉] 郑玄注，[唐] 贾公彦疏：《周礼注疏》卷一六，《钦定四库全书·经部·礼类》，台北商务印书馆影印，1986 年。

4.[汉] 郑玄注，[唐] 贾公彦疏：《周礼注疏》卷二，《钦定四库全书·经部·礼类》，台北商务印书馆影印，1986 年。

5.[汉] 郑玄注，[唐] 贾公彦疏：《周礼注疏》卷三，《钦定四库全书·经部·礼类》，台北商务印书馆影印，1986 年。

6.[汉]郑玄注，[唐]贾公彦疏：《周礼注疏》卷三二，《钦定四库全书·经部·礼类》，台北商务印书馆影印，1986年。

7.[汉]郑玄注，[唐]孔颖达疏：《礼记注疏·明堂位》卷三一，《钦定四库全书·经部·礼类》，台北商务印书馆影印，1986年。

8.[汉]郑玄注，[唐]贾公彦疏：《周礼注疏》卷三五，《钦定四库全书·经部·礼类》，台北商务印书馆影印，1986年。

9.程俊英等注释：《诗经·大雅·绵》，第256页，岳麓书社，2002年。

10.余健：《堪舆考源》，第75-77页，中国建筑工业出版社，2005年。

11.贺业钜：《中国古代城市规划史》，第481页，中国建筑工业出版社，2003年。

12.[汉]郑元注，[唐]贾公彦疏：《周礼注疏》卷三四，《钦定四库全书·经部·礼类》，台北商务印书馆影印，1986年。

13.[宋]王溥：《唐会要·通制之属》，《钦定四库全书·史部·政书类》，台北商务印书馆影印，1986年。

14.《新唐书》卷二三上，《钦定四库全书·史部·正史类》，台北商务印书馆影印，1986年。

15.《宋史》卷四八、七〇，《钦定四库全书·史部·正史类》，台北商务印书馆影印，1986年。

16.[明]萧洵：《故宫遗录·元故宫遗录序》，豫章丛书，两淮马裕家藏本。

17.[元]陶宗仪：《南村辍耕录》卷二一，第252页，中华书局，1997年。

18.[明]孙承泽：《春明梦余录》，《钦定四库全书·子部·杂家类》，台北商务印书馆影印，1986年。

19.王明：《无能子校注》，第1页，中华书局，1981年。

20.[唐]李筌：《太白阴经·人谋上·天无阴阳篇第一》，守山阁丛书本。

21.[宋]周敦颐：《周子全书·遗书上·太极图说》，道光二十七年新化邓氏刻本。

22.[宋]程颢、程颐：《二程集》，第162页，中华书局，1981年。

23.[南宋]叶适：《叶适集·水心别集》，第732页，中华书局，1961年。

24.钱玄等注释：《周礼·秋官司寇·朝士》，第337页，岳麓出版社，2002年。

25.《明会典》卷四六，《钦定四库全书·史部·政书类》，台北商务印书馆影印，1986年。

26.《明实录·明太宗实录》卷一六，第291页，台北"中研院"校印，1966年。

第五章

紫禁城的乾坤卦象

紫禁城的后廷布局

《周礼》是宫城营建必须遵循的法则，于前朝建三朝大殿，后廷建六宫六寝，历代莫不如此。但永乐帝却巧妙地融入了《周易》卦象，在最核心区营建了一组体现天地阴阳的建筑，使宫城的思想境界得到了提升。《周易》是讲天地之道的，很多卦象都与天地有关系，因此《周易》的重要卦象也被运用于紫禁城的规划设计之中，以彰显其万世不易的天道法则。

　　乾坤卦象无疑是最重要的两个卦象，后宫运用此卦象来布局宫殿，则是从天地之道的角度来确定社会伦理道德，天尊地卑、男尊女卑的次序不容颠倒。如果说东西六宫的三画卦坤卦平面布局是伦理道德的固化，那么乾隆所题写的匾联和制作的宫训图和御赞，则是从精神上把"坤顺承乾"加以强化，以作为后妃日常生活的准则。

一、乾清宫与坤宁宫的卦象

　　紫禁城分前朝、后廷，前朝有三朝大殿，是举办重大典礼的场所，后廷是皇帝和他的家眷们的寝兴之所（图1）。后廷中轴上的乾清宫和坤宁宫始建于永乐十五年，杨荣《圣德瑞应赋》记："圣天子在位之十有五年，为永乐丁酉，是年十一月二日，始创北京之奉天殿、乾清宫。"大学士李时勉《北京赋》记："乾清坤宁，眇丽穹窿。掖庭椒房，闺闼闳通。"[1]金幼孜《皇都大一统赋》记："乾清并耀于坤宁。"[2]

　　乾清、坤宁二宫虽然承袭了父皇朱元璋紫禁城宫殿之名，但二者是按《周易》乾卦和坤卦来设置的。乾清、坤宁出自《周易》和《道德经》，《周易·说卦》曰"乾为天，为圜，为君……坤为地，为母"，"乾，天也，故称为父；坤，地也，故称为母"。《道德经》曰："昔之得一者，天得一以清，地得一以宁，神得一

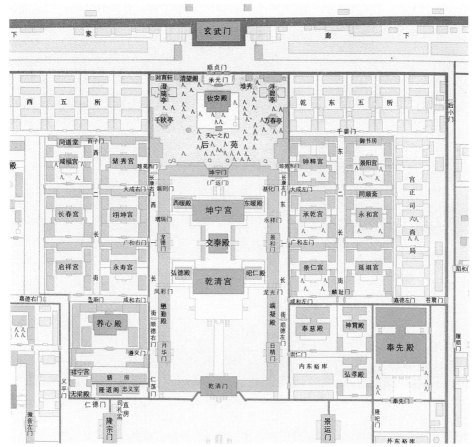

图1　明后宫分布图（《明天启紫禁城图》）

以灵，谷得一以盈，万物得一以生，侯王得一以为天下正。""天得一以清"，清是明亮的意思，故《中庸》称天"高也，明也"。"地得一以宁"，宁通凝，有积聚、贞固不动之意，故《中庸》称地"博也，厚也"。乾清之义即天高明，坤宁之义即地博厚。皇帝是天的象征，皇后是地的象征，而天又称乾,地又称坤，故他们的寝宫名乾清宫和坤宁宫，表明这两座宫殿的独特身分，属于皇帝和皇后所专有。

　　明代礼制规定皇帝住乾清宫称正宫（图2），皇后住坤宁宫称中宫（图3）。《皇明祖训》记："朕以乾清宫为正寝，晚朝毕而入，清晨星存而出，除有疾外，平康之时，不敢怠惰，此所以畏天人，而国家所由兴，盖言视朝之当谨也。"[3]自太祖朱元璋定下这规矩后，历代莫不遵循。嘉靖皇帝时发生了"壬寅宫变"，十一位宫女差点把他勒死，后他移居西苑。鉴于西苑的安全性，大臣王同祖专门上了一本《还宫疏》，直接要求嘉靖皇帝回乾清宫居住：

图 2　乾清宫

图 3　清代坤宁宫婚床

臣闻天象有紫微垣，乃中宫北极之谓也，故王者法天必居中而驭外。我太祖高皇帝《祖训》曰："乾清宫者，朕之正寝也。"其垂训之意大矣。臣伏见皇上近岁恒居西苑，臣以为西苑僻在一隅，宫墙浅隘，岂万乘临御之所？近者致变可为寒心，臣愿皇上入居乾清宫。《书》曰："皇建其有极，敛时五福，用敷锡厥庶民。"此之谓也。是臣所谓居正以安圣躬也。[4]

王同祖说天有紫微垣，是天帝的居所，处于天的中心，君王法天必居中，乾清宫是帝王的正寝，怎么可以移居到偏僻一隅的西苑呢？所以有明一代，14 位皇帝都住在乾清宫，死于此宫的皇帝有宣宗、英宗、宪宗、孝宗、世宗、穆宗、神宗、光宗、熹宗，共 9 位。

乾清宫与坤宁宫的设置，除了表明是它们的主人居住外，还有更为深层的寓意。当乾卦、坤卦与中国传统礼制相结合时，这两座宫殿则焕发出新的思想火花来。

乾清宫在前即南，坤宁宫在后即北，乾南坤北，这又符合《周易》先天八卦"天南地北"的方位。这种排位，邵雍说这是为了确定尊卑的关系，天在南为上，地在北为下，所以《周易》开篇就讲："天尊地卑，乾坤定矣。卑高以陈，贵贱位矣。"乾是阳即男性的象征，坤是阴即女性的象征，由天尊地卑，我们可以推出男尊女卑的思想来。我们的古代社会就一直是这种思想在支配着人们的观念。

乾清宫在前，坤宁宫在后，这种布局并没有脱离传统的礼制规定，它符合《礼记·内则第十二》所记："礼始于谨夫妇。为宫室，辨内外。男子居外，女子居内，深宫固门，阍寺守之。男不出，女不入。"礼是从夫妇那儿开始建立起来的，因为夫妇之间没有血缘关系，而二者能够同处一室，是因为礼的作用。所以要严分内外，礼规定建筑宫室，男女寝宫要严格分开，男要住在外面，女要住在里面。乾清宫与坤宁宫里外分开，内外有别，实质上是由传统的男女有别的思想观念支配着的。

乾清宫与坤宁宫两座宫殿一前一后的布局，就好像是一对夫妇站在那默默地进行对话一样，所以乾清宫与坤宁宫传达出来的是夫妇之道，也就是天地之道。《唐会要》称："乾尊坤卑，天一地二。阴阳之位分矣，夫妇之道配焉。"[5]《史记》称："夫妇之际，人道之大伦也。"[6]《汉书》称："夫妇，人伦大纲。"[7]明人方孝孺称："夫妇者，人伦之始。夫妇之伦不正，则人之伦将乱矣！"[8]

二、东西六宫的卦象

（一）周代的六宫六寝制度

永乐十九年，紫禁城"告阙成功"，大学士杨荣、李时勉、金幼孜等作赋以歌咏都城的壮丽辉煌，在赋文中，他们提到了紫禁城后廷的设置，除了乾清、坤宁二宫外，还有东西六宫，《皇都大一统赋》记："其北则有坤宁之域，乾清之宫……六宫备陈。"[9]

永乐时北京紫禁城东西六宫仿南京紫禁城东西六宫，但六宫制度古已有之，《周礼·宫人》记："宫人：掌王之六寝之修。"周天子有六座寝宫，汉代郑玄注曰："六寝者，路寝一，小寝五。《玉藻》曰：朝辨色始入，君日出而视，朝退，适路寝听政，使人视大夫，大夫退，然后适小寝释服。是路寝以治事，小寝以时燕息焉。"[10]周天子的六寝分为一座路寝宫殿，五座小寝宫殿，路寝是天子处理日常政务之处，小寝是天子燕息之处。

在周代，天子所居有六寝，相应的王后也有六寝。王后所居寝称宫，为隐蔽之意，故以六宫代称。所谓六宫，《周礼注疏》曰："谓六宫，谓后也。妇人称寝曰宫，宫隐蔽之言。后象王立六宫而居之，亦正寝一，燕寝五。"[11]六宫亦分为一座正寝宫殿，五座燕寝宫殿。

周代六宫的布局，宋代聂崇义根据《周礼》所记绘制了《周代宫寝制图》（图4），他说：

旧图以此为王宫五门及王与后六寝之制，今亦就改而定之。孔义依《周礼》解王六寝：路寝在前是为正寝，五（寝）在后，通名燕寝。其一在东北，王春居之；一在西南，王秋居之；一在东南，王夏居之；一在西北，王冬居之；一在中央，王季夏居之。凡后妃以下，更与次序，而上御于王之五寝。又按《内命妇》注云：三夫人以下分居后之六宫。[12]

根据季节的变化，天子要居住不同的寝宫，春季住东北寝宫，秋季住西南寝宫，夏季住东南寝宫，冬季住西北寝宫，季夏住中央寝宫，加上位于正中前面的路寝，一共有六座宫殿。王后的六宫分布与天子六寝相同。天子六寝与王后六宫，二者按轴线排列，六寝在前，六宫在后。

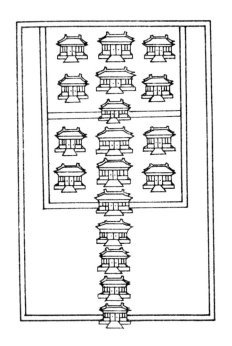

图4 周代宫寝图（采自《三礼图集注》）

王后六宫的形制与天子相同，但礼却不相同，《周礼》给它制定了所遵守的行为规范。内宰是专门教导她们守礼的官员，即用妇人之礼教导六宫。《周礼·内宰》记："以阴礼教六宫，以阴礼教九嫔，以妇职之法教九御。"九御，指女御，旧说天子有女御八十一人。所谓阴礼，就是妇人之礼。妇职主要包括三种事情，一是织纴事，二是组纴事，三是缝线事。《周礼注疏》云："按《诗》注云：'王后织玄紞，公侯夫人纮綖，卿之内子大带，大夫、命妇成祭服，士妻朝服，庶士以下各衣其夫。'贵贱皆有职者，彼示虽贵，无得游乎率先之意，非如此丝枲二事，责其功绪也。"远古时代，男女的主要分工是男耕女织，所以周代在制定妇人之职时，把纺织缝纫之事作为礼确定了下来。

在明代之前，六宫之礼皆遵循周代六宫礼制制度，但这种礼很朴实，原因是与她们从事的职业有关。

周代以后，天子六寝逐渐消失了，而王后六宫却保存了下来。东汉末年，天下大乱，献帝趁天黑渡河逃走，住在六宫里的后妃都步行出营追随献帝。[13] 说明皇宫里建有后妃居住的六宫。隋末，宇文化及造反入据六宫，过着与炀帝一样的荒淫生活。[14] 北齐时，后阁舍人徐龙驹，日夜住在六宫房内。[15] 六宫形制一直没有中断，延续至明代。

（二）明代东西六宫取象坤卦强调顺之意

虽然明代继承了周代六宫制度，但其布局却发生了变化，原因是《周易》思想的引入。

东六宫在日精门外稍北，由六座院落组成，分前后三排，每一排被南北向的虚轴（即东二长街）分为东西两座院落，它们是长宁宫（景仁宫）、长寿宫（延禧宫）、永宁宫（承乾宫）、永安宫（永和宫）（图5）、咸阳宫（钟粹宫）和长阳宫（景阳宫）；西六宫在月华门外稍北，也是如此的布局，它们是长乐宫（永寿宫）、未央宫（启祥宫）、万安宫（翊坤宫）、长春宫（图6）、寿昌宫（储秀宫）和寿安宫（咸福宫）。此种布局与周代六宫的布局不同，周代六宫的布局分为前后两排，每排为三座宫殿，其中正寝宫殿体量大，位于前排正中，其他五座燕寝宫殿则形体小。

周代六宫布局图经过宋明两代理学家的考证研究，已经非常清楚，为何明代却没有遵循这一布局形制，而是另辟蹊径？做如此的布局，这一定是另藏玄机。据韩增禄先生考证，东西六宫在建筑平面上看，各呈一个坤卦的卦象（三画卦）[16]（图7）。

明代六宫布局取象坤卦卦象，我们的推断并不是凭空想象，这有它的产生的历史背景：一是三纲五常思想到明代时已经深入人心。三纲五常思想源于汉代董仲舒的阴阳人伦说，他以阴阳五行比附人伦，提出君为阳、臣为阴，父为阳、子为阴，夫为阳、妻为阴，并把阴阳定性为阳尊阴卑。班固在《白虎通》中将董仲舒的阴阳人伦思想概括为"三纲"，即"君为臣纲，父为子纲，夫为妻纲"，他说：

图 5　永和宫

图6　长春宫

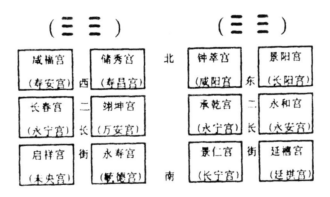

图7　呈坤卦形的东西六宫布局图（采自韩增禄《易学与建筑》）

三纲者，何谓也？谓君臣、父子、夫妇也。六纪者，谓诸父、兄弟、族人、谓（按：谓应为诸）舅、师长、朋友也。故君为臣纲，父为子纲，夫为妻纲……何谓纲纪？纲者张也，纪者理也；大者为纲，小者为纪。所以张理上下，整齐人道也。人皆怀五常之性，有亲爱之心，是以纪纲为化，若罗网之有纪纲而万目张也……君臣、父子、夫妇，六人也。所以称三纲何？"一阴一阳谓之道"，阳得阴而成，阴得阳而序，刚柔相配，故六人为三纲。

班固把君臣、父子、夫妇提高到了社会伦理的大纲上，只要抓住了这个大纲，人伦秩序就不会乱，社会就会稳定，这就像渔网一样，只要提住了网的大绳，网就不会缠在一起而理不开了。

宋代朱熹进而强调："三纲五常，天理民彝之大节，而治道之根本也。"[17] 他把三纲五常提升到天理的高度，神圣而不可侵犯。

二是《周易》太极八卦思想经过宋代理学家的阐释，与社会伦理道德已经整合在一起。坤卦代表阴、地、女，六宫是帝王的妃嫔居住的地方，也是象征阴、地、女的地方，而坤数为六，又恰好与六宫之数相符，二者结合在一起是最恰当和谐的。清乾隆帝曾为六宫之长春宫题匾曰"德协坤元"，就是指六宫之德与坤卦所主张的坤德是相符合的。

三是将后宫与坤卦六数结合在一起。宋人鲍云龙《天原发微》已经提出："勾陈六星：六星土，象坤数六也。"[18] 勾陈六星位于紫微宫华盖星下，由六颗星相连组成，被认为是天庭的后宫（图8），《晋书》称："勾陈，后宫也，大帝之正妃也，大帝之帝居也。"[19] 《宋史》称："勾陈六星，在紫宫中，五帝之后宫也，太帝之正妃也，大帝之帝居也。"[20]

既然天庭的后宫象坤卦六数，那么作为人间的后妃六宫更应该效法天道，象坤卦六数，因为"天不变，道亦不变"。

明代六宫按坤卦卦象来布局，不仅符合《周礼》之"六寝六宫"和天象勾陈六星之六数，更重要的是对传统六宫礼制的超越。东西六宫在平面上所呈现出的两个三画卦的坤卦形式，象征"六六大顺"之意。因为三画卦共有六个阴爻所组成，两个三画卦，共十二个阴爻，即两对"六"爻，而阴爻又称"六"，暗合有"六六"之数，故东西六宫符合坤卦"六六大顺"之意。明嘉靖十四年改东六宫之永宁宫为承乾宫，其用意就是为了点破六宫的寓意在于坤顺天承乾。[21]

"顺"是坤卦的核心思想。

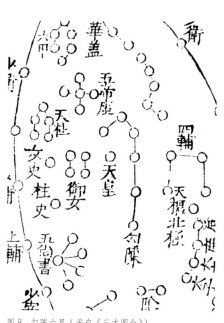

图8　勾陈六星（采自《三才图会》）

《坤》开篇就说："至哉坤元，万物资生，乃顺承天。"至大无际的坤阴，万物都要借助它的作用才能生出，坤阴的卦象是大地，大地的运行都要随着天体四时的运行而变化，故坤阴是承受乾阳的运行而随顺着天。《坤》又说："坤道其顺乎，承天而时行。"坤阴的特性是最柔顺的，总是承受乾天的作用按时序运行。故《易经衷论》说："坤之德可以一言蔽之曰顺而已……坤道其顺乎？盖以地之资生，虽极其盛大，而何一物非天之所为？地特代天以成其终耳。推之臣道、妻道，无不如是也。"这是天的规律，在古人的心中，是万世不能改变的，即坤阴顺从乾阳。董仲舒说："夫为阳，妻为阴。"阴要顺从阳，妻要服从夫，天经地义。而当这种天理与人伦结合起来时，这不就是"三纲五常"中的"夫为妻纲"吗？

何谓夫为妻纲？

就是妻要受命于夫，夫是妻之天，董仲舒说"妻受命于夫"，班昭说"事夫如事天"，长孙无忌说"夫者，妻之天也"。一句话，妻子要顺从丈夫。

看似平静、面貌相同的东西六宫，有了坤卦卦象的注入，鲜活了起来，在这里建筑已经成为人的思想的结晶。

我们再翻到历史的前一页对比一下，周代的六宫建筑形制，虽然没有考古学上的支持，但我们能肯定地说它与"阴礼"毫无关系。而明代东西六宫与"夫为妻纲"的思想却是血与肉的关系，无法分开。

《周易》阴阳思想的植入，提升了六宫的思想。

（三）后宫取象乾坤卦象的目的

乾坤卦象的植入，给我们的一个印象好像总在强调乾卦的作用，突出乾卦的伟大和尊贵。其实这是一个误解，后宫取象乾坤卦象的目的并不是强调二者的对立，而是主张二者的结合即"一阴一阳之谓道"。

乾卦的作用是创始："大哉乾元，万物资始，乃统天。"因为乾卦纯阳，卦象是天，因而用阳气的运动说明乾卦的创始功能，是说万物借助了乾阳才开始具有生命。坤卦的作用是资生："至哉坤元，万物资生，乃顺承天。"万物都要借助坤阴的作用才能生出来。也就是说乾阳只是提供了产生生命的种子，至于这粒种子能否发芽、长成树木，则要靠坤阴的孕育才能成功。一个形象的比喻是我们人类自身的产生过程离不开父亲的种子和母亲的孕育。所以根据天地的规则所制定的种种礼，如男尊女卑、夫为妻纲等，都是为了更好地实现阴阳结合在一起，因为要使阴阳合二为一，必须是"坤顺承乾"。

三、清乾隆继承明代六宫之义强调后妃之德

东西六宫于康熙时期重建后，前殿和后殿的主要位置的匾联都是由乾隆帝所题写的，他以这种形式为东西六宫之义作了注解。

咸福宫前殿明间上悬挂乾隆帝御书匾额曰"内职钦承"，对联曰："敬顺禔躬吉，温恭受福宜。"后殿明间上悬挂匾额曰"滋德含嘉"，对联曰："天倪超万象，神气领三无。"东室匾额曰"琴德簃"，西室匾额曰"画禅室"。

储秀宫（图9）前殿明间上悬挂乾隆帝御书匾额曰"茂修内治"。

长春宫前殿明间上悬挂乾隆帝御笔匾额曰"敬修内则"，后殿匾额曰"德协坤元"，西室匾额曰"德洽六宫"，"德洽六宫"匾是乾隆十三年四月十三日悬挂的（图10）。

翊坤宫前殿明间上悬挂乾隆帝御书匾额曰"懿恭婉顺"，后殿明间上悬挂匾额曰"懋端壸教"，对联曰："德茂椒涂绵福履，教敷兰掖集嘉祥。""懋

图9 储秀宫

图 10 "德洽六宫" 匾

端壼教"匾和"德茂教敷"对的悬挂时间，档案记载如下："（乾隆十四年三月）初六日，太监刘成来说，首领文旦交御笔黄绢'懋端壼教'匾文一张（翊坤宫后殿明间北墙挂，心净高二尺，宽七尺四寸，二寸五份边，在外有墨迹）。御笔红绢'德茂教敷'对一副（净长五尺二寸，宽一尺一寸，一寸五份边，在外有墨迹）。御笔米色绢挑山一张（净长五尺二寸，宽二尺五寸，一寸五份，边在外）。传做一色绵边壁子。钦此。于三月二十五日，副催总强锡将做得绵边壁子匾一面、对一副、挂屏一件持进挂讫。"[22] 启祥宫前殿明间上悬挂乾隆御书匾额曰"勤襄内政"。

永寿宫前殿明间上悬挂乾隆帝御书匾额曰"令仪淑德"。

钟粹宫前殿明间悬挂乾隆帝御书匾额曰"淑慎温和"，对联曰："篆袅狻炉知日永，风清虬漏报春深。"

景阳宫前殿明间上悬挂乾隆帝御笔匾额曰"柔嘉肃敬"。后殿对联曰："古香披拂图书润，元气冲融物象和。"

永和宫前殿明间上悬挂乾隆帝御书匾额曰"仪昭淑慎"，乾隆时把悬挂于坤宁宫的"位正坤元"匾挪到了永和宫，档案记载如下："（乾隆六年十二月）初九日首领催从贵来说宫殿监督领侍苏培盛交金漆九龙边'位正坤元'匾一面，黑漆一块玉'位正坤元'匾一面，传旨着收拾擦洗。钦此。于本月二十日柏唐阿盛得将收拾得金漆九龙边'位正坤元'匾一面持进永和宫挂讫。其黑漆一块玉匾一面，司库白世秀持进悬挂讫。"[23]

承乾宫前殿明间上悬挂乾隆帝御书匾额曰"德成柔顺"，后殿明间对联曰："三秀草呈云彩焕，万年枝茂露香凝。"

延禧宫前殿明间上悬挂乾隆帝御书匾额曰"慎赞徽音"。

景仁宫前殿明间上悬挂乾隆帝御书匾额曰"赞德宫闱"。

东西六宫是妃嫔居住的地方，其宫殿等级低于坤宁宫，她们不仅要顺从皇帝，而且还要尊敬中宫皇后。妃嫔们要按传统礼制，遵守妇人之道即"夫为妻纲"之道[24]，所以乾隆帝给东西六宫所题写的匾额，都是依据《周礼》《礼记》或《周易》中与后妃的道德行为规范有关的言语而拟写的。《周礼》中有《女史》篇，女史的职责是专门掌管王后的礼典，诏告王后治理六宫的事务。《礼记》中有《内则》篇，内容为妇女在家庭内必须遵守的规范与准则即妇人之道。匾额如"勤襄内政""茂修内治""敬修内则""内职钦承""德成柔顺""德洽六宫"等，再加上东西板墙上的宫训图和御赞，实际上是乾隆帝对后妃提出要遵循传统道德规范和约束的要求。《国朝宫史》记："每岁十二月二十六日张挂春联门神，次年二月初三日取下春联门神收贮，张挂宫训图。"[25]宫训图是指乾隆时命宫廷画师以古代后妃美德为模范绘制的画，计十二幅，乾隆写有与之相对的诗赞，每年于规定日期配合张挂于东西十二宫之中。咸福宫东壁悬《御制婕妤当熊赞》，西壁悬《婕妤当熊图》。储秀宫东壁悬《御制西陵蚕赞》，西壁悬《西陵教蚕图》。长春宫东壁悬《御制太姒诲子赞》，西壁悬《太姒诲子图》。翊坤宫东壁悬《御制昭容评诗赞》，西壁悬《昭容评诗图》。启祥宫东壁悬《御制姜后脱簪赞》，西壁悬《姜后脱簪图》。永寿宫东壁悬《圣制班姬辞辇赞》，西壁悬《班姬辞辇图》。钟粹宫东壁悬《御制许后奉案赞》，西壁悬《许后奉案图》（图11）。景阳宫东壁悬《御制马后练衣赞》，西壁悬《马后练衣图》。永和宫东壁悬《御制樊姬谏猎赞》，西壁悬《樊姬谏猎图》。承乾宫东壁悬《御制徐妃直谏赞》，西壁悬《徐妃直谏图》。延禧宫东壁悬《御制曹后重农赞》，西壁悬《曹后重农图》。景仁宫东壁悬《御制燕姞梦兰赞》，西壁悬《燕姞梦兰图》。

乾隆六年十一月十二日，乾隆帝发布了一道上谕，说他所题写的这些匾

图 11　许后奉案图

额要永远地保存下去，不能擅动，不能更换："谕众总管知悉：御笔匾十一面，着挂于十二宫。其永寿宫现在有匾,此十一面俱照永寿宫式样制造。自挂之后，至千万年不可擅动，即或妃、嫔移住别宫，亦不可带往更换。"[26] 乾隆八年时，又下了一道谕旨，十二宫陈设器皿，布置停妥，永远不许移动，亦不许收贮。

乾隆帝的这些定制作品，使后宫的坤德得到了最大限度的张扬。

四、后世对后宫制度的改变

（一）明代帝王不爱居住乾清宫

祖制规定皇帝必须居住在乾清宫，这与明代的早朝制度有关。明代初期，皇帝创业伊始，励精图治，勤于政事，规定一天有三朝即早朝、午朝和晚朝，朱元璋就说自己是"晚朝毕而入，清晨星存而出"，可以说是披星戴月，宵衣旰食。如果皇帝的居处很乱、很多，势必影响他上朝的时间，做不到始终如一。《大明会典》称："凡早朝，鼓起。文武官各于左右掖门外序立，候钟鸣开门。各以次进过金水桥，至皇极门丹墀，东西相向立，候上御宝座，鸣鞭。鸿胪寺官赞入班，文武官俱入班。"[27] 在日出前，早朝的仪式就开始了，各种必要的礼节完成后，各部门主要负责官员要向皇帝逐一面呈政务并请求指示，皇帝则要提出问题并作必要的答复，这一过程持续到日出不久之后结束，即使下雨下雪也要坚持不辍，而且每天如此，极少例外。作为执行这一制度的最高统治者皇帝，早朝对他来说无疑也是一件十分辛苦的事。

如果皇帝离开乾清宫而居住他处，也就预示着早朝制度的松懈，这是大臣们最不希望看到的事。但明武宗离开乾清宫而居住于豹房，皇帝的这一行为受到了大臣们的强烈抨击，大臣杨廷和上了一本：

> 今皇上偃卧豹房，两宫圣母不得知，中宫及二妃不得近。早晚用药或云四夷馆译字官，或云街市老妪，万一有不测之祸，近幸边将、番僧、义子四散逃逸，府部科道交章问罪，司礼监与我辈岂能辞责？我辈犹有可诿，每日办事还在宫城之外，司礼监日侍朝廷左右，朝廷只合在乾清宫，何故移至豹房，又移至新寺，又日往虎房游戏，皆我辈不得与闻者。传之天下，宗室、亲王、忠臣、义士皆将起而倡大义。[28]

正德九年，乾清宫发生火灾，嘉靖皇帝入继大统时，乾清宫仍未竣工，故暂居于文华殿，至正德十六年十月落成，嘉靖帝始入住乾清宫。嘉靖十八年，西苑永寿宫落成，意欲迁往此宫居住，未果。二十一年嘉靖帝离开乾清宫，凡乾清宫内先朝遗留的重宝法物，全部搬入永寿宫中，永寿宫成为他的寝宫，从此不理朝政，直至他驾崩之时。万历皇帝也不爱住乾清宫，《明实录》记："万历二十四年三月乙亥，是日戌刻火发坤宁宫延及乾清宫，一时俱烬。上时居养心殿，密迩二宫，立火光中，吁祷甚切，幸不至蔓延。"

（二）自雍正帝始养心殿成为皇帝的寝宫

清入主紫禁城，顺治、康熙两朝仍遵明制皇帝入居乾清宫。其间发生过康熙帝居便殿不回乾清宫一事，康熙帝欲居景仁宫遭到大臣反对，他抬出居便殿是遵成宪之说为自己作辩护："是日，太后先临王第，上劝太后还宫，自苍震门入居景仁宫，不理政事。群臣劝上还乾清宫，上曰：'居便殿不自朕始，乃太祖、太宗旧典也。'"[29]

雍正帝即位后，皇帝居住乾清宫之礼被打破了。康熙六十一年十一月己酉谕内务府总管等诸王臣云："朕持服二十七日后，应居乾清宫。朕思乾清宫乃皇考六十一余年所御，朕即居住，心实不忍。朕意欲居于月华门外养心殿，着将殿内略为葺理，务令素朴。朕居养心殿内，守孝二十七月，以尽朕心。"按礼制，父母去世后，皇帝先要持服守孝二十七日，然后才可以理政。一周年（十二个月）后，在第十三月举行小祥之祭；去世两周年（二十四个月）后，在第二十五月举行大祥之祭；然后间隔一个月，在第二十七个月举行禫祭。小祥结束后，可吃菜果等，大祥礼后可吃酱醋。禫祭后，可除服，结束守孝，也就是除服之祭，守制结束。雍正帝以选择养心殿为守孝之所而改居养心殿，并代替乾清宫成为理政之所。从雍正开始，正统的正寝观念被打破了。

雍正七年于内右门外成立军机处，距离养心殿只有五十米，皇帝随时可以召见军机处大臣，快速掌握国家机密，有利于政令的上传下达。在这种背景下，养心殿遂成为雍正帝寝兴常临之所，直到他离开人世。乾隆帝继位后，尊皇考之意，继续居住养心殿，从此养心殿代替乾清宫而成为皇帝的寝宫，成为定例，时间长达近二百年。嘉庆帝所题养心殿联注云：

我皇祖世宗宪皇帝雍正年间始缮葺养心殿为寝兴常临之所，一切政务如批章阅本、召对引见、宣谕筹几，一如乾清宫。我皇考缵应大统宝，相仍无改者六十余年。予小子仰承堂构，敬绍祖考贻谋，于亲政后亦移居于此，不敢别有构筑。[30]

宣统三年十二月二十五日（1912 年 2 月 12 日），隆裕皇太后于养心殿东暖阁颁布宣统皇帝退位诏书，养心殿才从此结束了它的使命。

（三）明嘉靖、清慈禧对六宫的改造

嘉靖十四年因未央宫为其父兴献王出生发祥之地，遂改为启祥宫，并于宫

前建石坊一座，北向匾额曰"圣本肇初"，南向匾额曰"元德永衍"。[31] 东西六宫本嫔妃所居之所，其形制规格相同，等级低于坤宁宫，但嘉靖帝改未央宫名为启祥宫，并立石坊一座，以此抬高生父的地位，启祥宫的规格也随之提高，从此打破了东西六宫的规制。他又尽改十二宫名，十二宫名东西尽成对称：改东六宫咸阳曰钟粹、长阳曰景阳、永宁曰承乾、永安曰永和、长寿曰延祺、长宁曰景仁；改西六宫寿昌曰储秀、寿安曰咸福、万安曰翊坤、长春曰永宁、长乐曰毓德、未央曰启祥。

图 12　慈禧太后朝服像

清代慈禧太后（图 12）被选入宫时，初封为兰贵人，居住于储秀宫，咸丰六年三月，生同治于此宫，封为懿贵妃，这期间她一直居住在储秀宫。储秀宫成为慈禧太后的发祥地。后慈禧太后垂帘听政，掌握政权，统治中国达四十八年之久。慈禧太后掌握政权后，对西六宫进行了两次大规模的改建，一是将长春宫的长春门拆除，在长春门与太极殿后殿的位置上，建起了一座面阔五间的体元殿，殿的北面出抱厦三间，作为长春宫院内的一个室外小戏台。二是在她五十大寿时耗费六十三万两银子重新修缮布置储秀宫，将储秀宫的储秀门拆除，在储秀门与翊坤宫后殿的位置上建起了体和殿，扩大了储秀宫的范围，使它位居东西六宫之首，等级得到提高。[32] 储秀宫的庭院陈设中出现了龙，这是东西六宫中的孤例，打破了东西六宫从属于乾清宫的建筑规制及所反映的"夫为妻纲"的礼制。

注 释

1.[明] 孙承泽:《春明梦余录》,《钦定四库全书·子部·杂家类》,台北商务印书馆影印,1986 年。

2.[明] 金幼孜:《金文靖集》,《钦定四库全书·集部·别集类》,台北商务印书馆影印,1986 年。

3.《杨文忠三录》,《钦定四库全书·史部·诏令奏议类》,台北商务印书馆影印,1986 年。

4.《明文海·还宫疏》,《钦定四库全书·集部·总集类》,台北商务印书馆影印,1986 年。

5.[宋] 王溥:《唐会要·服纪》卷三七,万有文库本。

6.[汉] 司马迁:《史记》卷四九,第 1967 页,中华书局,1987 年。

7.《汉书·王贡两龚鲍传》,第 3064 页,中华书局,1962 年。

8.[明] 方孝孺:《逊志斋集》,四部备要本。

9.[明] 杨荣:《文敏集》,《钦定四库全书·集部·别集类》,台北商务印书馆影印,1986 年。

10.[汉] 郑元注, [唐] 贾公彦疏:《周礼注疏》,《钦定四库全书·经部·礼类》,台北商务印书馆影印,1986 年。

11.[汉] 郑元注, [唐] 贾公彦疏:《周礼注疏》,《钦定四库全书·经部·礼类》,台北商务印书馆影印,1986 年。

12.[宋] 聂崇义:《三礼图集注》,《钦定四库全书·经部·礼类》,台北商务印书馆影印,1986 年。

13.《后汉书·皇后纪下》,中华书局,1974 年。

14.《隋书·宇文化及传》卷八五,中华书局,1973 年。

15.《南史·废帝郁林王纪》卷五,中华书局,1975 年。

16. 韩增禄:《易学与建筑》,沈阳出版社,1999 年。

17.[南宋] 朱熹:《朱文公文集·戊申延和奏札一》,四部丛刊本。

18.[宋] 鲍云龙:《天原发微》,《钦定四库全书·子部·术数类》,台北商务印书馆影印,1986 年。

19.《晋书·志第一·天文上》,中华书局,1976 年。

20.《宋史·天文志二》,中华书局,1975 年。

21. 韩增禄:《易学与建筑》,沈阳出版社,1999 年。

22.《清宫内务府造办处档案总汇》第 16 册,人民出版社,2005 年。

23.《清宫内务府造办处档案总汇》第 10 册,人民出版社,2005 年。

24. 王子林:《明代紫禁城前朝与后廷的设置思想》,《故宫学刊》第 4 期,紫禁城出版社,2009 年。

25.[清] 鄂尔泰、张廷玉编纂:《国朝宫史》,北京古籍出版社,1987 年。

26.[清] 鄂尔泰、张廷玉编纂:《国朝宫史》,第 43 页,北京古籍出版社,1987 年。

27.《大明会典·常朝御殿仪》卷四四,第 1557 页。江苏广陵古籍刻印社,1989 年。

28.[明] 黄训编:《明臣经济录·论时政疏》,《钦定四库全书·史部·诏令奏议类》,台北商务印书馆影印,1986 年。

29.《清史稿》卷二一九《列传第六·裕宪亲王福全传》。又《清史稿·圣祖本纪三》记:秋七月乙巳朔,上临裕亲王丧,哭之恸,自苍震门入居景仁宫。王大臣请还乾清宫;上曰:"居便殿乃祗遵成宪也。"

30. 章乃炜:《清宫述闻》,第 340 页,北京古籍出版社,1988 年。

31. 朱偰:《昔日京华·明清两代宫苑建制沿革图考》,第 14 页,百花文艺出版社,2005 年。

32. 参见周苏琴《试析紫禁城东西六宫的平面布局》,《紫禁城建筑研究与保护》,第 132 页,紫禁城出版社,1995 年。

第六章

紫禁城的玄武空间

万岁山与金水河

都城除了按《周礼》和《周易》设置五门三朝和乾坤卦象外，还要依据居住环境来设计规划，靠山面水则是必须遵循的法则。周族周原都邑位于岐山脚下、东都洛邑北靠邙山，秦都咸阳位于九嵕山之南，隋唐长安城北据龙首原，六朝故都建康北倚鸡笼山，元明北京城北据居庸、南控中原。靠山而居，枕山而眠，可能与先民靠山繁衍生息有关，也可能与古代哲学思想认为山是宇宙阴气的凝结有关。总之山对于古人来说很重要，离不开它。山是人生息之本，故有山主人丁之说；建城必靠山，死后必魂归于山，故有山陵之称。

　　除了山外，都城更离不开水。盘庚迁殷，北有洹水，从此商人得以定居下来，使四方诸侯来朝。周武王在沣水东岸建立了镐京，为统一中国打下了基础。周成王"宅兹中国"，周公于瀍水东西两岸建了成周和王城两座城。秦始皇定都咸阳，渭水穿南，以法牵牛。宋太祖赵匡胤定都汴梁，城内水系发达，有汴河、五丈河、金水河、护城河和蔡河，桥梁众多，仅汴河上就有十余座桥，船只往来如梭，充塞河道。元代定鼎燕京，将北海、中海纳入城中，城北的高梁河和西北的金水河将水源源不断地流注城内，东南的通惠河将大运河与积水潭连为一体，为大都城带来了无尽的财富。朱元璋通过对长安、洛阳、汴梁、北平的考察后，决定建都南京，南京地处江淮平原，河流纵横，北有金川河，南有秦淮河，紧紧地将南京城抱在怀中。朱棣迁都北京，南有广褒平原和九河故道，元代留下来丰富水源，使北京继续发挥着全国中心的作用，承担起天子守边的重任。

　　在规划紫禁城时，将宫城置于万岁山与金水河的环抱之中，并巧妙地将山水龟蛇化，以象征北方天神玄武镇守紫禁城。

图 1　万岁山（清称景山）

一、万岁山是紫禁城的玄武镇山

（一）万岁山是玄武山

朱棣的封地在北平，"靖难之役"夺取帝位后，迁都北平，将北平改称北京，修建皇宫紫禁城，并于宫后即中轴线的北端垒土石筑山曰万岁山（清称景山）（图 1）。万岁山的前身是金代的一座小土丘，永定河故道曾从旁边流过。朱棣营建紫禁城时，计划将紫禁城建于小土丘之南，因为小土丘之西的万岁山即北海琼岛是元大内的镇山，且此山周围为水环绕，不宜作为新宫城的靠山，但小土丘体量太小，故将拆毁的元大内建筑渣土和开挖筒子河的泥土堆积于此以便筑成大山，作为紫禁城的靠山，取名万岁山，以承太祖之志。

为何此山称为万岁山呢？

原来与玄武有关系。按古代传统方位神之说，东南西北的山也被赋予了四种动物形象以象征四位方位神，东方的山称青龙，西方的山称白虎，南方的山称朱雀，北方的山称玄武，青龙、白虎、朱雀和玄武是山的四象。

其中北方的玄武山最重要，山体最大，起的作用也最大，晋人郭璞称："万物负阴而抱阳，故凡背后不可无屏障以蔽之。如人之肩背，最畏贼风，则易于成病。坐穴亦然，真龙穿障，受幕结成形局。玄武中峙，依倚屏障，以固背气，此立穴之大概也。"[1]北方山峰如玄武中峙，可以作为坚固背气的屏障之用。万岁山居北为玄武山，是紫禁城的屏障，玄武即龟，是灵兽，《礼记·礼运》记龟为祥瑞四灵之一，汉人刘向《说苑·辨物》称："灵龟文五色，似玉似金，背阴向阳，上隆象天，下平法地。磐衍象山，四趾转运应四时，文著象二十八宿。蛇头龙翅，左睛象日，右睛象月，千岁之化，下气上通，能知凶吉存亡之变。"龟象天法地，长寿千岁，称龟磐衍象山，故玄武山又名万岁山。

把宫城后的山称之为万岁山，古已有之，元人陶宗仪《南村辍耕录》记："至元四年正月，城京师以为万事本，右拥太行，左注沧海，抚中原，正南面，枕居庸，奠朔方，峙万岁山。"[2]元代建都北京，宫城大内后有靠山曰万岁山（图2），万岁山即琼华岛，《钦定日下旧闻考》记："琼华岛周围计二百七十四丈，旧有广寒殿，相传为金章宗时李妃妆台遗址，元改名万寿山，又称万岁山。"[3]到了明代，《中都志》记："（明中都凤阳）万岁山……形势壮丽，岗峦环向。国都启运，筑皇城于是山，绵国祚于万世。"明中都凤阳建于朱元璋时期，早于北京紫禁城，是紫禁城的蓝本。永乐帝迁都北京后，并没有利用元代宫城的靠山琼华岛，而

图2　北海琼岛（元万岁山）

是于东侧在宫城北垒筑了一座山，以作为紫禁城的靠山，名曰万岁山，它不仅是龟山的象征，也表明承袭了中都后山的叫法，其目的是为了体现父皇中都之意志即绵国祚于万世。

（二）主圣寿万年

明人刘若愚记："殿（寿皇殿）之南则万岁山，俗所谓'煤山'也。"万岁山又称煤山，但煤山并不是指山里藏有煤。崇祯己巳冬，京师大寒，大京兆刘宗周上疏，认为万岁山里藏有煤，可挖煤取暖。刘若愚对此进行了驳斥，认为永乐帝不可能在此堆煤，以防备元朝残部围困北京时所引起的燃料短缺，称："如果靠此一堆土，而妄指为煤，岂不临危误事哉！我成祖建都之后，何等强盛？'天下有道，守在四夷'，岂肯区区以煤作山，为禁中自全计？何其示圣子神孙以不广耶？"[4] 名煤山与山中是否藏煤没有关系，而是跟五行有关。俗称"山主人丁"，山为何主人丁兴旺呢？因为山为土，有土则有田，有田就可以养活人口。煤为火，按五行之理，火能生土，故万岁山又称煤山。

在明弘治之前万岁山是一座秃山，上面没有任何建筑。《明史·高瑶传》记："孝宗践阼，将建棕棚万岁山，备登眺。臣抗疏切谏。祭酒费訚惧祸及，锒铛萦臣堂树下。俄官校宣臣至左顺门，传旨慰谕曰：'若言是，棕棚已毁矣。'"[5] 由于廷臣谏言，虽然山顶的棕棚已毁，但这并没有阻止孝宗于山顶建亭的意志。弘治十一年，孝宗下令于山顶建亭，《明史》记："（李）广劝帝建毓秀亭于万岁山。亭成，幼公主殇，未几，清宁宫灾。日者言广建亭犯岁忌，太皇太后忿曰：'今日李广，明日李广，果然祸及矣。'广惧自杀。"[6] 可见，在弘治之前，万岁山上是没有任何建筑的。虽然十一年弘治于山顶建成了亭，但却引起了太皇太后的不快，把宫中发生灾祸的原因直接归咎于太监李广建亭是犯了太岁，致使李广在这巨大的恐惧中自杀。

没有建筑的山，其形状会是怎样呢？汉代刘向称龟上隆象天，磐衍象山，龟背隆起象天盖形，蹲踞如山一样，由于万岁山位于紫禁城北方，象征北方玄武，又没有在山上建任何建筑，所以山的形状极有可能被塑造成了龟背状即隆起象天。现在看到的景山五指形，是乾隆时改造的。

二、金水河是缠绕紫禁城的一条蛇

现在我们看到的紫禁城里的金水河是否在永乐时就有了呢？大学士金幼孜《皇都大一统赋》称"禁城之下金水溶溶"，杨荣《皇都大一统赋》亦称："金水之滨，瑶阶玉除。"说明金水河为当时修建紫禁城时开挖的一条河流。据明人刘若愚的记载金水河的流向是：河水沿万岁山西麓流入紫禁城护城河中，成为护城河的水源，再从西北角楼下的地沟引入紫禁城内，至廊下家（无存），由怀公门（无存）以南，过长庚桥（无存）、里马房桥（无存），流经仁智殿（无存）西、御酒房东（无存）、武英殿前、思善门（无存）外，从归极门（熙和门）北地沟进入皇极门（永乐时称奉天门，清称太和门）外宽阔的河道，然后再弯转进入会极门（清称协和门）东庑地沟，经文华殿西，由北而转东自慈庆宫前之徽音门外，蜿蜒向南，过东华门里古今通集库南，从紫禁城墙下地沟流出，归入护城河。这条河称为金水河，所流经之处，或隐或现，总归一脉。[7]

金水河从西北流入，蜿蜒曲折地从西流向东南，形成自西北而东南之局。如果我们从空中俯瞰紫禁城，会发现金水河就像一条蛇一样缠绕环抱着紫禁城（图3）。特别神奇的是，娄旭老师在金水河即将流出紫禁城时，发现了

图3 从西北角楼处引入的金水河

图 4　金水河蛇头形状（紫禁城东南角）

蛇头形状，坐实了金水河被设计成了一条蛇（图 4）。水要像蛇形，才有生气，三国时人管辂《管氏地理指蒙》称水有三奇："曰横、曰朝、曰绕，精神气概，相其委蛇，以乘其止，为跃渊之宜。"[8] 晋人郭璞亦称："委蛇则为活蛇，故吉，直硬为死则凶。"[9]

　　按八卦方位西北乾位，属乾金之气，故以水来表示，水从此引入宫城。

图 5　奉天门（清太和门）前的金水河

又五行中西方属金，水从西来，故曰金水河。金水河是明人按自然与风水法则仿南京紫禁城金水河走向而设计开挖的一条人工河流，一方面遵循了自然之理，若房屋坐北朝南，最理想的地形是西北地势高，东南地势低，水可以从高处向低处流，而且能完全绕着整个居住区，有利于各处的排水和生活用水。而北京的地势正好是西北高，东南低。而另一方面则符合了古人对居住区的形而上的追求，按后天八卦方位，西北为乾卦，属天门，东南为巽卦，属地户。金水河从西北天门乾位进，东南地户巽位出。[10] 乾与巽，是天门与地户的关系，象征天地相通。而在先天八卦中，西北又变为艮位，为山，东南则为兑为泽，西北与东南的关系又是山与泽的关系，则象征山泽通气。这条河贯穿整个紫禁城，象征天地相通，气充盈于其间。

金水河的一些细节处理也十分耐人寻味：

第一，傍山而行。于万岁山西麓开挖河流，使水傍山而行，水流动好像把山里的气给带了出来。《管氏地理指蒙》云："水随山而行，山界水而止。界分其域，止其逾越，聚其气而施耳。水无山则气散而不附，山无水则气塞

而不理……山为实气，水为虚气。土逾高其气逾厚，水逾深其气逾大。土薄则气微，水浅则气弱。"[11]

　　第二，金城环抱。金水河流经奉天门（太和门）前时，其形状如一张卧着的弯弓，这种形状的水称为眠弓水、金城环抱、冠带水和朝宗水（图5）。朝宗，出自《尚书·禹贡》："江、汉朝宗于海。"诸侯朝见天子，春天朝见曰朝，夏天朝见曰宗。把金水河做成环抱状，一是象征朝拜，二是象征固若金汤。把朝宗一词与风水结合，郭璞是始作俑者，他说："朝海拱辰，如万水之朝宗，众星之拱极，枝叶之护花朵，廊庑之副厅堂。非有使之然者，乃一气感召，有如是之翕合也。"[12]

　　第三，重重关锁。当金水河流经东华门即将要流出紫禁城时，河道变得弯回起来，不像刚流入时那样直，那样"一泻千里"。作为一股乾金之气，要让它永久地留在紫禁城内，但作为一条河流，不能把出口堵死了，那样金水河会变成一条死水。要想留住金水河，唯一的办法是增加河道的弯曲度，以使它慢慢地流。所以东华门处是金水河的水口。根据水口的法则，要重重关锁，缠护周密，办法是"或起捍门，相对特峙，或列旌旗，或出禽曜，或为狮象蹲踞，回互于水上，或隔水，山来缠裹，大转大折，不见水去方佳"。[13] 虽然紫禁城里不可能累筑两座山以把守水口，但可以修桥，如带子一样系住金水河，让它慢点流，以形成风水上"流囚谢"之局，即水满而溢。

万岁山像龟，金水河像蛇，龟蛇结合在一起，这正是天神玄武的象征。

三、玄武神是一位北方战神

永乐十三年北京地安门东北角真武庙兴建，竣工后，永乐帝在《御制真武庙碑》里说："顾惟北京天下之都会，乃神常翊相予于艰难之地，其可无庙宇为神攸栖，与臣民祝祈倚庇之所？遂差吉创建崇殿修庑，缔构维新，亢爽高明，规模弘邃。"永乐帝把真武从武当山请到了北京，北京城有了真武的镇守，以实现"天子守边"的目的。同时真武神也被请到了紫禁城里，永乐十八年紫禁城落成，大学士杨荣目睹了紫禁城的辉煌壮丽，作《皇都大一统赋》颂曰："若夫乾清之前，门列先后……若夫钦安之后，珠宫贝阙。"[14] 钦安殿坐落在北门玄武门内（图6），殿内供奉一尊玄天上帝铜像即玄武神，玄天上帝又称真武大帝，民间称为真武神。

（一）玄武原为地狱之神

玄武一直以来被人们当作一位北方神，但根据汉代人的解释，他最初却是一位地狱之神。战国时期楚国诗人屈原《楚辞·远游》云："时暧曃其曭莽兮，召玄武而奔属。"东汉王逸《楚辞章句》注释说"呼太阴神使承卫也"，可知太阴神是地狱神。

汉人刘安《淮南子·天文训》说："北方，水也。其帝颛顼，其佐玄冥，执权而治冬。其神为星辰，其兽玄武。"按照东汉人许慎《说文》的解释，玄为黑色，冥为幽即又阴又暗之义，武与冥古音相通，武，古音读没，为冥之双声音转，玄武即玄冥。故叶舒宪先生在《中国神话哲学》里称颛顼与玄冥，从音义学的角度，二者的意思是相同的，都是对幽暗不明的北方的一种象征指代，而北方的地狱的别称为"蒙谷"，所以北方神颛顼为阴间地狱之神。[15]

地狱又称幽都，晋人张华《博物志》记："昆仑山北，地转下三千六百里，

图6　钦安殿旧照

有八玄幽都，方二十万里。"屈原《招魂》云："魂兮归来，君无下此幽都些。"
《淮南子·地形训》称："掘昆仑虚以下地，中有增城九重……旁有九井……
是其疏圃，疏圃之地，浸浸黄水，黄水三周复其源。"阴间幽都位于昆仑山
的北边，地转下三千六百里处，那里有浩漫大水即黄泉与四海相通，所以颛
顼、玄冥又身兼水神的功能，《左传》说"水正曰玄冥"，《后汉书》称"玄冥，
水神也"。

　　阴间是与阳间不同的一个世界，最大的特点是黑暗，其色自然为黑色，所
以水的颜色也是黑色的。据何新先生《玄武神的演变故事》的考证，称到了晋代，
张华《博物志》记"海之言晦昏无所睹也"，冥、昧古音同，读若"晦"，其音
义又与海相通，海古音从每。所以海也是从冥演变而来的，其色为黑色。[16]

　　汉代《河图帝览嬉》云："北方玄武之所生，其帝颛顼，其神玄冥。北方
七神之宿，实始于斗，镇北方，主风雨。"颛顼、玄冥都是北方玄武所生，也
就是说三者同为一体，又说他为天空北方七宿，始于北斗。晋人干宝《搜神记》
引管辂的话说："南斗注生，北斗注死。"显然北方神玄武又是一位主死亡的

阴间之神。

这位北方神管辖的地界，汉人刘安《淮南子·时则训》为我们描绘了一幅令人胆寒的地域："北方之极，自九泽穷夏晦之极，北至令正之谷，有冻寒积冰，雪雹霜霰，漂润群水之野，颛顼、玄冥之所司者万二千里。"那里极偏僻幽暗，冻寒积冰，雪雹霜霰，而漂润群水之野就达一万二千里，谁进入此地，将永远走不出来。

（二）玄武起源于引绳测天

根据汉人的解释，玄武是北方阴间神，如果再往上追溯，则与远古先民立杆测影有关。何谓立杆测影？就是古代测量日影的方法，也就是《周礼》所讲的土圭之法。当远古先民要聚在一起，进行生产、生活时，什么对他们最重要？是时空的确定。时间是一年四季，空间是东南西北，而这两者都是由太阳决定的。太阳早晨从正东方升起，中午偏向了南方，黄昏从正西方落入地平线下，夜间太阳潜伏于北方的地下，次日又从东方复出，如此周而复始。大地上的一切生命均要按照太阳的运行规律而运行，就像《周易》所讲的"承天而时运"，总是承受天的作用按时序运行。于是先民在大地上立杆测影，根据太阳的视运动轨迹，测量出东南西北和春夏秋冬四季。一年中表影最长时是冬至，最短时是夏至，长短居中时分别是春分和秋分。在古人的观察中，早晨太阳从东边升起，傍晚太阳从西边落下，因此东、西方向和春分点、秋分点就显得至关重要。

按照太阳昼夜的运行规律，夏季昼长夜短，太阳出得早，落得晚，每日西沉时已偏向了北方，所以古人认为北方是太阳被埋葬于地下的"墓地"，称为暮谷、昧谷、蒙谷。蒙谷，《汉书》张晏注曰："日没于西，古文曰墓。墓，蒙谷也。"北方永远见不到太阳的光芒，如同黑夜一样，故《尚书》称北方为幽都，《博物志》称幽都在昆仑山北，北方与"阴"发生了必然的象征联系。[17]

无论怎么讲，立杆测影还是存在着一个缺陷，即不能确定北极点。

北斗星由七颗星组成，呈斗形，绕着北天极即北极星旋转，北斗星绕天一圈，正好是太阳运行一年的时间。当北斗星回归子位时，正好是冬至日，表示一年的终结，新的一年的开始，这就好像太阳落入北方一样，因此北方，也就是北极点所在地方，是黑暗的地方，是生命终结的地方。但它周而复始，

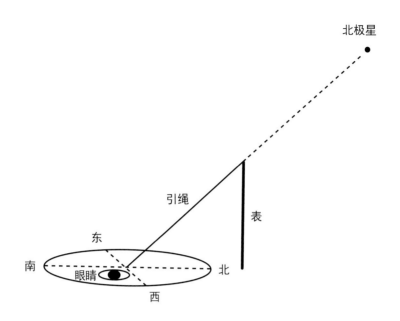

图 7　引绳测星以定天中图

永无停息，故称为"复"即轮回往复，《礼记》记招魂亦称为"复"，就是用了北斗回归子位之意。所以又称北方神为冬季之神、地狱之神，故《礼记》记招魂者要举死者的衣服面北而招魂。

　　但北极点在哪儿呢？也就是诸星围绕运转的那一点。古人所确定的北极星，并非是真正的北极点，只是以此星靠近北极点而确定为北极星而已。古人是怎么找到北极点确定北极星的呢？这就是上古时代的牵星术即引绳测星法。用一根绳子牵着北斗七星作四游的旋转，通过一年的测量，确定东南西北后，就可以找到北极点了（图 7）。

　　找到了北极点可谓是一件大事，也就是找到了北方神。是怎么找到的？一是靠绳子，二是靠巫师作四游的舞步，巫师牵着绳子，来回移动，如在跳舞，此舞也就是后来演变的天罡步。北方神是靠绳子找出来的，所以绳子可以代表北方神。根据余健先生《堪舆考源》[18] 的考证，"绳"字的形态为"糸+黾"，"糸"即"玄"，"玄"乃"镟"之初文，"黾"读音为"冥"，与"冥"通，绳为"玄黾"也即"玄冥"的合文，故"玄冥"之义即以弦索探测北极之意。卜辞有"丕玄冥"即"大玄冥"一词，大玄冥即"大绳"，而"大绳"之义即"大神"，贾公彦疏《考工记》"置槷以县"引绳谓"神即引也，向下引而县之，故云神也"，以为绳之所引即神。"玄冥"本与龟蛇没有任何关系，而是与绳有关系。为何与龟蛇联系在一起了呢？是否如东汉人许慎《说文解字》解释的那样："黾，鼁黾也。从它，象形。黾头与它头同。""鼁"与龟有关，属鳖科，"它"即是蛇，"黾"即"冥"字，含有龟与蛇的意思存在。

为何又称玄武呢？余健先生称，"舞"是巫师行舞以象北斗四游之转，故甲骨文的"舞"分两种：一种是持羽、勺类，勺象北斗，是女巫所为，称文舞；一种是执干戈钺斧，钺斧象北斗，是男觋所为，称武舞。故北方神可用舞来表示，把这种四游之舞亦可称为"玄舞"。而武，《说文解字》曰："武，楚庄王曰：夫武，定功戢兵，故止戈为武。"止乃足趾之趾本字，甲骨文从止多表示行动之义，征伐者必有行，止即示行也，征伐者必以武器。"武"与"舞"同音，如果要突出武舞，那么，北方神"玄舞"亦可称"玄武"。[19]

（三）玄武神的蜕变

殷商时，龟卜盛行，龟卜实际上是立杆测影的变体。据余健先生《堪舆考源》[20]的考证，殷人以某种工具燃烧以灼龟的腹甲，然后观其卜裂之纹以定吉凶，龟版如大地，燃烧腹甲的契柱如圭表，裂纹如日影。以炬灼象征大地的龟版，犹如太阳以炬为媒介投影于大地，示下民以天语、天命，以卜吉凶。东汉《白虎通》称："灵龟者神龟也，黑色之精，五色鲜明，知存亡吉凶。"于是，到了汉代，龟成了北方神的形象，《河图》称"北方黑帝，神名叶光纪，精为玄武"，又曰"北方黑帝，体为玄武，其人夹面兑头，深目厚耳"，玄冥为人面龟身。屈原《九歌章句》有"玄武步兮水母"，东汉王逸把玄武解释为天龟水神。

龟蛇合体的北方神形象，在汉代时终于被创造了出来，东汉魏伯阳《周易参同契》说："玄武龟蛇，盘虬相扶。"[21]东汉张衡《思玄赋》曰"玄武宿于壳中兮，腾蛇蜿蜒而自纠"，唐人李善注云"龟与蛇交曰玄武"。东汉蔡邕书立于武汉大别山（龟山）上的石碑，上有"北方玄武，介虫之长，龟蛇交曰玄武"句。《后汉书·王梁传》记"王梁主卫作玄武"，唐人李贤注云："玄武，北方之神，龟蛇合体。"为什么龟与蛇缠绕在一起？唐人段成式《酉阳杂俎》记："朱道士者，太和八年常游庐山，憩于涧石，忽见蟠蛇如堆缯绵，俄变为巨龟，访之山叟，云是玄武。"他解释说有堆如缯绵的蟠蛇，忽而变为巨龟，所以玄武为龟蛇的合体。

而玄武与测天有关的信息逐渐不被人们所知了。

对玄武，古人还有另外一种解释，这种解释对后世影响深远。《礼记·曲礼上》记"行前朱鸟而后玄武"，唐人孔颖达注释说："玄武，龟也，龟有甲能御侮用也。"宋人洪兴祖《楚辞补注》称："玄武谓龟蛇，位在北方故曰玄，身有鳞甲故曰武。"宋人朱熹《楚辞集注》亦称："玄武，北方七宿，谓龟蛇也。位在北方故曰玄，身有鳞甲故曰武。"他们认为龟有甲能御侮，故曰武，突出了威猛之义。当玄冥被改称为玄武时，人们对北方神的认识就发生了质的变化，注意力引向了"武"上。武，从止，从戈。据甲骨文，人持戈行进，表示要动武。一旦勇武之义被引进了北方神话之中时，玄武就蜕变为一位勇猛的北方神了。南宋赵彦卫《云麓漫钞》称其形象为"披发黑衣，仗剑踏龟蛇"[22]，一位全新定位的北方战神产生了。

在四神中，唯玄武神被演变为手持宝剑，身穿金甲的武将形象，这是为何呢？这肯定与北方有关系，自古以来，汉人的统治处于四方的中心，而北方是最让汉人睡不着觉的地方。匈奴、突厥、鲜卑、契丹、女真，他们的铁骑时常把汉人从梦中惊醒。玄武本来就是汉人创造的神，现在他又兼勇武的特性，汉人正需要这样的一位北方神来守卫北方，为汉人服务。

（四）玄武神与帝王

唐太宗李世民于唐高祖武德九年六月初四日，于玄武门发动了宫廷政变，杀死了自己的长兄——当时的皇太子李建成以及四弟齐王李元吉，逼他的父亲退位，当上了皇帝，史称"玄武门之变"。李世民成功的地点，暗示了玄武的翊助之功，无疑这是玄武得到帝王们信奉的根本原因，也为玄武地位的提升创造了条件。唐贞观八年，天下大旱，飞蝗遍地，朝廷下令祷于天下名山大川，但俱未感应，均川刺史姚简奉命到武当山斋醮致祷，结果天降大雨，《玄天上帝启圣录》记："是时，枯槁复生，歉回为稔。人皆秀享升平之乐，免沟壑之患。姚简其兹灵异奏闻，太宗降旨，就武当山建五龙观，以表其圣迹。"[23] 也就是在这个时候，才得知玄帝被五气龙君命守此山。唐太宗为感谢五气龙君，于武当山敕建五龙祠。但这个时候，玄武的地位并不高，他只是一位听命于五气龙君镇守武当山的神而已。

到了宋代，玄武神又一次与皇帝携起手来。宋太祖刚登基不久，玄武即于大内端明殿显灵，自称是"天都北极真武灵应真君"，告知太祖说看见了上帝的批鉴："闻天下霸业侯王，尚或守据一方，未怀臣顺。近曾亲见上帝批鉴，并合归宋朝为一统，永昌万世帝王之业。"[24] 太祖极为高兴，因为玄武为宋朝描绘了一幅美好的蓝图。

但宋朝自开国以来，北部边疆面临着前所未有的冲击，契丹、女真人虎视眈眈，北方告急。而且宋人在与契丹、女真人的战争中始终处于劣势，这使统治者想到了玄武神，希望这位北方神能站在宋人的一边，保卫北部边疆，于是我们看到了宋朝皇帝近于疯狂地加封玄武：

天禧二年，宋真宗加封玄武为"镇天真武灵应佑圣真君"，改玄武为真武，是因为大中祥符五年十月戊午深夜，赵氏始祖奉玉帝命，降临延恩殿。真宗称圣祖名："上曰元（玄），下曰朗，不得斥犯。"故玄武改称真武。

嘉祐二年，宋仁宗加封玄武为"北极右垣镇天真武灵应真君"。

大观二年，宋徽宗加封玄武为"佑圣真武灵应真君"。

靖康元年，宋钦宗加封玄武为"佑圣助顺真武灵应真君"。封号中多了"助顺"二字，据杨立志《历代皇帝与武当山玄帝信仰》的考证，靖康元年，金兵铁骑滚滚南下，金为北方新兴强国，真武为北方之神，故当时有人认为奉祀真武是"金虏之谶"，宋钦宗加封真武"助顺"之号，显然是以金为"逆"，以宋为"顺"，希望通过加封，让真武神来保佑辅助大宋王朝。

嘉定二年，宋宁宗加封玄武为"北极佑圣助顺真武灵应福德真君"。

宝祐五年，宋理宗加封玄武为"北极佑圣助顺真武福德衍庆仁济正烈真君"。

在皇帝加封玄武尊号的同时，又把玄武从北方请到武当山，说武当山是真武的升道之处。《太上说玄天大圣真武本传神咒妙经》《元始天尊说北方真武妙经》等经相继出现，声称真武神是净乐国王的太子，出家于武当山修行 42 年，功成飞升，被上帝封为太玄，镇守北方。《玄天上帝启圣录》记真武得道升天的场景为五龙捧圣："玄帝在岩，潜虚玄一。默会万真，四十二年矣……跣足拱手，立于紫霄峰上。须臾，五气龙君捧拥，驾云而升，至大顶天柱峰乃止。"这段记载，显然真武的地位得到了提高。

元人统一天下，仍然被说成是玄武的翊助之功，赵孟頫在《启圣嘉庆图序》里说："皇元之兴，实始于北方。北方之气将王，故北方之神先降。事为之兆，天既告之矣。"[25] 虽然玄武被宋人请到了南方武当山，但人们还是认为北方是玄武显灵的地方。元大都的肇建亦是玄武的显灵。至元六年十二月庚寅，有神蛇出现于城西高梁河中，首耀金彩，翼日辛卯，又有灵龟出游，背纹金错，祥光绚烂，认为是玄武神应，于是于明年二月甲戌于所现之地建庙以祀，以昭神贶。元翰林侍讲徐世隆撰《元创建真武庙灵异记》称："我国家肇基朔方，盛德在水，今天子观四方之极，建邦设都，属水行方盛之月，而神适降，所以延洪休昌景命，开万世太平之业者，此其兆欤！"[26]

　　明代朱棣坐镇北平，南下靖难时，得到了真武神的翊助，获得了成功，夺取了帝位。玄武神最后成为成就帝王之业的护佑之神，其地位得到了最大限度的提高。朱棣在《御制大岳太和山道宫之碑》称："盖闻大而无迹之谓圣，充周无穷妙不可测之谓神，是故行乎天地，统乎阴阳……陶铸群品，以成化工者，若北（极）玄天上帝真武神是已。按道书神本先天始气，五灵玄老太阴天乙之化生。"[27]《玄天上帝启圣录》亦云："玄帝果先天始气五灵玄老太阴天一之化，按混洞赤文所载玄帝乃先天始气太极别体，上三皇时下降为太极真人，中三皇时下降为太初真人，下三皇时下降为太素真人。""而帝位居金阙之贵，总统枢机，陶铸群品，佐天罡。大圣真君调理四时，运推阴阳，造化万物，莫极崇高矣！"[28]玄武成了先天始气太极别体，可与道教最高神三清相当，地位崇高。故永乐帝对玄武行国家典礼，即每岁元旦、圣旦、三月三日、九月九日、朔望日，俱遣礼部太常寺上官到地安门真武庙行礼。[29]

（五）玄天上帝铜像

　　钦安殿供奉玄天上帝铜像（图8），永乐时铸造，《明实录》记：

　　（嘉靖十四年十月丙午）初，上又以文祖建钦安殿祀真武之神，诏持（特）增缭垣、作天一门及大内左右诸宫益（并）加修饰，至是皆告成。上亲制祀（祝）文告，列圣于内殿，仍具皮弁服祭真武之神于钦安殿。[30]

　　铜像鎏金，金色经历历代香火的熏染以及自然的褪色和人工的桐油擦涂，形成了一层淡淡的包浆，就好像薄薄的一层乌云浮在水晶般的月亮上一样，光亮透过稀疏的片云，发出一种更为诱惑的色彩。

　　神像比例匀称，有黄金分割之美，面相端正，宽额阔面，是典型的汉人

图8 钦安殿供奉的玄天上帝铜像

面相。丹凤眼，卧蚕眉，八字胡须横飞，中须长垂，又是汉人中最受人喜爱的典型的美髯公形象。在脸上我们发现眉毛和胡须是铸出来的，而不是画出来的，造像不轻飘，更觉相貌堂堂，威风凛凛。

神像披发，赤脚，持剑，身着锁子金甲，是这位北方神玄武典型的造型标志。金甲如同软甲一样附着于身体上，隐约地能看出肌肉的起伏与力度。锁子金甲样式如同佛教天神韦驮金甲，披飘幡璎珞，兽头护膊上搭三角形背肩巾，胸缠黄丝编成的扎带以缚环甲，兽形护腹咬中带，铐带紧系兽头。

铜像雕工极为逼真细腻，缚甲的扎带上编织的丝线纹路，铐带上雕刻的如意团龙纹，护腰的衬垫上的凤纹及边缘的针眼锁边圆珠线，无不一一呈现，不见丝毫的偷工减料。外露的锁子甲通过斜凸的部分使人能触摸到金属的硬度如金刚一般，如在黑夜定能发出闪闪的寒光，使人不寒而栗。而飘带被风吹动飘向左侧，使凝重的铜像仿佛在天上驾云而行。

神像呈休息坐，面向南，目闪电光，眉横云阵，威武庄严，总统枢机。右手握剑，剑乃天帝所授，名曰北方黑驰裘角断魔雄剑，剑长七尺二寸应七十二候，抚三辅应三台，重二十四斤应二十四气，阔四寸八分应四时八节，此剑可降服邪道，收斩妖魔。所持剑之肘呈90度，使全身之气贯于剑中，剑身斜横于胸前，剑尖指向左上方，如果神将剑挥下，其力量之大将摧毁一切。左手手掌向里转放于左腿上，与腿成90度的直角，看似轻轻地压下，实则内敛形成千斤之势。左手的压与右手的提，使上身挺直，好像提着一股冲天之气。内蓄憋压，如火山一触即发，地动山摇。如神将右脚放下，定能迅速站立，挥动降魔雄剑，所向披靡。

东、南、西、北四方，中国古代想出了四位方位神来代表，东为青龙，西为白虎，南为朱雀，北为玄武，原先均为动物，后人格化，动物逐渐成为神座前的标志性象征。在四神中，唯玄武脱颖而出，受到历代帝王的重视，几乎成为帝王的化身。由于北方是汉人政权受到威胁的地方，故祈求北方神的保护也就成为历代帝王的心愿。北方神的武将形象遂被创造出来，其威武不可侵犯的形象在钦安殿供奉的玄天上帝铜像中得到了最完美的表现。

四、玄武神与永乐帝

万岁山在永乐时具有无比的神圣性，钦安殿所供玄天上帝位居中轴之上，统握元枢，地位显赫，这与他举兵"靖难"时借玄武神起事有关。

朱棣初为藩王驻守北平（图9），北平处中国的北方，地理位置十分重要，是明王朝的军事重镇。在建文帝"削藩"运动中，他没有听命于中央的决议，毅然打着"靖难"的旗号，推翻了现任帝王建文帝，自己的侄儿，成了新任帝王，这不符合正统法，是"篡弑"，为天下所不容。文臣们对建文政权表现出了最大限度的忠诚。他们慷慨悲歌，视死如归，决不向永乐帝低头。当朱棣进入南京城，欲让方孝孺写一篇登基草诏，但方孝孺将笔投于地，大声说道："死即死耳，诏不可草。"朱棣大怒，遂命磔于市。他在南京城下对文臣展

图9 朱棣画像

开了一场极其惨烈的血腥大杀戮，时间长达十余年，直到永乐十一年，才"敕法司解建文诸臣禁令"。

但那又是一个相信君权神授的时代，神发挥着巨大的作用，它可以改变一切。于是朱棣想起了北方神真武，说靖难成功是真武神的翊助，说明自己取得帝位是天授神权，于永乐十年下令修建武当山真武道宫，倾全国之力，动用了20万军队，其目的就是要把真武神抬出来为自己作辩护，所以我们看到了真武神在朱棣取得帝位后，从众神中脱颖而出，获得了最崇高的地位。

首先，我们要明白一个问题，朱棣靖难时是否借用了真武神的护佑打败了建文帝的军队夺取了帝位？也就是说从未当帝王之前，天神已出现来护佑朱棣。

永乐四年因武当山两次出现榔梅结果，朱棣特派道士陈永富到武当山答谢真武神的敕文中提到了真武翊卫国家一事，称："矧兹二年，两见其实，皆由高真翊卫国家，尔辈精意祝厘所致。兹特遣道士陈永富斋香诣高真道场，以答神灵。"永乐十三年八月十三日，北京地安门东北佑显宫真武庙竣工，永乐帝《御制真武庙碑》一文记载了真武帝于靖难之时阴翊默赞朱棣，"常翊相予艰难之地"，称：

朕维凡有功德于国家者，无间于冥灵，必有酬报之典。天下之际，理一无二。惟北极玄天上帝真武之神，其有功德于我国家者大矣。昔朕皇考太祖高皇帝，乘运龙飞，平定天下，虽文武之臣克协谋佐，实神有以相之。肆朕肃靖内难，虽亦文武不二之臣疏附先后，奔走御侮，而神之阴翊默赞，掌握枢机，朝运洪化，击电鞭霆，风驱云驶，陟降左右，流动挥霍，濯濯洋洋，缤滨纷纷，翕欻恍惚，迹尤显著。神用天麻，莫能纪极。[31]

继北京地安门真武庙建成后，武当山真武神道宫观于在永乐十六年十二月落成，赐名大岳太和山，亲撰《御制大岳太和山道宫之碑》，碑文中也提到了真武于靖难时翊助他的事迹："肆朕起义兵，靖内难，神辅相左右，风行霆掣，其迹甚著。"[32]

上述所引真武翊助朱棣的材料都是靖难成功后所言，如果我们相信朱棣本人的言辞，那么朱棣靖难时，确实借助了真武神来为自己造势，稳定军民之心，鼓舞士气，使自己获得了成功。故朱棣才把真武从武当山请到了北京，朱棣说："顾惟北京天下之都会，乃神常翊相予于艰难之地，其可无庙宇为神攸栖，与臣民祝祈倚庇之所？遂差吉创建崇殿修庑，缔构维新，亢爽高明，规模弘邃。"[33] 报答真武神的翊助之功，这是创建钦安殿供奉真武大帝的真实动机。

但《明史》记载朱棣起事之时，天气异常，并不是真武神的显灵，《明史》曰："建文元年六月，燕府护卫百户倪谅上变，诏逮府中官属。都指挥张信输诚于成祖，成祖遂决策起兵，适大风雨至，檐瓦坠地，成祖色变。道衍曰：'祥也。飞龙在天，从以风雨。瓦坠，将易黄也。'兵起，以诛齐泰、黄子澄为名，号其众曰'靖难之师'。"[34] 明朝规定，皇帝的宫殿用黄瓦，亲王则用青瓦。道衍如此说是想稳定军心，你们的大王有上天护佑，不久的将来就会当上皇帝，改易黄瓦。说这是天意，但并没有把真武神抬出来。到嘉靖时，这则记载则变成了真武显灵的神话，出自嘉靖时人高岱《鸿猷录》和李贽的《续藏书》。《鸿猷录》记："初，成祖屡问姚广孝师期，姚屡言未可。至举兵先一日，发曰：'明日午有天兵应，可也。'及期，众见空中兵甲，其帅玄帝像也，成祖即披发仗剑应之。"[35] 这则记载，朱棣显然成为真武神的化身，因为真武神的形象就是披发跣足，仗剑踏龟蛇。故万历时人王世贞作《武当歌》，直接把成祖的帝王须即胡须说成是玄天上帝的相发横飞长垂："不闻成祖帝王须，曾借玄天师相发。"[36]

万岁山是龟，金水河是蛇，龟蛇缠绕，紫禁城成为天神玄武化身的空间。

五、神的空间

永乐时后廷没有御花园，御花园是景泰六年夏四月增建的[37]，说明坤宁宫至玄武门之间，有一块开阔的场地，这是永乐帝专门留给北方神玄武的。除了钦安殿之外，还于钦安殿两侧建东西七所。永乐时大学士杨荣《皇都大一统赋》记："若夫钦安之后，珠宫贝阙。藻绣交耀，雕栊巇嵷。六宫备陈，七所在列。"六宫指东西六宫，七所指东西七所，七所建于永乐十八年。据杨文概《北京故宫乾清宫东西五所原为七所辨证》考证，明弘治年间西七所发生火灾，内阁大学士刘偲等奏称："切见近年以来灾异频仍，内府大灾尤甚，军器库火，番经厂火，乾清宫西七所火、内官监大（按：火），而前日清宁宫之灾为异，尤大臣等目击，实为寒心。窃惟古之圣王，未有不遇灾而惧者，或避殿减膳，或责己求言，修治政事，明正赏罚，然后可以转祸为福，变灾为祥。"[38] 弘治十年十二月重建西七所。[39] 嘉靖八年十月西七所又被烧毁，

图 10　天一门

十四年因增建钦安殿缭垣和天一门（图 10）、十五年建金香亭和玉翠亭时，原西七所的建筑格局被打破，故只恢复了五所。东七所也因嘉靖时建钦安殿围墙和围墙外的观花殿，拆除二所，保留五所。钦安殿两侧的东西七所遂成为东西五所，改称曰乾清宫东西五所。

东西七所的设置，源于司马迁《史记·天官书》"北宫玄武"之说，"北宫"是指"北宫七宿"：斗、牛、女、虚、危、室、壁，七宿为北方天空的星宿。郑玄《尚书正义》解释说："四方皆有七宿，各成一形。东方成龙形，西方成虎形，皆南首而北尾；南方成鸟形，北方成龟形，皆西首而东尾。"故于钦安殿左右建七所以象征北方天宫七宿。

于宫城北门内建玄武道观，古已有之，唐大明宫玄武门内有玄武观，供奉玄武神，但规模有限。北京紫禁城玄武门内是一片开阔的空间，不仅有供奉玄武神的钦安殿，还于其左右建东西七所，加上玄武万岁山，使内廷北方形成了一个特殊的区域，即以玄武为命意的建筑区域及空间意象。

永乐帝在遵循靠山面水的建都法则时，巧妙地把天神玄武融入于山水中，为紫禁城建了一个神的空间。龟蛇是玄武的化身，使山成为龟的意象，水成为蛇的意象，龟玄相缠，喻天神玄武镇守于此，以保佑永乐帝守边，祈愿北边安宁。

但这个神的空间被后世逐渐蚕食或被改造，如景泰六年改建为御花园，嘉靖时期将东西二所改建为金香亭、玉翠亭和观花殿，变成了东西五所。万历十一年春拆去观花殿，垒垛石山子，券门石匾名曰堆秀（图11）。山上盖亭一座，名曰御景亭。[40]堆秀山的位置在紫禁城的艮位东北隅。一般来说，东北隅不应筑山，因为在六十四卦象中的艮卦，其主卦与客卦相同，相应的爻也相同即初六与六四，六二与六五，都是柔爻与柔爻的对应，柔爻与柔爻同性相敌，因此没有阴阳和谐。这座分量沉重的山永远压住了七所即北方七宿。这让我们想起了宋徽宗的寿山艮岳，因徽宗所筑山位于宫城东北隅故名，此山被称为亡国之山。宋人张淏《艮岳记》称："徽宗登极之初，皇嗣未广，有方士言：'京城东北隅，地协堪舆，但形势稍下，倪少增高之，则皇嗣繁衍矣。'"于是徽宗下令于此累土为冈阜，果然皇子迭生。这更坚定了徽宗的筑山之愿，于政和七年大兴工役筑山，号寿山艮岳，命宦官梁师成担任总指挥。朱勔取浙中珍异花木竹石以进，号曰"花石纲"，于平江专置应奉局，所花费用以亿万计。"调民搜岩剔薮，幽隐不置，一花一木，曾经黄封，护视稍不谨，则加之以罪。斫山辇石，虽江湖不测之渊，力不可致者，百计以出之至，名曰'神运'。舟楫相继，日夜不绝，广济四指挥，

图11　御花园堆秀山

尽以充挽士，犹不给。"修建艮岳，"竭府库之积聚，萃天下之伎艺，凡六载而始成，亦呼为万岁山。奇花美木，珍禽异兽，莫不毕集，飞楼杰观，雄伟瑰丽，极于此矣"。但是这项工程纯粹是为了供宋徽宗之享乐，不顾国事多难，不思收复失地，搅得民不聊生、家破人亡。十年后，金兵攻陷东京，北宋灭亡，徽宗被俘，成为亡国之君。艮岳的命运也走到了尽头，"越十年，金人犯阙，大雪盈尺，诏令民任便斫伐为薪；是日百姓奔往，无虑十万人，台榭宫室，悉皆拆毁"。艮岳的部分奇石被激战时炮火炸碎，劫后的大部分奇石被金兵运至金朝首都燕京，开挖海子，种植树木，建筑宫殿，作为游幸之所。金国皇帝沉迷于游玩之中，不理朝政，不久金国被蒙古人所灭。

万岁山在明代弘治十一年之前山顶上是没有任何建筑的，清入主紫禁城后，于乾隆十六年对景山进行了改造，于山顶建五亭，亭内供五方佛，五亭名为万春亭、观妙亭、周赏亭、辑芳亭和富览亭。

注　释

1.[晋] 郭璞 :《葬书》,《四库术数类丛书》(六)，第 26、27 页，上海古籍出版社，1991 年。

2.[元] 陶宗仪 :《南村辍耕录》卷二一，中华书局，1997 年。

3.[清] 于敏中等编纂 :《钦定日下旧闻考》卷二六，《钦定四库全书 · 史部 · 地理类》，台北商务印书馆影印，1986 年。

4.[明] 吕毖 :《明宫史》，第 8 页，北京出版社，1963 年。

5.《明史 · 卷一六四 · 高瑶列传附虎臣万传》，中华书局，1974 年。

6.《明史 · 卷三〇四 · 李广列传》，中华书局，1974 年。

7.[明] 吕毖编 :《明宫史》，第 11-12 页，北京出版社，1963 年。

8.《管氏地理指蒙 · 三奇第五》,《钦定古今图书集成 · 博物汇编》卷六五五，中华书局、巴蜀书社影印，1985 年。

9.[晋] 郭璞 :《葬书》,《四库数术类丛书》(六)，第 34 页，上海古籍出版社，1995 年。

10. 西北为天门，东南为地户，明之前的都城的建构上已有之。《吴越春秋》记 :"范蠡乃观天文，拟法于紫宫，筑小城，周千一百二十二步，一圆三步。西北立龙龙飞翼之楼，以象天门。东南伏漏石窦，以向地户。"

11.《管氏地理指蒙 · 头陀纳子论》,《钦定古今图书集成 · 博物汇编》，第 58006 页，中华书局、巴蜀书社影印，1985 年。

12.[晋] 郭璞 :《葬书》,《四库术数类丛书》(六)，第 24 页，上海古籍出版社，1995 年。

13.[明] 廖希雍 :《葬经翼》,《丛书集成新编 · 哲学类 · 宗教类》(25)，第 253 页，台北新文丰出版公司印行，1986 年。

14.[明] 杨荣：《皇都大一统赋》，《文敏集》卷八，《钦定四库全书·集部·别集类》，台北商务印书馆影印，1986 年。

15. 叶舒宪：《中国神话哲学》，第 92 页，中国社会科学出版社，1997 年。

16. 何新：《诸神的起源》，第 199 页，三联书店，1986 年。

17. 叶舒宪：《中国神话哲学》，第 92 页，中国社会科学出版社，1997 年。

18. 余健：《堪舆考源》，第 68 页，中国建筑工业出版社，2005 年。

19. 余健：《堪舆考源》，第 70-71 页，中国建筑工业出版社，2005 年。

20. 余健：《堪舆考源》，第 42 页，中国建筑工业出版社，2005 年。

21.[东汉] 魏伯阳撰、[清] 仇兆鳌集注：《古本周易参同契集注》，第 189 页，上海古籍出版社，1989 年。

22.[南宋] 赵彦卫：《云麓漫钞》卷九，《钦定四库全书·子部·杂家类》，台北商务印书馆影印，1986 年。

23.《道藏·玄天上帝启圣录》第 19 册，文物出版社、上海书店、天津古籍出版社出版，1994 年。

24.《道藏·玄天上帝启圣录卷三》第 19 册，文物出版社、上海书店、天津古籍出版社出版，1994 年。

25.《道藏·玄天上帝启圣灵异录》第 19 册，文物出版社、上海书店、天津古籍出版社出版，1994 年。

26.《道藏·玄天上帝启圣灵异录》第 19 册，文物出版社、上海书店、天津古籍出版社出版，1994 年。

27.《道藏·御制大岳太和山道宫之碑》第 19 册，文物出版社、上海书店、天津古籍出版社，1994 年。

28.《道藏》第 19 册，第 571、576 页，文物出版社、上海书店、天津古籍出版社出版，1994 年。

29.《大明会典》卷一八一，第 1468 页，江苏广陵古籍刻印社，1989 年。

30.《明世宗实录》卷一八〇，嘉靖十四年十月丙午，第 3855 页，台北"中研院"历史语言研究所校定影印，1966 年。

31.[明] 朱棣：《御制真武庙碑》，《道藏·大明玄天上帝瑞应图录》第 19 册，文物出版社、上海书店、天津古籍出版社，1994 年。

32.[明] 朱棣：《御制大岳太和山道宫之碑》，《道藏·大明玄天上帝瑞应图录》第 19 册，文物出版社、上海书店、天津占籍出版社，1994 年。

33.[明] 朱棣：《御制真武庙碑》，《道藏·大明玄天上帝瑞应图录》第 19 册，文物出版社、上海书店、天津古籍出版社，1994 年。

34.《明史·卷一四五·姚广孝列传》，中华书局，1974 年。

35.[明] 高岱：《鸿猷录·靖难师起》卷七，上海古籍出版社，1992 年。

36. 王世贞《武当歌》云："黑帝不卧玄冥宫，再佐真人燕蓟中。乾坤道尽出壬午，日月重郎开屯蒙。人间大小七十战，一胜业已归神功。久从北极受尊号，却向西方祈寓公。武当万古都未吐，得吐居然压华高。是时岂独疲荆襄，雍豫梁益皆为忙。少府如流下白撰，蜀江截云排豫章。太和绝顶化城似，玉虚仿佛秦阿房。南岩宏奇紫霄丽，甘泉九成差可当。十年二百万力，一一舍置空山旁。英雄御世故多术，卜鬼探符皆恍惚。不闻成祖帝王须，曾借玄天师相发。呜呼。汉武空遨王母过，高真不显宋宣和。功名虽盛毋乃晚，混沌时来当奈何。"

37.《大明英宗睿皇帝实录》卷二五二，景泰六年夏四月戊寅。

38.《大明孝宗敬皇帝实录》卷一三七，弘治十一年十一月丙子，北平图书馆红格本影印。

39.《大明孝宗敬皇帝实录》卷一三二，弘治十年十二月甲午，北平图书馆红格本影印。

40.[明] 吕毖编：《明宫史》，第 15 页，北京出版社，1963 年。

第七章

紫禁城的天地中心

交泰殿与天地交会

自古王者居中，帝王的宫室紫禁城位于北京城的中心，《吕氏春秋》称："古之王者，择天下之中而立国，择国之中而立宫，择宫之中而立庙。"祭祀祖先的太庙位于宫城的中心，如明堂形制，中心是太庙，供奉祖先或上帝神主。但宫城中心祭祖或祭天这一制度并没有被继承下来，汉代王莽时将礼制建筑移于南郊，帝王居中代替了祖先和上帝居中。

那么，帝王居中的那个中心在哪里呢？我们不能因为奉天殿（清太和殿）是大朝正殿就认为它是紫禁城的中心，也不能以宫城的四个角楼的对角线的交叉点来确定紫禁城的中心。中心的设置一定有它的原则，因此确定宫城的中心，需要从另外的角度来认识即要根据天地之道来确定，它可能不是宫城的正中心点。

一、地中是阴阳交会之处

中心最初是靠立杆测影测出来的，它的名字叫"地中"，《周礼》记：

以土圭之法测土深，正日景，以求地中……日至之景尺有五寸，谓之地中，天地之所合也，四时之所交也，风雨之所会也，阴阳之所和也。然则百物阜安，乃建王国焉。[1]

当太阳照在表杆上的影子是一尺五寸时，表杆所在的那一点就是地中即大地的中心，这里天地相合，四时相交，风雨相会，阴阳相和。这样的地方生气充沛，万物生长，可以在这建立国都了。所以地中被赋予了神圣的地位，是天地交会的地方。

晋人郭璞则把地中提高到如同北极点一样重要，称"夫阴阳之气，噫而为风，降而为雨，行乎地中而为生气"，"五气行乎地中，发而生乎万物"。[2]阴阳之气要在地中运行才能转化为生气，孕育生命。并把这点当成地理之穴，被山峦拥护，被众水缠绕，层层包裹，钟灵毓秀，自然精华凝结融会其中，他说："盖真龙发迹，迢迢百里，或数十里结为一穴。及至穴前，则峰峦矗拥，众水环绕，叠嶂层层，献奇于后。龙脉抱卫，砂水翕聚，形穴既就，则山川之灵秀，造化之精英，凝结融会于其中矣。"[3]《周礼》说地中是阴阳会和的地方，郭璞说地中有阴阳二气运行，所以地中必须是阴阳交会之处，而且隐蔽，以此为准则，去寻找紫禁城的天地中心。

二、乾坤建筑组合

紫禁城是由不同大小的四合院组成，每个单元相对独立，但又互相连为一个整体。在这些所有的大小院落的组合中，笔者发现唯乾坤建筑组合符合天地阴阳相交的特点，它由十座宫门和三座宫殿组成（图1）：乾清宫、交泰殿、坤宁宫以及乾清门、坤宁门、日精门、月华门、景和门、隆福门、龙光门、凤彩门、永祥门、增瑞门等组成一个封闭的空间，位于轴线上，位当正位。首先，这个院落处后廷，建筑之间空间距离小，被重重建筑所包裹，隐蔽性强，不像前朝那样开阔，外露朝阳。

其次，乾清宫取象乾卦，坤宁宫取象坤卦，是天地的象征。

第三，乾清、坤宁、日精和月华四门象征天地日月，符合《周易》先天卦象：乾南坤北以正天地之位，离东坎西以应日月之门。故南为乾清宫，北为坤宁宫，东为日精门，西为月华门，天地定位在此形成。南唐何溥称："古人建都立国，

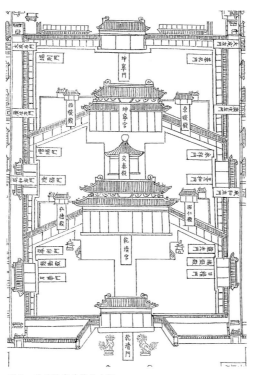

图1　乾清坤宁建筑组合图

南面而治，位于四正。正以乾南坤北，正天地之位；离东坎西，应日月之门……于地势为宜，非故去阴而取阳。"[4]

第四，汉代刘安《淮南鸿烈解》则从哲学的高度对天地的形成和日月的产生作了如下解释：

道始于虚廓，虚廓生宇宙。宇宙生气，气有涯垠，清阳者薄靡而为天，重浊者凝滞而为地。清妙之合专易，重浊之凝竭难，故天先成而地后定。天地之袭精为阴阳，阴阳之专精为四时，四时之散精为万物；积阳之热气生火，火气之精者为日；积阴之寒气为水，水气之精者为月。日月之淫为精者为星辰。[5]

道是从虚无开始的，宇宙又是从虚无中产生的，有了宇宙便产生了气，气充塞而又无穷无尽，产生摩擦分离为阴阳二气，气轻者上升形成天，重浊者下降形成地。凝积阳中的热气产生火，而火的精华形成日，故曰日精；阴气凝积的寒气结成冰，而冰的精华形成月，故曰月华。刘安是从气的角度来说明天地日月的形成的，气轻者为乾，重浊者为坤，极阳者为日，极阴者为月。所以天是阳，地是阴，日是阳，月是阴。也就是说天与地、日与月、龙与凤之间的关系，实质上就是阴与阳的关系。而阴阳二气又是相互交会的，《易·彖》曰："二气感应以相与……天地感而万物生"，"天地絪缊，万物化醇；男女媾精，万物化生。"《荀子·礼论》曰："天地合而万物生，阴阳接而变化起。"只要存在阴阳二气，二气就会运动，产生交会，交会的目的是为了生成万物。

阴阳二气在哪儿交会呢？

三、阴阳二气在交泰殿交会

在乾清宫与坤宁宫之间为交泰殿（图2），交泰殿出自泰卦，原名中圆殿，嘉靖十四年更名为交泰殿。

（一）交泰殿建于永乐十八年

1. 交泰殿原名中圆殿

明人刘若愚《芜史小草》称："中圆殿更交泰殿，嘉靖十四年七月初二

图 2　交泰殿

日添额。"[6] 可知交泰殿的前身是中圆殿。

中圆殿这个名不像是宫殿的名称，像是直接对建筑形制的称呼。原来南京宫城前朝大殿奉天殿（前殿）与谨身殿（后殿）二者为工字廊建筑形式，由于连接二殿的穿堂过长，故于穿堂中间建有圆殿，形制为渗金圆顶，基座为方形，故称圆殿也称中圆殿。太祖朱元璋将中圆殿命名为华盖殿，说明原穿堂形式已独立为殿堂，形成三大殿，等级提高了。明代王府制度本于帝王前朝三殿制度，也有三座建筑即前殿、穿堂和后殿，洪武七年始定王府前朝宫殿为："前殿名承运，中曰圆殿，后曰存心。"[7]《西安府志》记秦王府"圆殿，在承运殿后；存心殿，在圆殿后"。弘治八年的王府制度规定："承运门五间，前殿七间，周围廊房八十二间，穿堂五间，后殿七间。"[8] 此处的前殿即为承运殿，穿堂即为圆殿，后殿即为存心殿。但王府制度中的穿堂即圆殿，始终没有正式的名称，故王府前朝算为两殿，以显示等级低于皇宫。

刘若愚称乾清宫，"宫后披檐，东曰思政轩，西曰养德斋，再北则穿堂。居中圆殿曰交泰殿。渗金圆顶，亦犹中极殿之制也"[9]，乾清宫北为穿堂，穿堂的中间为圆殿交泰殿，证明后廷与前朝一样有前殿、穿堂圆殿和后殿三座建筑。

2. 交泰殿建于永乐

永乐十八年紫禁城落成，但在杨荣、金幼孜、李时勉、陈敬宗歌咏紫禁城的赋文中，都没有提到交泰殿。十九年三大殿发生火灾，正统五年兴工重建，实录记："正统六年九月甲午朔，奉天、华盖、谨身三殿，乾清、坤宁二宫成。"[10] 英宗完全按永乐时的规制复原，上述记载给我们造成了一种确信无疑的印象，乾清宫与坤宁宫之间似乎没有交泰殿。但事实并非如此。

据胡汉生《北京故宫交泰殿创建年代考》，北京宫殿仿南京宫殿，南京乾清宫与坤宁宫之间有省躬殿，但省躬殿名并非朱元璋所题，而是建文帝所命名，据方孝孺《省躬殿铭》称："上犹谦让，弗自以为德。且暮亲政，勤励靡遑。复于乾清、坤宁南北二宫间为退朝燕处之殿，置古书圣训于其中，沈玩静思，名之曰省躬。"[11] 省躬殿是建文帝唯一命名的宫殿，正是由于此种原因，北京乾清、坤宁二宫之间的穿堂圆殿不可能再用此名，也十分忌讳提到乾清、坤宁二宫之间的建筑，因为建文帝是被永乐帝推翻的。所以只有等到极喜欢更名的嘉靖帝时才将穿堂圆殿更名为交泰殿，使之从穿堂中独立出来。

既然交泰殿前身是穿堂，说明穿堂只是两座主殿之间通往的一种附属建筑，它既可属于前殿，也可属于后殿。虽然制如前朝中极殿（华盖殿），但并没有独立出来。故永乐、正统时只记录有乾清、坤宁二宫主殿。

（二）交泰殿是乾坤之交的卦象

交泰殿出自泰卦，泰卦之象就是乾卦与坤卦的合一，乾卦在下，坤卦在上，形成内阳而外阴、内健而外顺的卦象，即天的阳气到了下面，地的阴气到了上面，阴阳交接，这就是阴阳相交之形。所以《易·象》曰："天地交，泰。后以财成天地之道，辅助天地之宜，以左右民。"天是最大的阳，地是最大的阴，二者相交就是泰卦。君王圣人从泰卦中领悟到"天地之道"和"天地之宜"，通过裁断和决定而取得成就。《易·彖》说："泰，小往大来。吉，亨。则是天地交而万物通也，上下交而其志同也，内阳而外阴，内健而外顺。"由内而外曰"往"，由外而内曰"来"。乾下坤上，小往大来，谓之"泰"卦，即乾清宫和坤宁宫的会和。交泰殿意指天地交泰，以实现天地交而为泰的理想，说明天地的大道是阴阳交流就通达，不交流就闭塞。

（三）交泰殿里的风雨之交

交泰殿隐含阴阳交会之意还体现于殿内藻井下悬挂的轩辕镜上。我们发现在后寝三宫中，乾清、坤宁二宫无轩辕镜，只有交泰殿悬轩辕镜（图3），这是为何？

悬垂于天花板正中藻井龙嘴下的白色金属球体曰轩辕镜。轩辕镜，一种说法为辟邪之用。据宋人赵希鹄《洞天清禄集》记载："轩辕镜其形如球，可作卧榻前悬挂，取以辟邪。"明人方以智《物理小识》记："悬轩辕镜，朱砂涂，系围四，镜相照，能辟邪，智谓楞严坛十六镜，上下摄照，即此意也。《方书》言置镜床上下，令小儿安，光射气通，互照摄胆。《异闻记》隋王度镜照人免疫，《江录》言汉宣帝照妖镜如钱。《樵牧闲话》言孟昶时张敌镜。《杂俎》言无劳县耕得照骨镜。《宋史》奉宁具田父得镜，病热者照之骨寒，此其质铸固异，要以光摄生寒耳。"明人文震亨撰《长物志》记："轩辕镜，其形如球，卧榻前悬挂，取以辟邪，然非旧式钩古铜。"《同姓名录》记："隋丰城仓督李敬有女遭魅病，照以轩辕镜，杀五色守宫，而病愈。"另一种说法是天帝所铸之镜，（康熙）《御定月令辑要》记："轩辕镜，原《轩辕内传》帝会王母于王屋山，铸镜十二随月用之。"

图3　交泰殿藻井所悬轩辕镜

如果轩辕镜用于辟邪，为何乾清、坤宁二宫不悬轩辕镜，而唯独交泰殿悬轩辕镜？原来它与轩辕星有关系。《太平御览》引《春秋合诚图》称："轩辕星主雷雨之神。"[12] 司马迁解释说是黄龙之体，主雷雨之神。阴阳交感，激为雷电，和为雨，怒为风，乱为雾，凝为霜，散为露，聚为云气，立为虹霓，离为背璚，分为抱珥。二十四种变化，皆由轩辕星主宰。[13]

轩辕星主雷雨，表现为"云行雨施"和"激为雷电"，这种自然现象，实际上就是中国古代哲学思想"阴阳相交"的表现形式。郭璞称"云行雨施"为阴阳二气："夫阴阳之气，噫而为风，升而为云，降而为雨，行乎地中，而为生气，生气行乎地中，发而生乎万物。"清代朱骏声亦曰："阴升阳降，天道行也，坤升于乾曰云行，乾降于坤曰雨施，阴阳和均，而得其正，故天下平。"[14] 云行雨施实际上就是阴阳相交的外在表现形式。天之阳气下降，地之阴气上升，阴阳相交，天地相融，升而为云，降而为雨，有了水，才有生命。

所谓"激为雷电"，《理学类编》云："电者，阴阳相轧，雷者，阴阳相击也。"[15] "激为雷电"同样是阴阳二气相碰撞所产生的。

可以说轩辕星表面上主雷雨，实际上主阴阳，以象征天地阴阳二气在此交会。而乾清宫属纯阳，坤宁宫属纯阴，所以二者没有悬轩辕镜。

在交泰殿悬轩辕镜，还隐含着更深层的意义，中国古代哲学讲究矛盾的对立统一，天地阴阳相交，和则万物咸亨，逆则淫雨横行，雷电伤人，故《易》云："天地解而雷雨作。"故交泰殿设轩辕镜，不仅隐含着天地阴阳在此交会，而且还暗示着"天下太平"之意，以符合"天地交而为泰"的思想，汉人刘安说：

天地之气，莫大于和，和者阴阳调，日夜分，而生物春分而生，秋分而成。生之与成，必得和之精……积阴则沉，积阳则飞。阴阳相接，乃能成和。[16]

（四）交泰殿隐含"交媾"之意

1. 交泰殿的方圆造型

明人刘若愚《酌中志》记："居中圆殿曰交泰殿。渗金圆顶，亦犹中极殿之制也。"交泰殿的造型并不是现在的单檐四角攒尖，攒尖处覆以渗金圆球的形制，而是圆顶，基座为方形的形制，形如伞盖，故最初称为中圆殿，取天圆地方之说。其意在乾隆皇帝的《交泰殿铭》中已经点破，即"殿名交泰，象取

图 4　龙凤和玺彩绘

地天"。在《周易》中，象地为坤，取天为乾；坤上乾下，谓之天地相交之象。

2. 交泰殿的龙凤彩绘

交泰殿装饰了龙凤和玺彩绘（图4），其形制为凤在上，龙在下，位于中轴上的宫殿只有交泰殿的彩绘如此。凤上龙下即乾下坤上，这就是泰卦，象征阳气下降，阴气上升，二气交会。

3. 交泰殿是一个交会的场所

交泰殿所在的区域，正好处于一个交会的场所之中，前有乾清门，后有坤宁门，左有日精、龙光二门，右有月华、凤彩二门，形成乾坤、日月、龙凤相交会的格局，寓意天地、阴阳、男女交会，这正是地中的隐喻。

四、交泰殿的寓意

（一）乾坤之道

交泰殿不仅象征天地阴阳在此相交，也意指男女即皇帝与皇后在此交媾，这种思想即是天地、阴阳、男女即宇宙万物一体的哲学思想。其寓意的目的是"所以广嗣也",即多生孩子,子孙绵绵,永续帝祚。《周子全书》云:"乾道成男,坤道成女,二气交感,化生万物,万物生生而变化无穷焉。"[17]《二程集》云:

> 象见于天,形成于地,变化之迹见矣。阴阳之交相摩轧,八方之气相推荡,雷霆以动之,风雨以润之。日月运行,寒暑相推而成造化之功。得乾者成男,得坤者成女。乾当始物,坤当成物,乾坤之道,简易而已。[18]

这段话源于《周易·系辞上》:"在天成象,在地成形,变化见矣。是故刚柔相摩,八卦相荡,鼓之以雷霆,润之以风雨;日月运行,一寒一暑。乾道成男,坤道成女。乾知大始,坤作成物。"各种征兆是在天上出现的,然后在大地上形成,通过观察它们,就知道其变化的轨迹了。阴阳相交时所产生的摩擦、碾压,从四面八方吹来的气又相互推动激荡,雷霆使它受到震动而活跃起来,风雨给它滋润而焕然一新。日升月落,寒来暑往,相互推动,造化之功才得以形成。禀赋乾道者成为男性,禀赋坤道者成为女性。乾是推动万物出现的原始动力,坤是成就万物的生成之力。这就是所谓的乾坤之道。

乾隆时期交泰殿所张贴的春联充分显示出了这种功能,交泰殿东面春联云:

万化转璇枢,本天而本地;
一元开瑞荚,资始以资生。

璇枢,北斗第一星曰枢,第二星曰璇,指枢纽,关键。瑞荚是一种瑞草,每月从初一到十五,每天结一荚,从十六至月终,每日落一荚,是一种多子之草。北斗的运转,形成了四季,有了四季,万物才得以化生,天地形成的根本是为了让万物生成的。所以天道资生,后妃要像瑞荚草那样多子。

交泰殿左东次间隔扇春联云:

宝瑟和瑶琴,百子池边春满;
金柯连玉叶,万年枝上云多。

宝瑟，瑟的美称，出自南朝梁简文帝《七励》"绿绮丽琴，丹山宝瑟"。瑶琴，用玉装饰的琴，出自南朝宋鲍照《拟古》"明镜尘匣中，瑶琴生网罗"，象征夫妇和谐。百子池，出自《三辅黄图》"七月七日临百子池，作于阗乐"，唐张锷《百子池》"旧闻百子汉家池，汉家渌水今逶迤"，象征子孙众多。金柯玉叶，出自唐陈子昂《庆云章》"玉叶金柯，祚我天子"，喻皇子皇孙。万年枝，出自南朝齐谢朓《直中书省》"风动万年枝，日华承露掌"，寓意夫妇和谐，就会子孙满堂，皇子皇孙就会像万年枝上的云一样多。

（二）多子多孙

交泰殿悬挂有清乾隆帝题写的一副对联："恒久咸和，迓天休而兹至；关雎麟趾，立王化之始基。"（图5）

恒久咸和，出自《周易》恒卦和咸卦，咸卦卦象是从否卦变来的，即将否卦的上九与六三换位，变出咸卦。从变卦中看，是否卦的柔爻六三上去，

图5　清代交泰殿内景

171

刚爻上九下来，刚爻代表阳气，柔爻代表阴气，阳气下来，阴气上升，二者相互交感流通使万物化生出来。咸卦重在交感，故《易》曰"咸，感也。柔上而刚下，二气感应以相与"，"天地感而万物化生，圣人感人心而天下和平，观其所感，而天地万物之情可见矣"。咸卦象征男女，男为阳，女为阴，强调要像自然法则一样交感，才会产生生命。

恒卦由泰卦变来，即将泰卦的初九与六四换位，变为恒卦，是刚爻上往，柔爻下来，表示阳刚到了上位，阴柔到了下位。阳上阴下即天上地下是自然秩序，自然秩序不变，天地才会恒久，故《易》曰："日月得天而能久照，四时变化而能久成。"恒卦代表夫妇，夫为阳，妇为阴，夫妇之间的秩序要像自然秩序一样，不能天地颠倒，要像恒卦一样，遵循阳上阴下的法则，即男尊女卑的思想，夫妇之道才能保持恒久。

上联告诉我们夫妇之道一定要遵守天地阴阳之道，故交泰殿原悬挂有一块康熙帝的御笔匾"无为"，后因交泰殿发生火灾被烧毁，嘉庆二年时，88岁高龄的乾隆帝又仿康熙帝御笔书写了二字。乾隆帝的这副对联，就是用于解释"无为"的，无为即自然规律，按照无为去做，才能迎接天赐大福。

天赐给的大福是什么呢？就是下联所说的"关雎麟趾"。

关雎，出自《诗经》"关关雎鸠，在河之洲。窈窕淑女，君子好逑"句。麟趾，出自《诗经》"麟之趾。振振公子，于嗟麟兮"句。关雎，雎鸠，一种水鸟。关关，形容水鸟雌雄和鸣的象声词，故关雎指夫妇和谐，也就是说夫妇要遵循夫妇之道即夫唱妇随，才会像雎鸠和鸣一样保持夫妇和谐。麟趾，在《诗经》中比喻公子，这里代指子孙。南朝齐人王融《三月三日曲水诗序》曰："族茂麟趾，宗固盘石。"元人无名氏《抱妆盒》曰："天佑宋室，螽斯麟趾之庆，当必有期。"对多子多孙的追求是后廷最主要的设计思想，如东西六宫的四座门，其名曰百子门、千婴门、螽斯门（图6）和麟趾门。明人刘若愚点破了其中的奥秘："祖宗为圣子神孙，长育深宫，阿宝为侣，或不知生育继嗣为重……是以养猫养鸽，复以螽斯、千婴、百子名其门者，无非借此感触生机、广胤绪耳。"明代大学士张孚敬亦言："古者天子立后，并建六宫、三夫人、九嫔、二十六世妇、八十一御妻，所以广嗣也。"[19]

这副对联的意思是说，夫妇遵循阴阳天道法则，就会迎来天赐给的大福。夫妇和谐，多子多孙，是建立王化大业的基础。天赐给的大福是多子多孙。

图 6　螽斯门

　　天地、阴阳、龙凤、日月相交会的目的是要产生生命，交泰殿具备这一特性，乾隆帝引经据典御书的这副对联，就是把这当成了上天赐予多子多孙的场所。

　　所以，交泰殿是紫禁城的天地中心。

五、交泰殿是帝后过夫妻生活的地方

建文元年十二月，建文帝将南京乾清、坤宁二宫之间的中圆殿命名为省躬殿，方孝孺《省躬殿铭》称："皇上嗣大宝位，清心恭己，喜怒不形……复于乾清、坤宁二宫间为退朝燕处之殿。"可知省躬殿是除乾清宫之外的皇帝的第二处寝宫。据此可以推断，北京紫禁城中圆殿（交泰殿）处乾清宫和坤宁宫之间，其功能也与省躬殿相同，是皇帝的第二处燕息之宫。又《明宫史》记："乾清宫之北曰交泰殿，则皇后所居也。"[20] 在明代交泰殿有穿堂与乾清宫相连，皇帝和皇后同住交泰殿，说明交泰殿是皇帝和皇后的交媾之处。《明史》的一则记载，透露了一则惊世骇俗的信息：

田贵妃有宠而骄，后裁之以礼。岁元日，寒甚，田妃来朝，翟车止庑下。后良久方御坐，受其拜，拜已遽下，无他言。而袁贵妃之朝也，相见甚欢，语移时。田妃闻而大恨，向帝泣。帝尝在交泰殿与后语不合，推后仆地，后愤不食。帝悔，使中使持貂裀赐后，且问起居。妃寻以过斥居启祥宫，三月不召。[21]

崇祯即位后，封信王妃周氏为皇后，住在坤宁宫。崇祯有一位美貌而多才多艺的田贵妃，崇祯十分宠爱她。皇后见田贵妃受宠而骄，欲裁之以礼。时逢新年元旦，天寒地冻，一大早田贵妃到坤宁宫朝拜皇后，翟车却被让停在庑下。过了很长时间皇后才让田贵妃进屋坐下，接受朝拜，拜毕即令退下，没有说任何半句问候关切的话语。而袁贵妃来朝拜时，相见甚欢，谈笑如歌，有意让田贵妃听见。田贵妃受此大辱，遂向帝哭诉委屈。结果帝后夫妻在交泰殿大吵了一架，崇祯一把把皇后推倒在地，皇后愤怒至极，欲绝食自杀。毕竟是多年的结发夫妻，崇祯帝后悔莫及，一方面派人给皇后送去貂裀嘘寒问暖，另一方面把田贵妃打入冷宫。这才算平息了这一场风波。

皇帝在乾清宫住，皇后在坤宁宫住，为何二人同时出现在交泰殿，由于"语不合"而大吵了一架？显然二人初意是到交泰殿来团聚的，也就是过夫妻生活。由于有田贵妃这档事，诱发了这一场争吵，而且崇祯还出手打人，可见当时情急之极，也说明了交泰殿里只有他们夫妻二人。如果交泰殿里陈设有宝座，属于典制性的宫殿，崇祯是绝对不会出手打皇后的。夫妻二人吵架应是在私密的空间里进行，所以交泰殿是明代帝后过夫妻生活的地方。

注 释

1. 钱玄等注释：《周礼·地官司徒第二》，第 93 页，岳麓书社，2002 年。

2.[晋] 郭璞：《四库数术类丛书》(六)，第 12 页，16 页，上海古籍出版社，1995 年。

3.[晋] 郭璞：《葬书》，《四库数术类丛书》(六)，第 13 页，上海古籍出版社，1995 年。

4.[南唐] 何溥：《灵城精义》，《四库术数类丛书》(六)，第 151 页，上海古籍出版社，1991 年。

5.[汉] 刘安：《淮南鸿烈解·天文训》，《钦定四库全书·子部·杂家类》，台北商务印书馆影印，1986 年。

6.[明] 刘若愚：《芜史小草》，《稀见明史史籍辑存》卷一七，第 498 页，据清抄本影印。

7.《明会典·工部一·亲王府制》，《钦定四库全书·史部·政书类》，台北商务印书馆影印，1986 年。

8.《明会典·工部一·亲王府制》，《钦定四库全书·史部·政书类》，台北商务印书馆影印，1986 年。

9.[明] 吕毖编：《明宫史》，第 13 页，北京出版社，1963 年。

10.《大明英宗睿皇帝实录》卷八三，正统六年九月，北平图书馆红格本影印。

11.[明] 方孝孺：《逊志斋集》，《钦定四库全书·集部·别集类》，台北商务印书馆影印，1986 年。

12.[北宋] 李昉等编纂：《太平御览》，《钦定四库全书·子部·类书类》，台北商务印书馆影印，1986 年。

13.[汉] 司马迁：《史记·天官书第五》卷二七，第 1301 页，中华书局，1982 年。

14.[清] 朱骏声：《六十四卦经解》卷一，第 4 页，中华书局，1990 年。

15.[明] 张九韶：《理学类编》，《钦定四库全书·子部·儒家类》，台北商务印书馆影印，1986 年。

16.[汉] 刘安：《淮南鸿烈解》，《钦定四库全书·子部·杂家类》，台北商务印书馆影印，1986 年。

17.[北宋] 周敦颐：《周子全书·太极图说》卷一。

18.[北宋] 程颢、程颐：《二程集》，第 1027 页，中华书局，1981 年。

19.《明史》卷一一四，第 3531 页，中华书局，1974 年。

20.[明] 吕宓编：《明宫史》，第 13 页，北京出版社，1963 年。

21.《明史》卷一一四，第 3544 页，中华书局，1974 年。

第八章

嘉靖帝的明堂设计

紫禁城的玄极宝殿

嘉靖帝出身藩王（图1），在继位和父亲名分上与大臣们发生了争执，以至于愈演愈烈，发展到廷杖打死打伤大臣的地步。在革故鼎新之际，嘉靖帝为了树立自己的权威，对紫禁城宫殿建筑进行了大规模的更名。嘉靖十四年更中圆殿名为交泰殿，更东六宫之长阳为景阳、永安为永和、长寿为延祺、咸阳为钟粹、永宁为承乾、长宁为景仁；西六宫之寿昌为储秀、万安为翊坤、长乐为毓德、寿安为咸福、长春为永宁、未央为启祥。四十一年更奉天殿为皇极殿、华盖殿为中极殿、谨身殿为建极殿、文楼为文昭阁、武楼为武成阁。这次更名遭到了大臣们的强烈反对，大臣们认为这有背祖制，虽然三大殿名取自《尚书·洪范》，但《洪范》中更有六极即一曰凶、短、折，二曰疾，三曰忧，四曰贫，五曰恶，六曰弱，字面相同，意义不美，反对更名。更何况金完颜氏所建上京宫殿，其正寝名曰乾元殿，盖袭唐代宫殿旧号，至天眷元年改名为皇极殿，则亡金先已称之，尤为不典。但嘉靖帝一意孤行，权威不容挑战，皇极殿名也就延续了下来。

　　围绕与大臣们的大礼仪之争，他先于奉先殿左侧奉慈殿后增建观德殿以奉安父亲神主，因"其规制窄隘，出入不便"，移建于奉先殿东侧，改称崇先殿。后又于奉慈殿原址上建神霄殿以祀生母。

　　由于父亲的神主进不了奉先殿，于是嘉靖帝在丰坊的提醒下将西北隅的玄极宝殿改造为明堂，以配祭上帝的方式将父亲神主迁供于此，为进入太庙和奉先殿作准备，并打通启祥门，于明堂外形成东启明西长庚二星相照耀的格局。

图1　朱厚熜画像

一、玄极宝殿明堂

（一）明堂是个复合物

1.明堂的功能

明堂，先民祭祀天的场所，夏代称"世室"，商代称"重屋"，周代才称"明堂"。《逸周书》记，"明堂，明诸侯之尊卑也，故周公建焉，而明诸侯于明堂之位"[1]，称明堂是周公所建，以明诸侯尊卑的地方。但明堂并非如此简单，它是一个复合体，主要有三种功能：

第一，祭祀天帝和配祀帝王的场所。《孝经》记："周公郊祀后稷以配天，宗祀文王于明堂，以配上帝。"上帝，指的是天帝，明堂祭祀天帝时，同时配祀天子。

第二，帝王处理政务的场所。《礼记·明堂位第十四》记："昔者，周公朝诸侯于明堂之位：天子负斧依，南乡而立。三公中阶之前，北面东上；诸侯之位，阼阶之东，西面北上……此周公明堂之位也。明堂者，明诸侯之尊卑也。"明堂的排位是：天子背靠画有斧头的屏风面南，地位最高，诸侯们要站在规定的位置面向北朝拜天子。所以"朝诸侯于明堂，制礼作乐，颁度量，而天下大服"。

第三，天子的寝居之所。《礼》是孔子教授弟子《诗》《书》《礼》《乐》《易》《春秋》六经之一，按礼制，天子根据不同的季节住在不同的宫殿里。《礼记·月令》记：孟春，天子居青阳左个；仲春，天子居青阳、大庙；季春，天子居青阳右个。孟夏，天子居明堂左个；仲夏，天子居明堂、大庙；季夏，天子居明堂右个。一年之中，天子居大庙、大室。孟秋，天子居总章左个；仲秋，天子居总章、大庙；季秋，天子居总章右个。孟冬，天子居玄堂左个；仲冬，天子居玄堂、大庙；季秋，天子居玄堂右个。

2.明堂的形式

汉武帝到泰山封禅后，欲建造一座明堂以祭祀天帝，但不明明堂样式，这时方士公玉带向汉武帝献了一张自称是黄帝的明堂图：四面无壁，所以为明，以茅草为盖，四周环水。汉武帝照此图在汶上修建了第一座明堂。《史记》记："上欲治明堂奉高旁，未晓其制度。济南人公玉带上黄帝时明堂图。明堂图中有一殿，四面无壁，以茅盖，通水，圜宫垣为复道，上有楼，从西南入，命曰昆仑，天子从之入，以拜祠上帝焉。于是上令奉高作明堂汶上，如带图。"[2]

《逸周书》记："天子之位：负斧宸，南面立，率公卿士侍于左右；三公之位：中阶之前，北面东上；诸侯之位：阼阶之东，西面北上；诸伯之位：西阶之西，东面北上；诸子之位：门内之东，北面东上；诸男之位：门内之西，北面东上；九夷之国：东门之外，西面北上；八蛮之国：南门之外，北面东上；六戎之国：西门之外，东面南上；五狄之国：北门之外，南面东上；九采之国：应门之外，北面东上。四塞世告至。宗周明堂之位也。"[3]明堂空间布局可以根据《逸周书》所记天子、王公、诸侯等的站位来确定，天子背靠绘有斧纹的屏风，天子居中，南向而立，四面有中左右三个台阶和四座门。众卿士陪侍于左右。三公列于中阶之前，北向。诸侯爵列于东阶以东，西向。诸伯爵列于西阶之西，东向。子爵列于门内东边，北向。男爵列于门内西边，北向。东方九夷列于东门外，西向。南方八蛮列于南门外，北向。西方六戎列于西门外，东向。北方五狄列于北门外，南向。四塞以外的荒远方国及一世来见一次的方国，都列于正门应门外，北向。据薛梦潇《"周人明堂"的本义、重建与经学想象》考证，明堂位于中轴应门内，为朝堂正殿治朝（图2），相当于明奉天殿的格局，以形成天子居中、诸侯四面围拱的朝仪，故天子南面向明而治天下。[4]

《周礼》所记周人明堂与《逸周书》所记明堂形式不同，《周礼·考工记》曰："周人明堂，度九尺之筵，东西九筵，南北七筵，堂崇一筵。五室，凡室二筵。"郑玄《驳五经异义》曰："水木用事，交于东北；木火用事，交于东南；火土用事，交于中央；金土用事，交于西南；金水用事，交于西北。周人明堂五室，帝一室，合于数。"郑玄阐述的"周人明堂"，具有"亞"形结构布局。[5]

东汉人高诱注《吕氏春秋》，对明堂结构作了如下解释："中方外圜，通

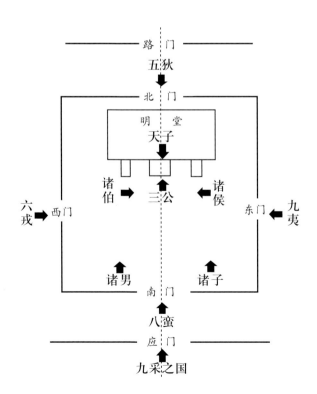

图2 《逸周书》明堂位图（采自薛梦潇《"周人明堂"的本义、重建与经学想象》）

达四出，各有左右房，谓之个，犹隔也。"[6] 再根据《礼记·月令》所记天子的寝居，明堂的结构为：重檐圆顶的大庙（太庙）或大室（太室）居中，以此为原点有高出地面的甬道连接东南西北的配殿。南配殿中曰明堂，东曰明堂左个，西曰明堂右个；西配殿中曰总章，南曰总章左个，北曰总章右个；北配殿曰中玄堂，东曰玄堂左个，西曰玄堂右个；东配殿中曰青阳，南曰青阳左个，北曰青阳右个。明堂平面呈"亞"字形（图3）。

辟雍本为周天子所设的太学，"取其四面周水圜如璧"，象教化流行，而得名。西汉末年，王莽假托古制，于长安城南郊建明堂，始把明堂与辟雍合二为一，"起明堂、辟雍长安城南门，制席如仪，一殿，垣四面，门八观，水外围"。北魏时根据王莽的明堂式样，修建的明堂形式仍是"引水为辟雍，水

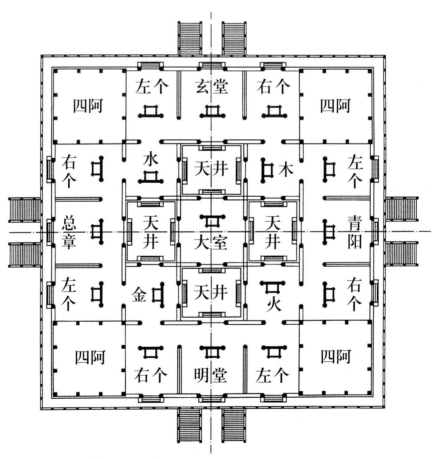

图3 明堂图（采自王晓明《吕氏春秋通诠》）

侧结石为塘，事准古制"[7]，一圈水是辟雍，水圈里的正中央为明堂。唐太宗、高宗"屡欲立明堂"，因争议不决而止。武则天则力排众议，于唐垂拱四年春二月，下令拆毁乾元殿，就其地建造明堂："高二百九十四尺，东西南北各广三百尺。凡有三层，下层象四时，各随方色；中层法十二辰，圆盖，盖盘九龙捧之；上层法二十四气，亦圆盖。亭中有巨木，十围，上下通贯。"[8]这座明堂太过高大和复杂，下层布政，中层祭祀（图4）。但据考古发掘，其遗址平面与高诱所言相似，中为圆顶建筑，四周有配殿，但配殿外又环绕了一圈水，这点又与王莽时修建的明堂大体相同。

上述为明堂的五种形式，一是四周环水的公玉带明堂结构，二是周代的治朝明堂结构，三是《考工记》明堂结构，四是高诱的中方外圆通达四出的

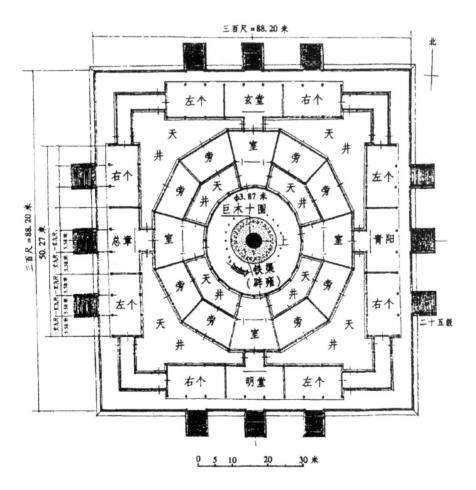

图4 唐洛阳明堂复原图（采自杨鸿勋《武则天标新立异的洛阳明堂》）

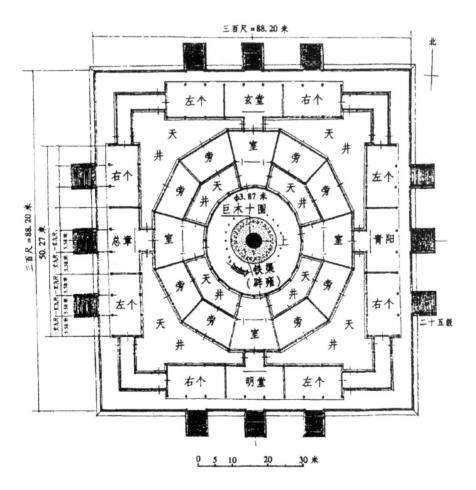

明堂结构，五是汉代的明堂与辟雍合二为一的明堂结构。除周人治朝明堂外，其余四种明堂结构大同小异，基本上是一个类似于"亞"字形的结构。在这四种明堂结构中，唯周公明堂的格局不同于"亞"字形结构，既没有四周环水，又没有五室，只有一座大殿。

蔡邕《明堂章句》曰："明堂者，天子太庙，所以宗祀，周谓明堂。东曰青阳，南曰明堂，西曰总章，北曰玄堂，中曰太室。人君南面，故主以明堂为名。在其五堂之中央皆曰太庙。飨射、养老、教学、选士，皆于其中。故取其宗祀之清静，则曰清庙；言其正室之貌，则曰太庙；取其尊崇，则曰太室；取其堂，则曰明堂；取其四门之学，则曰太学；取其四面周水圜如璧，则曰辟雍。虽各异名，而事实一也。"[9] 蔡邕认为明堂是天子太庙，祭祀祖先的地方，周代称明堂。虽然有五室，名称各异，因人君面南，故总名称曰明堂。明堂功能众多，飨射、养老、教学、选士都在这里举行。所谓有诸如清庙、太庙、太室、明堂、太学、辟雍之名，但事却是一样的。

（二）明堂的"亞"字形结构

"亞"字形结构是明堂的典型结构，所谓"亞"字形有点类似十字形，也就是东南西北四方与中心构成的平面结构，这是典型的传统宇宙空间结构，起源于立杆测影（武则天明堂正中十围巨木即源于此）。四方与四季是相对应的，所以明堂最初是法天之宫，中心的重檐圆顶建筑则象征天即宇宙的中心。最初明堂是祭祀上天的地方。《周礼·考工记》中所记："殷人重屋，堂修七寻,堂崇三尺,四阿,重屋。"阿,据于省吾先生《甲骨文字释林》考证:"亚字象隅角之形……亚与阿音义并相通，故亚为阿字古文，阿为亚后起的通行字。"[10] "四阿"是指在平面上东南西北各有一隅角，如"亞"字之形。

张兴国等撰文《明堂亚形渊源初探》[11]对明堂平面结构的起源进行了探讨，认为殷墟甲骨卜辞中有祭祀四方的记载，与《尧典》所记东方析、南方因、西方夷、北方隩极为相似，卜辞曰："辛亥卜，内贞：禘于北，方曰宛，凤（风）曰年？辛亥卜，内贞:禘于南，方曰微，凤（风）夷，年？贞:禘于东，方曰析，凤（风）曰劦（协），年？贞：禘于西，方曰彝，凤（风）曰彗，年？（《合集》14295）"卜辞记录的四方祭祀，使四方成为祭祀活动中的根本结构，这无疑强化了明堂的中央一大室，四周各一小室的、突出四方向的"亞"形结构。卜辞中还出现了中室、南室、东室和西室的记载，这也应该是明堂的"亞"字形结构布局，卜辞曰："戊戌卜，宾贞，其爰东室；贞，勿其爰东室（《乙》4699）。乙酉卜，兄贞，令夕告于南室（《前》3、33、7）。史其告于南室（《续》2、6、3）……丁西室（《人》1794）。丁巳卜，小臣以于中室，庚申卜，其奏宗，又寮东室（？）小（《甲》624）。"虽然没有发现北室的卜辞，但中室、东室、南室、西室的出现，足以证明商代存在着明堂式的结构建筑，而且平面呈"亞"字形结构。

（三）嘉靖帝的"大礼仪"之争

正德十六年，正德皇帝朱厚照死了，无子继承大统，命运降落在了远在湖北的堂弟朱厚熜身上。由于他是藩王出身，身份不正，需要从东华门进到太子宫文华殿行太子礼，然后才能到奉天殿登基就皇帝位。太后和廷臣们已经安排好了，想必这个远道而来的青年天子继承者应该顺从完成礼仪。但朱厚熜回答得理直气壮，"我嗣的是皇帝位，不是皇太子位"，年轻气盛，坚决不从，迫使朝廷妥协，从正门大明门进，到奉天殿即皇帝位。五天后，礼部议定嘉靖帝以孝宗为考，父亲兴献王及妃为皇叔父母，这更刺痛了嘉靖帝的心，坚决给予否定，气愤地说："难道父母还可以更易的吗？"双方各执己见，于是紫禁城里了上演了一场暴风雨式的"大礼仪"之争，激烈而持久。最惨烈的莫过于左顺门前的廷杖。

嘉靖三年四月，双方达成妥协，孝宗为皇考，追尊嘉靖帝父母为本生皇考妣。不久世宗采纳了张璁、桂萼之言，去"本生"之称。朝臣二百余人得知后跪于左顺门前力争，激怒世宗，丰熙等一百三十四人被廷杖，死者十八人。采用了严酷的刑法，廷臣们还是没有就范。嘉靖三年七月甲申，从湖北迎来的献皇帝神主供奉于奉先殿西刚修建的观德殿里。[12] 九月，尊孝宗为皇伯考，献皇帝为皇考。六年移建观德殿于奉先殿之左，改称崇先殿，献皇帝神主改奉于此。而近在咫尺的供奉祖先神位的奉先殿（内太庙）却无法进入，这不能不说是对嘉靖帝权威的挑战。

（四）让父亲神主配祀明堂

原来，按正统礼制，没有当过皇帝的人其神主是不能进入太庙的，嘉靖帝的父亲是藩王，故不能进太庙。所以严嵩称："人君之位，天位也。以天位相承谓之统……继统之严，不容或紊。"终于在嘉靖十七年六月，丰熙之子丰坊站了出来，上疏称："孝莫大于严父，严父莫大于配天。请复古礼，建明堂。加尊皇考献皇帝庙号称宗，以配上帝。"[13]

祭天大礼也称大享祈谷礼，被列为大祀的首要之礼，自古以来只有属于皇帝世系的人才能在最重要的对天的献祭仪式中配享，这种最为庄严的仪式每年秋季由现任皇帝亲行天坛行礼。尊献皇帝为宗，也就是承认了献皇帝的皇帝世系身份，可以与远祖一起，配享上帝，丰坊之说正中嘉靖帝下怀。《明史》记："帝既排正议，崇私亲，心念太宗永无配享，无以谢廷臣，乃定献皇配帝称宗，而改称太宗号曰成祖。时未建明堂，迫季秋，遂大享上帝于玄极宝殿，奉睿宗献皇帝配。"[14]要想在九月季秋举行大享礼之前，让父亲的神主进入明堂配祀，必须得有明堂，时未建明堂，怎么办？嘉靖帝想到了玄极宝殿，于是临时把玄极宝殿当成了明堂。

嘉靖帝命南宫制作上帝、太宗、睿宗神牌，到九月十一日戌刻完成，十五日奉安神牌于玄极宝殿。[15]九月二十一日，于玄极宝殿举行了盛大的大享礼，至此取得了大礼仪的决定性胜利，《明实录》记："是月二十一日，祇大享上帝礼于官右乾寓（按：三本诏制官作宫，广本、阁本诏制寓写作隅）之玄极宝殿，奉皇考配帝。"[16]

（五）玄极宝殿的位置

玄极宝殿位于宫右乾隅，乾隅即西北（图5）。其具体位置，明万历时人刘若愚称："其两幡杆插云向南而建者，隆德殿也。旧名玄极宝殿。隆庆元年夏更曰隆德殿……（崇祯）六年四月十五日，更名曰中正殿，东配殿曰春仁，西配殿曰秋义。"[17]玄极宝殿即今中正殿一区。据《大明会典》记嘉靖帝到玄极室殿祭祀时的路线也证明了玄极宝殿就在现在的中正殿一区。[18]嘉靖帝先在文华殿内亲自填写御名，然后在太常寺官的陪同下穿会极门（左顺门，今协和门），过午门，穿右顺门（归极门，今熙和门），进入武英殿左侧后的思善门（今无存），往北穿过隆宗门，进入西六宫，穿过月华门北的顺德右门（今近光右门），右转进入咸和右门，从启祥宫前经过，过通玄、凌霄，最后由集真门入，至玄极宝殿行拜天礼。为什么这条路线要绕道西六宫经过启祥宫（图

图 5 隆德殿（玄极宝殿）区的中央石台基图

6），显然这与其父诞生于此有关，以表示对父王的尊敬。

（六）将玄极宝殿改建为明堂

嘉靖十八年后，每年于玄极宝殿举行大享祈谷礼成为定制，嘉靖帝就再也没有去过天坛了。《明穆宗实录》记："祈谷之礼，谨考祖宗朝，原无祈谷之礼，惟郊外籍田有先农坛。国初，每岁仲春上戊日，圣驾亲祭先农，遂耕籍田。永乐后，惟遇列圣登极之始，仅一举行。其它岁遣顺天府官代。嘉靖九年始以孟春上辛日行祈谷礼于大祀殿。十年以启蛰日改行于圜丘。十八年又改行于禁内之玄极宝殿，遂为定例。"[19]《明史》亦记："十一年惊蛰节，帝疾，不能亲，乃命武定侯郭勋代。给事中叶洪言：'祈谷、大报，祀名不同，郊天

图 6　启祥宫（清太极殿）

一也。祖宗无不亲郊。成化、弘治间，或有故，宁展至三月。盖以郊祀礼重，不宜摄以人臣，请俟圣躬瘳，改卜吉日行礼。'不从。十八年改行于大内之玄极宝殿，不奉配，遂为定制。"[20]

玄极宝殿虽然供奉了上帝和睿宗神主，但它并不是一座真正意义上的明堂建筑，到嘉靖四十五年时，嘉靖帝才想起来要把玄极宝殿改建成明堂形式，七月初七日下令修玄极宝殿，命成国公朱希忠将上帝、睿宗神位移请至旁边的咸福宫。[21] 八月嘉靖帝为玄极宝殿前地方狭小，不便陪侍，下命拆除咸熙宫，改建为大享门。[22] 大享门之名，早已有之，原是天坛祭天大殿大享殿的大门，是大享殿竣工的前一年即二十一年时嘉靖帝御定的门名。明初，天地合祭，祭祀的地方叫大祀殿，殿为方形，嘉靖九年时，改为天地分祀，在天坛建圜丘坛，专用来祭天，另在北郊建方泽坛祭地。嘉靖二十二年十月大享殿落成："己卯，建大享神御殿，其制六楹，四团（龙）栏千（干）白石，其上青瓦如呈穹宇色，大享殿前两庑，庑各十楹，前为大享门。"[23] 嘉靖帝将原大祀殿改为大享殿，顶改为重檐圆顶以象征天。故可知此次修玄极宝殿实将改建为明堂形式（图 7），并将大门命名为大享门。九月初八日玄极宝殿建成："乙

图7　玄极宝殿明堂（清中正殿一区）

未，修玄极宝殿成，奉安上帝、睿宗皇帝神位，成国公朱希忠行礼。"[24]

从时间上看，七月到九月，只有短短两个月时间，明堂玄极宝殿不可能是新建，只能是改建，改建后的玄极宝殿，前面还新建了大享门，以期与祭天建筑规制相同。它是一座什么样的建筑结构呢？

（七）玄极宝殿的明堂结构

《明穆宗实录》记："（隆庆元年）八月戊申，修理隆德殿、英华殿、慈灵（宁）宫并各宫殿完工。"[25]隆德殿即玄极宝殿，隆庆帝借修理之名，一则撤其上帝和睿宗神主，废大享礼，改供道教三清神像，二则更名曰隆德殿，其建筑面貌并没有改变。真正发生变化的是万历四十四年十一月初二日深夜的一场火灾，建筑被全部烧毁[26]。到天启七年二月，因厂臣魏忠贤捐资，天启帝下旨要重建隆德殿，《明熹宗实录》记："请修隆德殿。得旨：览奏乾方旧有隆德殿，用备祝厘，兼护宫壸，委宜修复。内称厂臣先年廊下长连被灾空处已经捐资修建外，今复呕心渐次经营，殚力期襄完羡，其体国忠猷，朕所鉴悉尔。经始谋终，都烦规画，具见同心。着礼部转行钦天监，上（按：上应为赶）紧择吉兴工，其工料不敷，并着部里通融接济，以克复旧制。"[27] 三月己巳兴工，四月癸丑完工。重建的时间只有一个月，而且是厂臣捐资兴建，天启帝在谕旨中还特别注明，工料不敷，着部里通融接济。显然这次重建，由于材料捉襟见肘，并没有全部按遗址恢复旧貌，而是建了一部分。所以刘若愚看到的只有三座建筑即中正殿和东、西配殿[28]，没有中央的重檐圆顶建筑和南边的建筑，当然大享门也没有得到恢复。

虽然天启七年重建玄极宝殿时只恢复了三座建筑，但"亞"字形的基础结构并没破坏。到了清代，自皇太极始崇信藏传佛教，康熙时，中正殿区已开辟为佛堂，前殿得到了重建。鉴于此区域佛堂已成气候和有利于与崇信藏传佛教的蒙古人保持密切关系，清康熙三十六年下旨：中正殿供奉佛像，着喇嘛念经，交与札萨克达喇嘛管理。[29] 其札萨克达喇嘛，按清代喇嘛制度规定：驻京喇嘛大者曰掌印札萨克达喇嘛，位居于胡图克图、呼毕勒罕、国师名之下。由札萨克达喇嘛管理宫廷佛事，可见中正殿佛堂地位之高。中正殿在沉寂了很长一段时间后，因为清王朝欲借藏传佛教安抚蒙古的时机又兴盛了起来。雍正元年成立中正殿念经处，成为管理宫内佛造像和喇嘛念经的最高行政机构，预示着宫廷藏传佛教繁兴即将到来。乾隆时宫廷佛堂大规模开始兴建，中正殿一区成为宫廷乃至整个北京藏传佛教的中心，乾隆说："凡是西藏有的，这里无所不有。"[30] 中正殿作为核心地带，未重建的地方肯定不会让它再荒芜下去。

据乾隆十三年十月十五日中正殿一区改建完工后的《奏销档》记载："中正殿四面抱厦重檐亭一座，前殿后檐添建抱厦一间，并油饰、彩画、找墁地面、甬路、散水。内里诚塑椴木镀胎佛像一百四十四尊，莲座一百三十份，执事车辇丰带俱使漆做，上五彩庄颜。"[31] 十月二十九日司库白世秀奉旨请来了满汉铜字"香云亭"的竖匾一面（图8），悬挂在四面抱厦重檐亭崖下。[32] 乾隆十四年十月初一日，前殿悬挂满汉文"宝华殿"匾。[33] 至此，中央的重檐圆顶建筑香云亭和南边的建筑宝华殿在康熙、乾隆两朝都得到了恢复。一个完整的明堂结构"亞"字形平面就呈现在我们面前（图9）：

以重檐圆顶的太庙（清称香云亭）为中心，四出台阶，向北为玄堂（清称中正殿），向东为青阳（清称东配殿），向西为总章（清称西配殿），向南为明堂（清称宝华殿），不过南北的台阶是高出地面的甬道，把玄堂、太庙和明

图8　玄极宝殿之太庙（清香云亭）

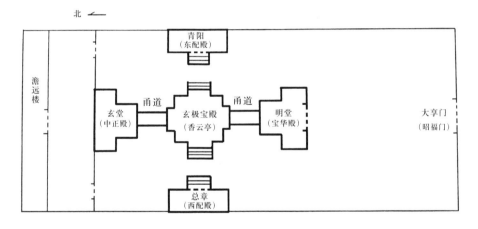

图9　玄极宝殿明堂平面图

堂连在一条线上，建筑等级非常高，如乾清宫和天坛祈年殿前的甬道。这个"亞"字形的建筑组合正是嘉靖时的明堂，总名曰"玄极宝殿"，其结构与《礼记·月令》的记载相同，没有外围的一圈水，是真正的复古礼所建之明堂，有中室、东室、南室、西室和北室五室，与商代卜辞所记五室是一致的。

　　玄极宝殿明堂是紫禁城中唯一的明堂建筑，是因为嘉靖皇帝为了抬高亲生父亲的地位而弄出来的，它的出现使长达数十年的大礼仪之争终于画上了句号，也使我们目睹了明堂的"亞"字形平面结构的真实样本，为紫禁城增添了古老的元素。

二、启明与长庚二星拱卫明堂

（一）发现有两座启祥门

春华门迤东有一座启祥门，进入启祥门，是一个小院子，东有嘉祉门通永寿宫前小巷，南有如意小门通养心殿燕喜堂，北有太极殿的正门南大门，但无匾，应为太极门。何时名曰太极殿？《清宫述闻》曰"待考"[34]，但档案有"光绪二十三年修理太极殿东配殿"的记载。太极殿应是清末时出现的殿名。

据《国朝宫史》记载："三宫之西为西二长街，南则螽斯门，北则百子门也。街西与纯佑门相对者曰嘉祉门。再西为启祥门。中间南向者亦曰启祥门，门内为启祥宫。"[35] 乾隆时，太极殿前身名曰启祥宫，启祥宫正门南大门曰启祥门，与嘉祉门相对的西墙门亦曰启祥门。在这个小空间里，竟然存在着两座启祥门。这是怎么回事呢？再查乾隆朝《大清会典》亦记："月华门之西为养心殿宫垣，西向之门为启祥门，又西为长庚门。"[36] 长庚门为明代门座名（图10），《明宫史》记："自嘉德右门之西，曰太安门。其外向西，曰长庚门。"[37] 长庚门位于咸安

图10 长庚门

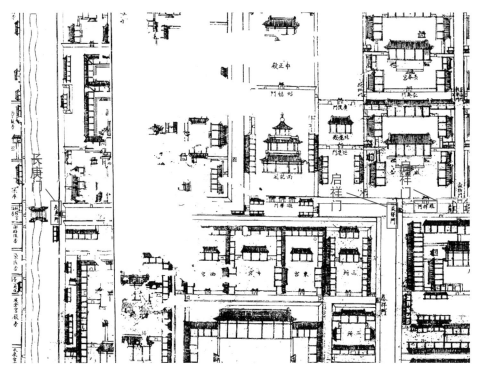

图 11 《乾隆京城全图》中的两座启祥门

宫大门西，长庚门与启祥门东西相对。告成于乾隆十五年五月十六日的《乾隆京城全图》，图中启祥宫南门标曰启祥门，西墙门亦标曰启祥门（图 11），乾隆时确实有两座启祥门。[38]

为什么会有两座启祥门呢？乾隆之前是否存在着这两座门呢？

（二）康熙时就存在两座启祥门

据雍正朝《大清会典》记载：顺治十年重建景仁、承乾、钟粹宫于东，永寿、翊坤、储秀宫于西。康熙二十二年又重建启祥、长春、咸福宫于西，二十五年又重建延禧、永和、景阳宫于东[39]（图 12）。《钦定日下旧闻考》亦记："康熙二十二年重建启祥宫。"[40] 启祥宫重建后，《清圣祖实录》记："朕因不忍过慈宁宫，故从启祥门行走。"[41] 二十六年孝庄太皇太后病逝，二十七年康熙按例到宁寿宫给仁宪皇太后请安后，还准备到慈宁宫祭拜，但康熙过了隆宗门后，不忍见到慈宁宫，引起思念祖母之痛，于是折而向北从启祥门走回乾清宫，这条路线是启祥门—嘉祉门—纯佑门—咸和右门—月华门—乾清宫，这座启

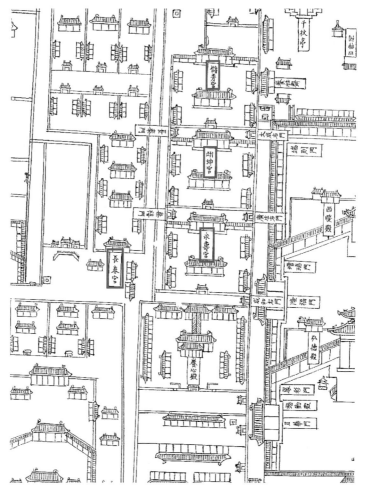

图 12 《康熙皇城衙署图》中西四宫图

祥门不可能是启祥宫的南大门，它只能是与长庚门相对的启祥门。康熙重建后的启祥宫，按宫殿规制，启祥宫的南大门必曰启祥门，也就是说康熙时这里就已存在着两座启祥门了，乾隆只是沿袭了康熙时的形制而已。

康熙是按照明代宫殿形制复原的，那么明代是否存在着两座启祥门呢？

（三）两座启祥门是嘉靖时所建

明人吕毖《明宫史》称："此宫乃献皇帝发祥之所，原名未央宫，世庙入继大统，至十四年夏，特更名曰启祥宫。"[42] 世庙指世宗嘉靖皇帝，启祥宫是他命名的。原来启祥宫初名未央宫，建于永乐十八年。正德十六年，正德皇帝朱厚照死后无子继承大统，朝廷决定由远在湖北的藩王朱厚熜即正德皇帝的堂弟继承大统。但朱厚熜是藩王出身，身份不正。按儒家礼仪，继承大统者的父亲必须是皇帝，所以朝廷要求朱厚熜追认朱厚照的父亲孝宗皇帝为自己的父亲，自己的亲生父亲兴献王朱祐杬为皇叔父，由藩统变为嗣统，但朱厚熜坚决不从，于是他与朝廷展开了长达数十年的大礼仪之争，目的是想为自己的父亲正名，神主能进入太庙供奉，从而也是为了确定自己的大统地位和不容进行任何挑战的皇权。

未央宫是生父兴献王朱祐杬出生地，要抬高父亲的地位，嘉靖帝于是就从未央宫做起。

嘉靖十四年初夏，嘉靖帝对东西六宫进行了全面的更名，但醉翁之意却在他父亲的出生地未央宫。他把未央宫改名为启祥宫，以表示此宫是肇祥之所，天降祯祥之地，并于启祥宫前建石坊一座：北面匾曰"贞源茂始"，后更名为"圣本肇初"；南面匾曰"广泽无极"，后更名为"玄德永衍"[43]。肇，初始；玄德，出自《德道经》"道生之，德畜之，物行之，器成之。是以万物莫不尊道而贵德。道之尊，德之贵，夫莫之爵，而常自然。故道生之，德畜之，长之育之，亭之毒之，盖之覆之。生而不有，为而不恃，长而不宰，是谓不宰，是谓玄德"，是说启祥宫是父亲圣德开始的地方，伟大的道德将流布扩展。生长万物而不据为己有，抚育万物而不自恃有功，这就是奥妙玄远的道德，嘉靖帝以石坊匾额的形式来昭示抬高了父亲的地位。

嘉靖帝笃信风水，嘉靖十七年四月二十六日，他把从江西请来的给他勘定陵寝的世家术士廖文政请到了皇宫里来。据《文政公行程实录记》：嘉靖帝亲自陪同，从乾清宫一直看到华盖殿，嘉靖帝问："要砌墙一条，两边开门可好？"廖回答："华盖殿高雄。砌了墙，丹墀窄了。两边开门，龙恐三门冲。"君臣又转回咸熙宫、毓德宫、蠡斯宫。嘉靖帝问："要开门往南行可否？"廖文政回答："犹恐穿破天心。"又经玄极殿、极宝殿、会灵门、会兵门至启祥门首，世宗问："此处开门如何？"廖文政说："此处正宜开门。经曰：疏通煞路，万寿无疆。"世宗龙颜大悦，马上命令匠官郭孟阳丈量门地。[44]

这段日记记录于《兴邑衣锦三僚廖氏族谱》所辑《文政公行程实录记》里，廖文政的先祖是廖均卿，曾受永乐皇帝之命两次到北京为永乐帝勘定陵寝，最后确定昌平黄土山为永乐帝长眠之所。

"至启祥门首"之启祥门是指启祥宫正门南大门（图 13）。嘉靖帝所问"此

图 13 启祥宫南大门启祥门

处开门如何"的此处，是指与嘉祉门相对的门。为什么会是这里呢？因为廖回答说"此处正宜开门"，说明此处没有门，是墙。正门启祥门外是一个小院，东为嘉祉门（图 14），南为如意门，唯独西是墙没门。毓德宫（万历时改名曰永寿宫）前小巷往西至此路断，故廖才说此为煞路有凶气，需要疏通，才能万寿无疆。所以嘉靖帝听后，龙颜大悦，即命令匠官郭孟阳丈量门地。此门建好后，正好与咸安宫（今故宫博物院图书馆）前小巷相连，道路通畅，煞气尽散，遂命名为启祥门（图 15）。

长庚门是咸安宫外西墙门，《太常续考》记："嘉靖中，每正旦、万寿圣节日，上用酒脯果帛拜天于玄极宝殿……演礼毕，由长庚门出，于阙右支待房守宿。"[45]于玄极宝殿第一次举行大享礼是在嘉靖十七年九月二十一日，十八年才成为定制，之后的正旦和万寿节才于此举行的。[46]文中所记礼毕后出长庚门，说明长庚门名出现在廖文政勘定启祥宫风水之后，它与对面新开的启祥门应是同时命名的，因为启祥与长庚相对正好形成天象布局（图 16），与《诗经·小雅·大东》"东有启明，西有长庚"相符，东为启明星，早晨出现在东方的亮星，表示升起即肇初之义，是吉瑞之兆的象征。西为长庚星，庚，位西方，指黄昏时出现在西方天空的大星，又称太白金星。启明与长庚二星寓意永远相守，故曰"疏通煞路，万寿无疆"。

没想到的是，西墙的启祥门在嘉靖帝供奉父亲神主时发挥了重要的作用。

图 14　嘉社门

图 15　西墙启祥门

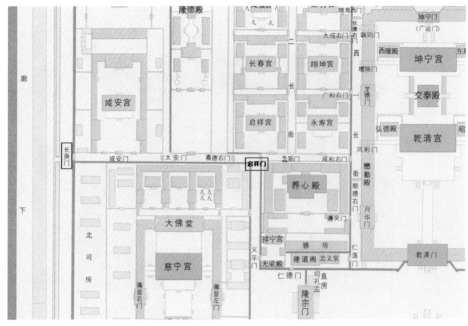

图16　启祥门—长庚门

（四）西墙启祥门在大享礼中发挥了作用

嘉靖十七年是关键性的一年，当嘉靖帝与大臣们的大礼仪之争处于僵持不下时，六月，丰熙之子丰坊终于站了出来替帝分忧，他上疏称："孝莫大于严父，严父莫大于配天。请复古礼，建明堂。加尊皇考献皇帝庙号称宗，以配上帝。"[47] 祭天大礼也称大享祈谷礼，被列为大祀的首要之礼，自古以来只有属于皇帝世系的人才能在最重要的对天的献祭仪式中配享，这种最为庄严的仪式每年秋季由现任皇帝亲行天坛行礼。尊献皇帝为宗，也就是承认了献皇帝的皇帝世系身份，可以与远祖一起，配享上帝，丰坊之说正中嘉靖帝下怀。

按儒家礼仪，九月季秋要在天坛举行大享礼，必须要赶在大享礼之前把父亲神主供奉于明堂中以配祀上帝。但现在到九月只有三个月时间，要于宫中建一座明堂已经来不及了，怎么办？嘉靖帝急中生智把启祥宫西的玄极宝殿当成了明堂，命南宫制作上帝、太宗、睿宗神主，到九月十一日戌刻完成，十五日奉安神主于明堂玄极宝殿[48]，二十一日举行大享礼，《明世宗实录》记："初以秋季（按：季秋）大享之典所关，为民谢福，王者大事，式循经义之正，时举宗祀之章。况我皇考玄德升闻，辉前启后，宜荐宗祢，即此之十一日恭上尊号为睿宗知天守道洪德渊宽穆纯圣恭俭敬文献皇帝。是月二十一日（按：九月二十一日）祗大享上帝礼于官右乾寓（按：三本诏制官作宫，广本、阁本诏制寓写作隅）之玄极宝殿，奉皇考配帝。"[49]

　　按礼部安排，祭祀前一天，嘉靖帝要在文华殿填写御名，然后在太常寺官的陪同下穿会极门（左顺门，今协和门），过午门，穿右顺门（归极门，今熙和门），进入武英殿左侧后的思善门（今无存），往北穿过隆宗门，进入西六宫，穿过月华门北的顺德右门（今近光右门），左转进入咸和右门，从启祥宫前经过，过通玄、凌霄，最后由集真门入，至玄极宝殿读祭文行拜天礼。[50]

　　嘉靖帝所走的这条路线，启祥门的打通起了重要作用，使得嘉靖帝能从启祥宫前经过，可以告慰父亲，终于实现了把父母神主供奉于明堂的愿望。

三、明堂大格局

　　嘉靖帝选址宫右乾隅的玄极宝殿为明堂，一是因为乾为天，符合祭祀上帝的方位，但重要的是明堂旁边就是父亲的出生地启祥宫，为了标榜此地是吉祥之地，特于宫前建石坊一座，上嵌"圣本肇初"石匾，以示圣迹。

　　但嘉靖帝并不仅仅足限于此，他请来为他看陵寝的江西术士廖文政，将启祥门外西墙开门以疏通路道名曰启祥门，咸安宫外西墙门名曰长庚门，使启祥与长庚二门形成东西对照，以比拟为天上的启明、长庚二星，永远不落地守护着明堂。

　　嘉靖帝在与大臣们的对抗中，抬高了父亲的地位，进入明堂配祀上天。把明堂、启祥宫和启祥门、长庚门连在一起，形成一个巨大的明堂空间，既体现了肇祥之所，又有启明、长庚二星照临。嘉靖帝的明堂设计，在遵循古老的明堂形制上，又增加了新的元素。

注　释：

1. 黄怀信：《逸周书校补注释》，第 291 页，三秦出版社，2006 年。

2.[汉] 司马迁：《史记》卷一二，第 480 页，中华书局，1987 年。

3. 黄怀信：《逸周书校补注释》，第 290 页，三秦出版社，2006 年。

4. 薛梦潇：《"周人明堂"的本义、重建与经学想象》，《历史研究》2015 年第 6 期。

5. 薛梦潇：《"周人明堂"的本义、重建与经学想象》，《历史研究》2015 年第 6 期。

6.[秦] 吕不韦著，[汉] 高诱注：《吕氏春秋》卷一至卷一二，《钦定四库全书·子部·杂家类》，台北商务印书馆影印，1986 年。

7.[清] 秦蕙田：《五礼通考》，《钦定四库全书·经部·礼类》，台北商务印书馆影印，1986 年。

8.《旧唐书·礼仪二》，《钦定四库全书·史部·正史类》，台北商务印书馆影印，1986 年。

9.[元] 黄镇成：《尚书通考》，《钦定四库全书·经部·书类》，台北商务印书馆影印，1986 年。

10. 于省吾：《甲骨文字释林》，第 338 页，中华书局，1979 年。

11. 张兴国：《明堂亚形渊源初探》，《华中建筑》第 25 卷，2007 年。

12.《明史·本纪第一七》，中华书局，1971 年。

13.《明史·志第二四》，中华书局，1971 年。

14.《明史·志第二四》，中华书局，1971 年。

15.《明世宗实录》卷二一六，台北"中研院"历史语言研究所校印，1966 年。

16.《明世宗实录》卷二一八，台北"中研院"历史语言研究所校印，1966 年。

17.[明] 吕毖：《明宫史》，第 14 页，北京出版社，1963 年。

18.《大明会典·郊祀四·节拜》卷八四。

19.《大明穆宗实录》卷二〇，隆庆元年正月上，台北"中研院"历史语言研究所校印，1966 年。

20.《明史·志第二四》，中华书局，1971 年。

21.《明世宗实录》卷五六〇，台北"中研院"历史语言研究所校印，1966 年。

22.《明世宗实录》卷五六一，台北"中研院"历史语言研究所校印，1966 年。

23.《明世宗实录》卷二七九，台北"中研院"历史语言研究所校印，1966 年。

24.《明世宗实录》卷五六二，台北"中研院"历史语言研究所校印，1966 年。

25.《明穆宗实录》卷一一，台北"中研院"历史语言研究所校印，1966 年。

26.《明神宗实录》卷五五一："（万历四十四年十一月）己巳夜，隆德殿灾，殿距宸居不远，上心恐，终夜不宁，阁臣上疏恭慰，答之，勉以入阁视事。"

27.《明熹宗实录》卷八一，台北"中研院"历史语言研究所校印，1966 年。

28.《明宫史》，第 14 页，刘若愚记："旧名玄极宝殿，隆庆元年夏更名曰隆德殿……（崇祯）六年四月十五日，更名中正殿。东配殿曰春仁，西配殿曰秋义。"北京出版社，1963 年。

29.《钦定大清会典事例·内务府·官制》，第 18791 页，光绪二十五年刻本，台北新文丰出版公司印行，1977 年。

30.《章嘉国师若必多吉传》第 222 页所记："天神大皇帝为了增盛佛教和众生的幸福，历年不断地修建了不可思议的众多佛殿和身语意三依所（经、像、塔）……凡是西藏有的，这里无所不有。"

31.《奏案 05-0096-027》，《总管内务府大臣三和奏为销算恭建中正殿抱厦成塑佛像用过银两并找领银两事》。

32.《中正殿经目录档案灯档》记载："香云亭四面云板上挂莲花灯二对（乾隆十三年十月二十九

日司库白世秀奉旨请来），殿外崖下挂竖匾一面（满汉铜字）（乾隆十三年八月十八日内务府总管三合奉旨请来）。"据乾隆十年至十五年绘制的《京城全图》显示乾隆十年前中正殿与前殿之间没有香云亭。虽然《京城全图》十五年告竣，但香云亭却一直没有在图中补上。

33. 中正殿火场残档：《中正殿现供库贮佛供器总档》，故宫博物院藏。

34. 章乃炜：《清宫述闻》，第 611 页，紫禁城出版社，2009 年。

35.[清] 鄂尔泰等编纂：《国朝宫史》卷一三，第 232 页，北京古籍出版社，1987 年。

36. 乾隆朝《大清会典·工部·营缮清吏司·宫殿》卷七〇。

37.[明] 吕毖编纂：《明宫史》，第 16 页，北京古籍出版社，1963 年。

38. 朱淑媛、刘若芳：《乾隆京城全图概述》，《中国紫禁城学会论文集》，紫禁城出版社，2007年 10 月。

39. 雍正朝《大清会典·工部·营缮清吏司·内府》卷一九七。

40.[清] 于敏中等编纂：《钦定日下旧闻考》，《钦定四库全书·史部·地理类》，台北商务印书馆影印，1986 年。

41.《清圣祖实录》卷一三四，康熙二十七年三月。

42.[明] 吕毖编纂：《明宫史》，第 14 页，北京出版社，1963 年。

43.[明] 吕毖编纂：《明宫史》，第 14 页，北京出版社，1963 年。

44.《文政公行程实录记》，见《兴邑衣锦三僚廖氏族谱》，江西三僚村廖氏家族藏。

45.《太常续考》，《钦定四库全书·史部·职官类》，台北商务印书馆影印，1986 年。

46.《明穆宗实录》卷二〇记："祈谷之礼，谨考祖宗朝，原无祈谷之礼，惟郊外籍田有先农坛。国初，每岁仲春上戊日，圣驾亲祭先农，遂耕籍田。永乐后，惟遇列圣登极之始，仅一举行。其它岁遣顺天府官代。嘉靖九年始以孟春上辛日行祈谷礼于大祀殿。十年以启蛰日改行于圜丘。十八年又改行于禁内之玄极宝殿，遂为定例。"《明史》卷四八亦记："十一年惊蛰节，帝疾，不能亲，乃命武定侯郭勋代。给事中叶洪言：'祈谷、大报，祀名不同，郊天一也。祖宗无不亲郊。成化、弘治间，或有故，宁展至三月。盖以郊祀礼重，不宜摄以人臣，请俟圣躬痊，改卜吉日行礼。'不从。十八年改行于大内之玄极宝殿，不奉配，遂为定制。"台北"中研院"历史语言研究所校印，1966 年。

47.《明史·志第二四》，中华书局，1971 年。

48.《明世宗实录》卷二一六记："（嘉靖十七年九月）癸未，上谕内阁：大享神御位、配帝位二圣，内殿神位俱不宜过期，须十一日戌刻。南宫制造。十五日，先奉安神御位、配帝位于玄极宝殿。"台北"中研院"历史语言研究所校印，1966 年。

49.《明世宗实录》卷二一八，嘉靖十七年十一月辛卯，台北"中研院"历史语言研究所校印，1966 年。

50.《太常寺续考》卷八，《钦定四库全书·史部·职官类》，台北商务印书馆影印，1986 年。

第九章

通往圣王之路的建筑

乾隆帝的建筑理念

乾隆时期几乎对宫中所有宫殿都进行了重新装修，有的还进行了重新改造，室内空间进行了重新分割。他要对所有宫殿进行提升，把自己对不同宫殿的理解注入其中，比如三大殿，重新更换了匾联，昭仁殿装修为"五经萃室"，把养心殿东西暖阁分隔成众多的小间。同时他几乎对所有宫殿的陈设都进行了重新改陈，使室内陈设与建筑紧密地结合起来。他善于把自己的人生抱负和理想融入建筑中，使建筑具有鲜明的乾隆特点。

　　乾隆早期的建筑之道体现在改造潜邸西二所所赋予的"乐取于人以为善"之义上，表示要以大舜为榜样，勤政爱民。他修建了两座含义相同的宫殿崇敬殿和敬胜斋，以示勿逾敬胜，时刻警示自己，要保持谨慎之心。

　　乾隆晚期的建筑之道体现于营建太上皇宫之上。太上皇宫充分反映了他对建筑的独特见解和匠心独运，是对他的建筑之道的总结。名皇极殿、宁寿宫，使他的太上皇宫站到了道德的制高点上，"尧舜传心是所钦"是他的建筑之道的核心。宁寿宫花园（乾隆花园）的营建与设计，把宇宙山河之象搬了进来，从西北至东南，形成了一条绵延不绝的山脉，并以两座亭子的形式将花园划分为南北两界。除了利用中轴体现至高无上的皇权外，大胆地于宫殿的院中或室内设置山石，形成层层的案景，使宫殿林壑化。乾隆还能充分自由地利用建筑形式来表达他对长寿的追求，他不仅将春天停驻于乐寿堂和颐和轩之中，使之四季如春，而且还神奇般地营建了一个灵龟空间，用"舍尔灵龟，观我朵颐"来表达自己对人之本性的坚守。

一、三座宫殿的设计与乾隆的敬胜坚守

（一）改造潜邸，立志以大舜为榜样

　　紫禁城乾清宫后也就是钦安殿的东西两侧分布着五所院落，总称为乾清宫东西五所，原为东西七所，建于永乐十八年，永乐时大学士杨荣《皇都大一统赋》称："六宫备陈，七所在列。"后因发生火灾和扩建御花园，只留下了东西五所院落，在清代成为皇子皇孙居住的地方。康熙六十一年的春天，康熙帝在圆明园牡丹台第一次看见了自己的孙子弘历，见弘历面相清秀，天庭宽广，言谈举止自然大方，不觉眼前一亮，下令将弘历养育宫中，接受全面的宫廷教育。十一岁的弘历进入宫廷后，就住在乾清宫东西五所里。康熙帝对皇子皇孙的学习要求十分严格，弘历按照宫廷规矩开始了繁重而紧张的学习。乾隆初年军机章京赵翼在军机处值班时亲眼所见皇子们天未明时提着灯笼从隆宗门进来，路过军机处去上书房读书的情景：

黑暗中残睡未醒，时复倚柱假寐。然已隐隐望见有白纱灯一点入隆宗门，则皇子进书房也。吾辈穷措大专恃读书为衣食尚不能早起，而天家金玉之体，乃日日如是。既入书房，作诗文，每日皆有程课。未刻毕，则又有满洲师傅教国书、习国语骑射等事，薄暮始休。然则文学安得不深？武事安得不娴熟？宜乎皇子孙不惟诗文书画，无一不擅其妙。而上下千古成败理乱，已了然于胸中，以之临敌，复何事不办？

虽然这则记载是乾隆时期皇子们上学读书时的记录，但它却真实地反映了有清一代对皇子读书的严格要求。在上书房学习期间，弘历从小养成了刻苦勤学、早起晚睡的习惯，上课从不迟到，认真听讲，为他日后勤于政事打下了基础。

按则例规定，皇子到成年后才给予封号，搬到内务府分配给他的府邸。弘历成婚后，按例应迁出宫外居住，但雍正帝下令让他仍居宫内，留在上书房继续学习。弘历即位后，西二所成为潜邸，遂将西二所升为宫。乾隆帝按照历史上唐玄宗改造潜邸兴庆宫的办法于乾隆元年对整个乾西五所进行了改建，将西二所改建为重华宫院，西一所改建为漱芳斋院，西四、五所改建为建福宫花园，潜邸总名重华宫（图1）。重华之名，出自《尚书·舜典》："帝舜曰重华，协于帝。"舜帝的名字曰重华，唐人孔颖达称："此舜能继尧，重其文德之光华。用此德合于帝尧，与尧俱圣明也。"尧舜乃上古的贤明帝王，舜继尧位，是因为"浚则文明，温恭允塞"即以智慧、明德、温恭、诚实的品德和才能，被四岳推举为尧的继承人，舜帝能让尧帝的文德重放光芒。

图1 重华宫

历代帝王都标榜自己效法尧、舜，政清德明。拟"重华"为额，表明了乾隆帝要上接尧舜之心传，具有文德即儒家所言之内圣，文雅醇厚，慈惠爱民。这正合乾隆帝心意，因为大舜是他学习的榜样。

（二）修建崇敬、敬胜二殿，牢记敬胜之义

除了重华宫跟大舜有关系外，我们发现改造后的潜邸还有两座宫殿跟周文王、武王有关系，一座宫殿是重华宫院里的崇敬殿，一座宫殿是建福宫花园里的敬胜斋，两座宫殿都带一个"敬"字，这是什么意思呢？

敬胜，出自《大戴礼》，唐人张守节《史记正义》称周文王昌诞生时，有朱雀衔《丹书》降于昌的门户上。《丹书》上写有"敬胜怠者吉，怠胜敬者灭；义胜欲者从，欲胜义者凶"等语。意思是说敬畏的人战胜了怠慢的人，国家就会繁荣昌盛；怠慢的人战胜了敬畏的人，国家就会灭亡。正义的人战胜了贪欲的人，国家就会繁荣昌盛；贪欲的人战胜了正义的人，国家就会灭亡。强调要以仁守之，才能一代一代地延续下去。敬胜就是要对天敬畏，才能战胜懈怠，保持勤奋的工作态度。"崇敬"与"敬胜"是一个意思，都是"敬胜"

图 2　敬胜斋

之义。弘历即位之初，在潜邸改造后的空间里特意将两座宫殿都取了相同意义的殿名，实属罕见。这是乾隆帝借殿名之义表明要勤于政事、不能懈怠的态度。

　　崇敬殿是重华宫院的前殿，面阔三间，明间正中设屏风宝座，上悬弘历为和硕宝亲王时亲笔书写的黑漆填金"乐善堂"匾，两侧柱上挂张廷玉题写的对联："圣训光昭敬诚常自勉，天伦敦叙忠孝在躬行。"崇敬在于推行仁政，而人的修养在于乐善，弘历写过两篇《乐善堂记》，乐善，数典于大舜"乐取于人以为善"之义，大舜从种地、做陶器、捕鱼一直到做帝王，没有哪个时候他不向别人学习，吸取别人的优点来行善，也就是与别人一起来行善，影响所及，自然形成淳朴的社会、善良的风俗了。虽然那样的善世离我们很远，但记录在《虞书》里，清楚可考，无非是舍己从人，与人为善。万物生成，百业兴旺，都是以此为基础的，所以我们要存有虚心接受之心，听到一句善良的话，亲见一次善行，就会像江河决堤那样去推行，是没有什么可以阻挡的，只有这样才能保持"崇敬"即"敬胜"之心。

　　敬胜斋位于建福宫花园最北端（图 2），面阔九间，两侧接游廊与延春阁相连，斋内建有二层仙楼，是乾隆藏书和读书的地方，据《国朝宫史》记载，明间仙楼上悬挂有乾隆书写的"旰食宵衣"匾,"旰食宵衣"出自南朝徐陵《陈文帝哀策文》"勤民听政,旰食宵衣",意思是说天色很晚才吃饭,天不亮就穿衣起来,勉励自己要勤于政事,不要懈怠。除了这块匾外,敬胜斋西三间仙楼上还悬挂有一块乾隆写的"德日新"匾。"德日新"出自《大学》"苟日新,日日新,又日新",《易》称"君子以顺德,积小以高大",树木从地中生长出来,由小苗而成参天大树,在于日日不停地生长。君子的品德要像树木那样,日日积累,不断修行自省,就会变得高尚起来,最终实现道德的自我完善。

敬胜斋悬挂的这两块匾,说明了乾隆帝不仅要勤于工作,敏于事,还要不断地追求进步和自我更新,充分体现了敬胜之义。

(三)从敬胜到倦勤,勤政慎终如始无间断

周文王去世后,武王即位,三日后召集士大夫询问:"祖先创立的基业,是为了让我们传承下去,但世代能守住的却非常少。你们有什么藏之方便,行之有效,让子子孙孙能永远遵守的方法吗?"士大夫们回答:"没有听说过。"于是武王把师父吕尚召来问道:"黄帝、颛顼治理国家的方法有保存下来的吗?为什么现在看不到了呢?"吕尚回答道:"有,记载在《丹书》里。"于是武王斋戒三日,穿着端冕,依屏面东而立,吕尚面西给武王讲道:"敬胜怠者强,怠胜敬者亡;义胜欲者从,欲胜义者凶。凡事不强则枉,凡事不能自强而执于此,则枉也。不敬则不正,枉者灭废,敬者万世。藏之约,行之行,可以为子孙恒者,此言之谓也!问先帝之道,庶闻要约之旨,故对此而已。且臣闻之,以仁得之,以仁守之,其量百世;以仁得之,以不仁守之,其量十世;以仁得之,以仁守之,以仁得之,以不仁守之,皆谓创基之君十百世,谓子孙无咎誉者于十百之外,天命则有兴,改其废立,大节依于此。以不仁得之,以不仁守之,必及其世,谓止于其身也。"《丹书》说敬畏战胜了懈怠懒散,国家就会变得强大;如果懈怠懒散战胜了敬畏,事业就不会成功。正义公平战胜了贪欲,就会赢得民心,贪欲战胜了正义公平,就会失去民心。凡事不努力就想达到目的,结果一定会出现偏差,走向邪路。一旦走向了邪路,就会导致国家灭亡。保持敬畏之心,让正义的力量强大,这就是藏之方便,行之有效,让子子孙孙万世效法的方法。你所问的先帝之道,中心要旨,说的就是这些。以仁得之,以仁守之,就

可以延续百世；不以仁得之，不仁守之，恐怕灾祸就会马上降临到自己的身上。武王听从了师父吕尚之言，便让人把能想到的警示的话刻写在坐垫、桌几、镜子、脸盆、杯盘、门柱、手杖、绶带、鞋子、酒杯、饭碗、窗户、剑鞘、弓囊、枪杆等一应物什之上，作为座右铭，如"安乐必敬""安必忘危""所监不远""皇皇惟敬""慎戒必恭""行德则兴""背德则崩"等，时刻地警示自己，保持谨慎之心。

乾隆帝深知安必忘危的教训，抑斋是乾隆未即位之前在长春仙馆和西二所的书屋名，即位之后，凡是御园行馆，山水佳处，适合涵养性情之雅的地方，无不以此名名之，以示不忘记过去。抑斋语出《诗经·小雅·宾之初筵》："其未醉止，威仪抑抑。"是说要克制自己，才能保持威仪。卫武公是位高寿者，活了96岁，他见周幽王沉迷于游玩之中，不理政务，特作《懿》以自戒。

乾隆称青年读书时，以抑斋名书屋，是为了警示自己，不要贪图享乐，要刻苦学习。现在建抑斋书屋，仍然是要不断地提醒自己，"欲退损以去骄，吝慎密以审威仪"，做到这点才能敬业，才能专心地做好治理国家的大事。什么叫抑，就是不要高高在上，所谓日盈则昃，月盈则蚀，是同样的道理。

乾隆二十五年，乾隆帝作《敬胜斋》诗一首，诗曰：

君道典谟备，始终惟一钦。
丹书爱取义，白室此为箴。
常有图书伴，如承师保临。
凛乎朽索喻，逸豫敢萌心。

诗的意思是说治理国家的道理都备于二典三谟之中，对典谟要始终怀有崇敬之心。《丹书》以此引申其义，白室以此为箴言。经常有图书相伴，就好像有老师在身边一样。保持高度的警惕，如朽绳驾车，怎敢萌生贪念安逸纵情娱乐的念头。常夕惕若厉，不敢有丝毫的懈怠，因此乾隆帝工作十分勤奋，亲见乾隆帝早朝的军机处章京赵翼《檐曝杂记》记：

圣躬勤政，上每晨起，必以卯刻。长夏时天已向明，至冬月才五更尽也。时同直军机者十余人，每夕留一人宿直舍。又恐诘朝猝有事，非一人所了，则每日轮一人早入相助，谓之早班，率以五鼓入。平时不知圣躬起居，自十二月二十四日以后，上自寝宫出，每过一门，必鸣爆竹一声。余辈在直舍，遥闻爆竹声自远渐近，则知圣驾已至乾清宫。计是时，尚须燃烛寸许，始天明也。余辈十余人，阅五六日轮一早班，已觉劳苦，孰知上日日如此，然此犹寻常无事时耳。当西陲用兵，有军报至，虽夜半亦必亲览，趣召军机大臣指示机宜，动千百言。余时撰拟，自起草至作楷进呈或需一二时，上犹披衣待也。

乾隆帝每日大约 5 点左右就起床了，到乾清宫上班时，天才刚明，这时大臣们还没到，乾隆帝先看看书，等候大臣们的到来。五六日才轮值早班的赵翼都觉劳苦，而乾隆帝日日如此，成了他平常生活的一部分，就跟平常事一样，没有什么特殊。特别是在平定西域叛乱之际，如有军报送达，虽然半夜也必阅览指示，所作决定动辄千言，撰拟的大臣自起草到完成楷书誊抄需要一两个时辰，乾隆帝仍披衣等待。

乾隆帝过完 60 岁生日后，于三十七年着手开始营建太上皇宫，以作为他日后归政的燕息之所。太上皇宫西路为宁寿宫花园，花园第四进院落仿建福宫花园，位于北端的倦勤斋仿敬胜斋，他没有用敬胜斋名而是用了倦勤斋名（图 3），"倦勤"出自《尚书·大禹谟》："朕宅帝位三十有三载，耄

图 3 倦勤斋

期倦于勤。"他立志要像大舜那样勤政到老，显然是对敬胜斋的注解与升华，也是对潜邸重华宫交的一份答卷，乾隆帝《倦勤斋》诗曰："毫斯未逮称勤倦，敢与重华拟比肩。"倦勤斋可以与重华宫相比肩了，说明没有辜负当初的理想。乾隆四十四年，他作《倦勤斋作歌》诗一首，诗曰："斯有说焉俟他日，匪曰今敢图安晏。盰食宵衣犹恐懈，慎终如始应无间。"他说现在怎敢贪图享乐，盰食宵衣还恐有所懈怠，必须保持勤政始终如一，不能有丝毫间断。

从崇敬殿到敬胜斋，再到倦勤斋，从乾隆帝的青年到老年，他一生都在坚守一个信念即敬胜。他还特作《宁寿宫铭》，告诫子孙"毋逾敬胜"。

二、太上皇宫的营建理念

太上皇宫宁寿宫自乾隆三十五年开始营建，至四十四年完工，历时十年，规模宏大，占地4.6万平方米，房屋一千余间，以备乾隆帝85岁时归政所居。建造时间正值乾隆盛世，其建筑之宏伟，布局之伟构，装修之豪华，陈设之精美，内涵之深厚，堪称历史上最精彩的太上皇宫。

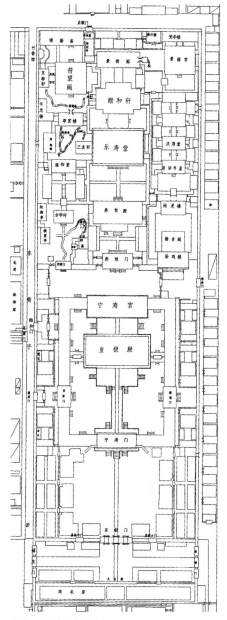

图 4　太上皇宫平面图

太上皇宫分为前后两部分（图4），前部分建皇极殿和宁寿宫两座大殿，后部分分三路，中路建筑有养性门、养性殿、乐寿堂、颐和轩和景祺阁。左路建筑有畅音阁、阅是楼、寻沿书屋、景福宫、梵华楼和佛日楼。右路为宁寿宫花园，又称乾隆花园，建筑有衍祺门、禊赏亭、旭辉庭、古华轩、遂初堂、萃赏楼、三友轩、延趣楼、符望阁、养和精舍、玉粹轩、竹香馆和倦勤斋等。

（一）乾隆帝对太上皇宫的定位与期望

乾隆帝对自己的太上皇宫是如何看待的？在太上皇宫落成时，他写诗称：

八旬有五应归政，践阼之初盟宿忱。
豫立中庸明训著，宛看宁寿落成吟。
汉唐太上那须数，尧舜传心是所钦。
一日业乎宋儒语，敬兹敢懈凛难谌。

乾隆帝说太上皇之称始于汉高祖尊奉太公，只是名称相同而已才提起了他。唐太宗兴兵逼父让位，更是有悖伦理。睿宗在位未一年因定乱传位明皇，明皇幸蜀又传位肃宗，皆迫于情势所逼，不得已而退位，均不值得称道。"尧舜传心是所钦"，历史上尧传位舜才值得敬佩，《论语·尧曰》记载尧让位给舜的时候，说了这样一段话："咨！尔舜！天之历数在尔躬，允执其中。四海困穷，天禄永终。"上天的大命已经落在你的身上了，诚实地恪守天道吧！如果天下的百姓都困苦贫穷，上天给你的禄位就会永远终止。所以乾隆帝归政的原因，是要遵循尧的圣言，只有百姓富裕了，天下太平了，自己才能享受天赐给的大福，归政养闲。

所以，乾隆帝的太上皇宫与历史上的太上皇宫是不一样的，主要体现在如下两个方面：

1. 名皇极殿（图5）的意义

皇极，出自《尚书·洪范》："皇极：皇建其有极。敛时五福，用敷锡厥庶民。"敛：聚集；时：是；五福：寿、富、康宁、攸好德、考终命；敷：普遍；锡：通赐；厥：其；庶民：众百姓。是说上天把五福赐予百姓。乾隆正是遵此格言，称此殿名皇极是"皇极（前殿名）福征仍敛锡"，赐福于百姓之义。

皇极，宋儒邵雍《皇极系述》是这样解释的，"至大之谓皇，致中之谓极"，"皇极者，君极，极至也，德之至也。《周礼》'以为民极'，《诗》'莫非尔极'是也"。他认为皇极既是尊极之义，又是至德之义，是权威与道德

图 5　皇极殿

的合一。显然，他的这种解释不是皇极的原意，而是带有浓厚的儒家价值观的解释。皇：《诗·周颂·执竞》："不显成康，上帝是皇。"《诗·小雅·采芑》："服其命服，朱芾斯皇。"《诗·大雅·文王》："思皇多士，生此王国。"《尚书·帝命》："验皇者，煌煌也。"皇指的是上天。《说文解字》称皇为大之义。极，出自《诗·周颂·思文》："思文后稷，克配彼天。立我烝民，莫匪尔极。"《周礼》："设官分职，以为民极。"《诗经》中的"极"释为极致，顶点；《周礼》中的"极"释为规则。故皇极应为大的极致，最高的点，是形容上天的用词。上天最高的点是北极，北极是天的中心。先民通过牵星术测量出天体是一个圆锥体，其顶点即北极点呈放射状，如《中庸》所言"舟车所至，人力所通，天之所覆，地之所载，日月所照，霜露所坠"，都在其覆盖之下。这样，上天才能把恩惠施予万物，让万物生长，故皇极代指上天，乾隆帝称："皇极敷锡，无好必斥。"上天把恩惠施予天下，但对于那些不好的则是排斥的。作为人间的帝王，自然要效法上天，建立皇极即最高的奋斗目标，是把五福聚集起来，赐给百姓。皇极涵盖了千古帝王之道即尧舜之道的真谛，同时说明乾隆帝把太上皇宫做到了极点。

2. 百年期颐之梦

乾隆四十一年，在太上皇宫落成之时，乾隆帝率领群臣至宁寿宫区，跻

踌满志,作《经筵罢因至宁寿宫》诗:

> 讲学勤兹日,引年待异时。文臣胥燕见,荩旅扈追随。
> 步辇乘暇耳,耆宫遂幸之。旧名袭宁寿,致政冀期颐。
> 居此应无事,而今尚有为。筹民及律己,衍义示忱辞。

在这首诗中,乾隆帝首次透露出了他要活到 100 岁的愿望。期颐,出自《礼记·曲礼篇》:"人生十年曰幼,学。二十曰弱,冠。三十曰壮,有室。四十曰强,而仕。五十曰艾,服官政。六十曰耆,指使。七十曰老,而传。八十九十曰耄,七年曰悼。悼与耄,虽有罪,不加刑焉。百年曰期,颐。"期颐,指百岁之人。期,郑玄注曰"犹要也";颐,朱熹注曰"周匝之义",即圆满。

这首诗的意思是说现在勤开经筵,是怕这些年老有学问的讲官辞官退休。经筵结束后,乾隆帝赐茶文渊阁,令讲官和所有听讲的各部院大臣随往,御前大臣和侍卫等也都跟随扈从。然后到新落成的太上皇宫察视。乾隆帝向众大臣解释说太上皇宫名宁寿是沿袭了康熙时的旧名,是为了归政后希冀能活到百岁。人生以百年为期,人能活到一百岁即获得圆满了。"致政冀期颐"才是乾隆建太上皇宫"以大终"的目标。

乾隆六十年,乾隆帝归政,实现了他即位时许下的诺言。他与大臣们作《洪范九五福之五曰考终命联句有序》诗,在诗中,大臣联句曰:"昧爽御门心罔间……月当几望积期颐(圣寿今年八旬有五,再十五年正当圣寿百龄,期颐鸿庆,从此亿秭京垓,纪算无极)。"大臣们说皇上今年 85 岁,再过 15 年就是一百岁了。大臣们期待百年大庆的到来。

嘉庆二年,88 岁高龄的乾隆帝最后一次来到乐寿堂,欣然挥笔写下《新正乐寿堂》诗一首(图6),诗曰:"向曾计岁以居此,归政兹仍训政该。物理人情在开示,久安长治要栽培。寝兴六十养心惯,耄耋迟回乐寿来。斯后弗当计岁已,敬承天眷一心恢。"诗中注称:"今予年近九旬,康强训政,若将来幸越期颐,或稍觉倦勤,即当迁居于此,以享大年闲静之乐。然惟敬待天恩,弗当豫计岁月耳。"

乾隆本来打算是归政后即入住太上皇宫乐寿堂,过太上皇的生活,但想到子皇帝刚初登大宝,用人理政还不像他那样有经验,况且自己精神强健,怎么能够忍心贪图享乐呢?故而训政筹谋,待子皇帝熟练掌握了治理

图6　乐寿堂明间陈设的乾隆《新正乐寿堂》诗挂匾

国家之道时，自己才能放心地归政。这难道不是他的福气吗？同时也是自己的福气，也是天下臣民的福气！乾隆帝称他即位以来，居住养心殿60余年，没有出现什么差错，故一如既往，仍居养心殿训政。今年近九旬，身体康健，若将来有幸活至百岁，即当迁居乐寿堂，以享大年。所以在乾隆帝的计划中，太上皇宫是要等到在他活到一百岁时才入住的。一百岁是人生的圆满，希望给自己的人生画上一个圆满的结局。

（二）中轴上的建筑用九

如何实现期颐之梦呢？"顺承天"即遵循天体的运行法则，就可以实现。乾隆四十一年，《新葺宁寿宫落成新正恭侍皇太后宴因召廷臣即事联句》曰："广披三路（宫制分中东西三路）地两戒，中峙九重（中路自皇极门至景祺阁凡九重）天大圆。"两戒：指南北界限，出自《新唐书》："一行以为天下山河之象，存乎两戒。"故太上皇宫南北两部分象征大地南北，中轴上建九座建筑象征九重天。九座建筑是皇极门、宁寿门、皇极殿、宁寿宫、养性门、养性殿、乐寿堂、颐和轩和景祺阁，规模宏大，构成了太上皇宫最重要、最壮观的空间序列。九为乾阳之数，寓承天数。用九是指乾卦六爻全为老阳的卦象，《乾·文言》曰"乾元'用九'，乃见天则"，"乾元'用九'，天下治也"。

图7　皇极门外的九龙壁

　　皇极门外设置的一座巨大的琉璃九龙壁（图7），也是用九之意，与中轴上的九座宫殿门座相互呼应。

（三）乾隆的终身职考与上日禅位

　　乾隆六十年元旦（乙卯年），重华宫张灯结彩，门上贴着春联和门神，殿内张挂着《岁朝图》，案几上摆放着奇珍异宝装饰的盆景、鲜花，喜气洋洋。虽然这一年乾隆帝执政进入第60个年头，但并没有给他带来一丝忧伤和失落，反而踌躇满志（图8），第二天便召集大学士、九卿及内廷翰林等至重华宫举办了最后一次茶宴。

　　六十年伊始，正好是一个甲子年，享用五福，五福中第五是"考终命"，故题曰"洪范九五福之五曰考终命联句有序"，意欲对"考终命"作新的解释。原来在乾隆五十六年（辛亥年）时，因乾隆年逾八旬，古之罕见，仰荷天眷，福履骈臻，《尚书》中所言"敛锡"是与万民同寿之义，故从此年起按《尚书·洪范》"一曰寿，二曰富，三曰康宁，四曰攸好德，五曰考终命"五福顺序联句，至乙卯年（六十年）正好轮到"考终命"，五者齐备，称之为福，故以此为题联句。

　　乾隆用联句这种形式，对自己的人生做了一个总结，以作为第二年丙辰年归政的职考：先对"考终命"进行了一番考证，得出"考终命"之"终"是吉语，是"终其事，尽其职"之义，是从尧舜那儿传下来的；然后再叙述自己的一生事迹，从小时候在圆明园牡丹台得到皇祖的恩遇开始（图9），养

图8 乾隆帝画像　　　　　　　　　　　图9 康熙帝读书像

育宫中，随皇祖塞外秋狝，备受皇祖抚爱，托付之重，洞烛深远；父皇雍正继位后，每逢坛庙大祀，均让弘历代祀，以征天人协应之兆；承大统后，朝乾夕惕，御门听政，勤政爱民，多次普免天下钱粮；又蒙天恩降临，福臻备至，五代同堂，为实现即位时誓言，修建宁寿宫以待归政。乙卯年举行的这次茶宴联句，实为乾隆一生的述职报告。

　　乾隆帝作出首句定韵"五福由来好德基，德基慎始考终随"，句中"考终随"即五福中的"考终命"，在乾隆帝的提醒下，大臣们对"考终命"作了一番考证，以附和乾隆的解释。联句曰："亥辛肇幸卯乙至，鲁论义通禹范词。"《鲁论》即《论语》的一种版本。禹范即《大禹谟》和《洪范》。在乾隆五十六年的经筵上，乾隆帝讲"允执厥中"句时，把《论语》与《大禹谟》进行了联系。《尚书·大禹谟》记舜传位禹时，对禹说："慎乃有位，敬修其可愿。四海困穷，天禄永终。"虽然人心是危险的，道心是微妙难见的，但要用功精深，用心专一，永远坚守道心。虚假的话不要听，独断的谋划不要用。可爱的不是君子吗？可畏的不是人民吗？众人除非大君，他们拥护什么？君主除非众人，没有跟他守国的人。恭敬慎重对待你的大位，敬行人民可愿的事。

由《尚书·大禹谟》"四海困穷，天禄永终"句，乾隆联想到《论语·尧曰》："咨！尔舜！天之历数在尔躬，允执其中。四海困穷，天禄永终。"又由《论语》而及《尚书·洪范》五福之"考终命"，三者之"终"皆源于《舜典》"正月上日受终文祖"之句。故"终"为始终其事之义即持之以恒，坚持做到底，"终"是吉语，并非是终止之义。"天禄永终"与"考终命"互相发明。

大臣们称：臣等查核诸经史古说，与皇上所论相合。天禄永终与考终命，均为吉德。由尧舜授受之旨，而达通晓九畴之义，这才是真正的福。接着大臣把历史上关于"考终命"的注释、考证等都引证了出来，如西汉孔安国的《古文尚书注》，西汉刘向《说苑·建本》，西汉何晏《论语集解》，东汉班固《汉书·武五子传》《汉书·隽不疑传》《汉书·韦贤传》，东汉班彪《王命论》，西晋陈寿《三国志·吴志·大帝传》，南朝皇侃《论语义疏》，宋代邢昺《论语注疏》，宋代林之奇《尚书全解》，南宋吕祖谦《书说》，元代董鼎《尚书辑录纂注》，清初毛奇龄《论语稽求篇》，清初阎若璩《古文尚书疏证》，清代《钦定书经传说汇纂》等，皆在讨论"天禄永终"句，虽然古今说法不同，但乾隆与大臣们一致认为"终"是吉语，不是终止之义，而是"终其事，尽其职"之义，做事持之以恒，尽到职责。言外之意是说乾隆帝85岁而得五福之五"考终命"即得全五福，在于乾隆帝上接尧舜授受之"终"。"天禄永终"传至大禹时就没有了，是乾隆帝接续了起来。

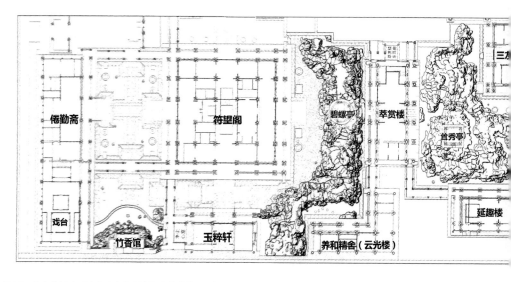

图10 乾隆花园平面图（采自故宫博物院编《符望阁》）

联句最后一句曰:"丙辰职考成归政,上日鸿禖普福厘。"乾隆帝注曰:"明年元旦禅位嗣皇帝归政,予六十年抱蜀之职,竟克考成,幸符初愿。"

抱蜀,蜀通镯,指持祭器,出自《管子·形势》:"抱蜀不言,而庙堂既修。"君子但抱祭器,以身作则,实行仁政,虽然手持祭器不说话,庙堂之政也会普遍地修明。丙辰年即乾隆六十一年,六十一年元旦正式禅位嗣皇帝。乾隆帝对自己的一生做了个总结(职考)是:忠于职守,继承圣王之道,推行仁政,赐福百姓。

上日:朔日,即农历初一,出自《尚书·舜典》:"正月上日受终于文祖。"指尧从文祖那继承王位,接续了华夏文脉,文化得以昌盛,福荫子孙,这被看成是上天赐予我们的大福即"天禄"。当"归政"与"上日"联系在一起时,遥远的那个尧舜禹农耕文明的曙光时代就出现在面前了,丙辰年正月初一,禅位归政,就可以上接尧舜授受之道了,这是天赐的大福,是圣王之道永不熄灭的象征。

三、乾隆花园里的山河意象

乾隆帝说太上皇宫分为南北两戒,《新唐书》称:"一行以为天下山河之象,存乎两戒。"故乾隆帝于太上皇宫建宁寿宫花园,特于花园中垒筑了一条山脉以为山河之象(图10)。山河之象是地分南北,地势西北高,东南低,山脉

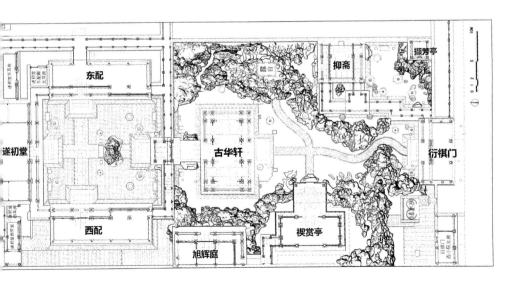

发乎西北，众水流向东南，故天倾西北，地不满东南。宁寿宫花园正是本着这一原理进行布局和安排的。

（一）两重案山

从太上皇宫大门锡庆门入，沿中轴往北，过宁寿宫西侧廊门，迎面是一座假山（图11），山间点缀着高大的松柏，这座假山位于太上皇宫"前朝"与"后廷"的分界线的西侧，它是乾隆花园的入口标志，像一颗金星照临该地，此为花园的引山。

引山之北为花园大门衍祺门（图12），门内是迎面两条山脉合围形成的一道狭缝，穿过狭缝，便是敞厅古华轩。古华轩两侧山脉环抱，西边的山脉到了禊赏亭南面，所形成的形状如同一只蹲着的白虎；东边的山脉蜿蜒起伏，如同一条青龙。二者把守着大门，"左右龙虎砂相交固，关聚内气，此则如同有案"，故为花园的第一重案山。

东西两侧的山脉顺着山势自北而来，至遂初堂院南墙好像被切断了，但在院门东西南墙下堆砌有数块山石，暗示着这是从院里发出来的。

图11　乾隆花园衍祺门外的叠山

图 12　衍祺门

图 13　遂初堂院中的叠山

　　进入院门，在台阶的左右落脚处出现了山石，证明外面的山脉是从里面引出的。在遂初堂院中心偏南处，立着一座高约 3 米的小山（图 13），呈三峰状，前陈设三阳开泰玉山，二者相互辉映。遂初堂坐北朝南，与左右配殿构成一个四合院格局，这座山的作用就显露了出来，它正挡在遂初堂前方形成案山，故为花园的第二重案山。如果把视线放出去，穿过小山的洞孔、院门，能看到衍祺门内的一丘山脉即第一重案山（图 14），至此，才明白为什么古华轩要设计为敞轩，目的是使这双重案山连为一线。

（二）三层大山

遂初堂后是第三进院落，院落面积 300 多平方米，呈南北向的长方形，院内堆满山石，山顶四周几乎与屋檐相接，此为第一层大山。山北为萃赏楼，山西为延趣楼，山东为三友轩，山南为遂初堂，四座建筑将山体四面围住，紧紧包裹，这正是坐山的束气特点："束气清切，护卫周密，乃以为吉。"被四面包裹的山如地方之形，故于山顶建方亭耸秀亭（图 15），象征地。山势从山顶自高落下，逶迤走弄，自粗变细，自老抽嫩，生气融结，钟灵毓秀，造化存焉。

萃赏楼后为第四进院落，院落内所堆山体呈北低南高，其走势，自西北至东南，出脉处是玉粹轩得闲室南墙下，出脉后随台阶逐渐升高，蜿蜒曲折向东南而去，山体奇异特达，秀丽光彩，形成御屏贵格（图 16），此为第二层大山。整个山体高大尊严，冠乎群山，是为主星，故于山顶建碧螺

图 14　从遂初堂院门里看第一重案山

图 15　遂初堂后的第一层叠山

图 16　符望阁前的叠山

亭（图 17），华盖圆顶如碧螺，如天盖，与前面的方形耸秀亭相呼应，象征天圆地方，一阴一阳之象。设置二亭的目的不仅仅是为了登高观赏，更重要的是将花园分割为南北两界，使山脉跨越其间，汹涌澎湃，绵延不绝。

　　虽然山脉被玉粹轩得闲室南山墙所挡断，但在玉粹轩北山墙下又有山体出现，说明山脉潜入地中，从北山墙下出来后与竹香馆及两侧耳楼前的山体

图 17　碧螺亭

相连，向北延伸到倦勤斋屋檐下，形成一道蜿蜒曲折的山脉，其走势是从北向南。这段山脉是一条细脉，且跌断于玉粹轩，正所谓"跌断过峡，则气脉方真，脱卸方净，力量方全"，原来这段山脉是过峡，如藕断丝连，如草蛇灰线。正是因为它细如丝，须有送有迎，有杠有夹，护卫周密，故竹香馆前砌了一道弓形金刚墙以便护卫（图18）。

　　既然竹香馆处是山脉的过峡，那它后面一定有祖山存在。竹香馆东西两侧修建的爬山斜廊指示着山脉从倦勤斋里出来的，通过斜廊到竹香馆前，再经过斜廊下来从玉粹轩的地基下经过，然后从得闲室南墙下出来形成符望阁前的御屏山，据此可确定山脉是从倦勤斋里发出来的。进入倦勤斋，果不其然，山脉就藏在倦勤斋里，不过那是画在西墙上的一座山峰（图19），高大异常，云雾生其巅，如昆仑山祖山，此为第三层大山。祖山为山脉的源头，如木之根、水之源，一般来说看不见，位于虚无缥缈之中，故应用虚，采用绘画的形式表现。

　　第二层山主山离祖山已远，行脉已远，但结地尚远，须驻跸，故而为御屏燕息。萃赏楼前的坐山塞满了整个院落，正所谓山脉入地处必又起高山，然后辞楼下殿，自此而下，落脉入地，故山前建遂初堂，是为整个花园的中

图 18　竹香馆前的弓形金刚墙

图 19　倦勤斋内西墙上绘制的山峰

图20 遂初堂前的三阳开泰玉山

心即明堂。遂初堂前有三阳开泰近案，案前方为龙虎环抱，故为内明堂。其院落面积呈长方形，不阔，阔则旷荡，旷荡则不藏风；但又不太狭，狭则拘束。遂初堂前的明堂宽狭适中，方圆合格，不卑湿，不欹侧。明堂分内外明堂，乾隆花园的外明堂在衍祺门外，符合两边宽广之格局，所谓"内外明堂分两段，内宜团聚外宜宽。二堂具备三阳足"，故于遂初堂院中立"三阳开泰"玉山（图20）。

遂初堂后有三层大山为依靠，前有两重案山为对景，层层山峰，延绵无绝，气象磅礴。

在花园东南角，是用曲折的游廊围出的一个小院，小院的东南角是花园的拐角围墙，此处堆叠出一座2米多高的小山，上建撷芳亭（图21）。顺着花园南墙与游廊东侧相接处埋有数块露出地面的湖石，暗示这座小山是从游廊的另一侧发过来的。果然在游廊的西侧有数块露出地面的湖石，这几块湖石与几步之遥的小山似断非断地连在一起，这座小山紧挨着东边如青龙的山脉。因此，撷芳亭小山是从东边青龙山脉发过来的，是山脉的落脚处。落脚处应关锁，故于山上建撷芳亭，这座亭好似水口处的塔一样，以为镇守。山

图 21　东南角叠山上的撷芳亭

下的抑斋，取自《诗经》"其未醉止，威仪抑抑"，"抑"有抑制、阻止之意，起到了护卫气口的作用。

通过对花园中叠山的分析探究，乾隆帝为花园垒筑了一条形胜完备的山脉，有祖山、过峡山、主山、坐山、案山等，有主有从，枝干分明，其间或隐或现，或高大耸立，或蜿蜒曲折。这条山脉有起处和落脚处，故山脉的走向也就自然定下来了，是一条自西北至东南走向的山脉。

在后天八卦中，西北为乾位，东南为巽位，乾为天，巽为地，象征天地相通。而在先天八卦中，西北变为艮位为山，东南变为兑位为泽。故西北高为山，天倾西北；东南低为泽，则众水汇集。乾隆帝通过先天八卦变无水而为有水，从这个角度看，乾隆花园中没有水脉也就不奇怪了。

《淮南子·天文训》曰："天倾西北，故日月星辰移焉；地不满东南，故水潦尘埃归焉。天道曰圆，地道曰方。方者主幽，圆者主明。"乾隆花园一方面通过营造的一条山脉象征天倾西北，另一方面又以方亭耸秀亭和圆亭碧螺亭为界，将花园划分为南北两界，以符合天圆地方之理，故乾隆花园具山河之象。

（三）山脉的隐喻

宁寿宫花园里的假山，乾隆帝把它做到了极致，可以不用"溪水"来点缀，花园的胜景全在这条贯穿始终的山脉上，它是花园的主体。我们感觉很多建筑是围绕着这条山脉转的，有的建在山上，有的建在山下，有的建在山坳里。当乾隆帝在花园里的山中行走时，感悟至深，咏诗道：

> 虽是崇山上，园中不筑垣。高居因见远，贞复会旋元。
> 出玩云生岫，归看叶落根。既云来静室，何乃未忘言。

"贞复会旋元"，出自复卦，复，其见天地之心乎（上坤下震，阴随阳动）。要不断反复地审视自己过去的行为，经常回过头来看一看，想一想是否符合天地之道，日新其德，这样才会得到上天的保佑。乾隆帝登山远眺，感悟到的是自己作为在上位的人更应该修德。

花园狭长的地域为营造一条长达近160米的山脉创造了必不可少的前提条件。乾隆帝建造这条山脉诚如《论语》所言："知者乐水，仁者乐山；知者动，仁者静；知者乐，仁者寿。"古人认为山是宇宙重浊之气的凝结，在天为星辰，在大地为山，星亘古不变，山绵延不绝，都是长寿的象征，如元大内的镇山北海琼岛原称为万寿山，紫禁城后的镇山景山原称为万岁山，就是取其山之本意。宁寿宫花园中的这条绵延不绝的山脉，象征长寿。仁者乐于山，所以仁者必长寿。

乾隆帝在未当皇帝之前，他就立志将来要做一个仁者，他在给书屋"乐善堂"所写的《乐善堂记》中说小者做一位像东平王那样的人，在自己的地盘里"与人为善"，这是最快乐的事。乾隆帝即位后刚过一个月他就把大臣召集到座前，正式宣布要"以宽治国"，主张"德惟善政，政在养民"。乾隆三十九年，他作诗道："即景问何为契要，乾元君子体为仁。"面对如此景色，从中参悟到了什么？什么是最根本的？乾隆帝的回答是作为一位君子要与天一样充满一颗仁心。所以，乾隆帝是一位仁者，孔子说有这样大德的人，必得其寿。所以花园大门名曰"衍祺门"，衍祺，出自《诗经·行苇》"寿考维祺"，即取长寿之义。

四、宫殿而林壑的园林化设计

乾隆《过曲涧花香游流杯亭日知阁诸胜诗》曰："西苑旷且奥，肇自明代作。琼华万玉堆，太液千夫凿。平地起蓬瀛，城市而林壑。松篁几百年，参天秀崖崿。秋深鸿雁鸣，春暖桃李灼。"乾隆称"城市而林壑"，是因为利用开挖太液池的泥土堆积成的北海琼岛即"平地起蓬瀛"，像一座山一样，使城市而林壑。在城市里挖湖、堆山、植树、种花，引来仙鹤、飞雁，如大自然一般。乾隆时的北京城已经摆脱了单纯的经济发展的城市街巷格局设计，城中充满了森林、山谷和湖泊，各种仙禽栖息于此，这样的城市我们称之为园林化的城市。

乾隆帝在营建太上皇宫时，大胆地把"城市而林壑"这一理念融入其中，特别是位于中轴上的乐寿堂和颐和轩两处宫殿的设计，更是匠心独运，设置了众多的山石，引进了春风，使宫殿而林壑，一步一景，陶冶性情，美不胜收。

（一）乐寿堂的山子设置

乐寿堂建于乾隆四十一年（图 22），是乾隆太上皇宫中路上的一座宫殿，仿圆明园淳化轩，整座建筑用楠木建造，殿内分上下两层，明间挑空，隔扇

图 22　乐寿堂

将明间分隔为南北两厅，南厅是主厅。据陈设档记载，南厅设紫檀边嵌玻璃镜七屏风一座，紫檀边嵌玉玻璃镜宝座一座，紫檀地平一分。屏风制作于乾隆四十年五月二十五日，中扇是乾隆帝御制诗《题乐寿堂》，次扇是杨大章画的牡丹与芍药，再次扇是乾隆帝双行对联"乐同乐而寿同寿，智见智而仁见仁"，外侧两扇是杨大章画的菊花和山茶花，屏风背后贴云龙纹缂丝片。地平仿乾清宫须弥座式地平，高约1.2米，四周安云寿纹栏杆。除了这些重要的陈设外，乐寿堂室内外还陈设有山子，仿佛置于崇山峻岭之中。

1. 院中立山子

光绪十八年，为迎接慈禧太后60大寿，慈禧太后准备搬至乐寿堂居住，因此对乐寿堂进行了改造，档案记："光绪十八年七月十八日，总管内务府大臣缮单具奏宁寿宫乐寿堂改建工程，乐寿堂院内对面山子满拆去，地面满铺方砖。乐寿堂前月台及栏板满拆去，改安三间（应为三层）踏朵，中间踏朵安拜石，左右踏朵安踩级垂带。乐寿堂西南外檐假楼隔扇撤去，前后廊拆通。四面满油饰，院内游廊满油饰。"据此，原来乾隆时的乐寿堂，殿前不仅有宽阔的月台，院中正对乐寿堂宝座的轴线上耸立着一座山子。乐寿堂建筑体量高大，殿内有两层，自地面至天花高达6.6米，宝座又置于1.2米高的须弥座地平上，故院中所立的这座山子应超过5米，在视觉上才不会显小。如此巨大的一座山子耸立于宫殿前，这在紫禁城中是唯一的。乾隆帝为何要在乐寿堂前置一座大山子呢？

据《钦定日下旧闻考》记清漪园乐寿堂："前有大石如屏，恭镌御题'青芝岫'三字。"（图23）乾隆《御制青芝岫诗》序称，这块石头原是明人米万钟发现的，准备运至海淀勺园陈设，至良乡时工力竭而弃之路边。乾隆十六年将此石运到清漪园乐寿堂前安陈，取名曰"青芝岫"，石长三丈，广七尺，色青而润，如一朵灵芝，象征长寿，故乾隆称"力有不同事有偶，智者乐兮仁者寿"。乾隆《乐寿堂六韵》诗曰："精神山水萃，义理知仁该。择向朴堂建，乘闲清跸来。"太上皇宫乐寿堂前所立山子显然是仿清漪园乐寿堂"青芝岫"设计，把园林中的布景搬到了宫城中，其寓意不仅有"山水萃""乘闲清跸来"，也有仁者寿之义，使太上皇宫乐寿堂摆脱了宫殿习惯上的就寝、理政、读书等功能，具有了休闲逸致功能即园林功能，使宫殿走向了园林化。

2. 西暖阁暗间设山子

慈禧不仅对院外进行了改造，对殿内也进行了改造，拆除了很多隔扇，

图 23　清漪园乐寿堂前的青芝岫山子

档案记载:"乐寿堂明殿两边偏北隔扇各撤去八扇, 改为上安玻璃, 下安板墙; 明殿西间前安檐床; 西暖阁连后暗间改为寝宫, 撤去隔断, 安落地罩, 安对面床; 其暗间有山子, 窗户撤去, 改安玻璃窗户。西夹道门及玻璃均点去, 用木板棚平; 西寝宫后间将楼梯隔断全行撤去, 安三面玻璃窗户。"据此可知乾隆时西暖阁暗间设有山子, 档案亦记载:"(乾隆四十二年九月) 十五日接得郎中图明阿、押贴内开十月初二日太监常宁传旨: 宁寿宫乐寿堂方窗内宣石假山后着方琮补山树, 钦此。"这种把山子设于室内的形式在太上皇宫中被大量运用, 如颐和轩东暖阁随安室中设有假山 (图 24), 养性殿西暖阁香雪室中满堆宣石山子 (图 25), 养性殿东西配殿中亦堆积宣石山子, 档案记载:"(乾隆四十四年) 五月行文, 初六日, 传旨: 宁寿宫养性殿西配殿内堆做悬山, 向苏州织造全德要宣石六千斤, 急速送来, 钦此。于本日奉公尚书福隆安谕立刻行文遵此于九月十一日将苏州送到宣石六千斤交宁寿宫讫。"山子一般堆砌陈设于花园中, 以增加自然之趣, 但乾隆帝走得更远, 直接把山子堆砌于居室内, 使居室与自然融为一体, 仿佛山林中的居舍一样。

3. 南厅设玉瓮和玉山

乾隆时乐寿堂南厅地平前东西两侧设有两件大玉雕, 东为丹台春晓玉山,

图 24　颐和轩东暖阁山石窗

图 25　养性殿香雪室的宣石叠山

图 26　雕云龙纹玉瓮

西为雕云龙纹玉瓮。

　　雕云龙纹玉瓮（图 26），重约五千斤，从新疆运抵北京，由如意馆画样，乾隆四十一年五月初九日发往扬州建隆寺进行雕琢，由两淮盐政伊龄阿负责承办。玉瓮高二尺，面宽四尺，进深三尺五寸，雕饰云龙，档案记载：乾隆四十一年五月初八日接得员外郎六格押贴一件内开二十八日太监如意传旨：重五千斤玉一块做瓮一件，余下钻心回残，做宴上全分盘、碗、盅、碟、瓶等件，钦此。于二十九日画得玉瓮纸样一张呈览，奉旨：五千斤玉瓮交两淮盐政伊龄阿处成做，将钻心并回残不必送京，顺便送苏州织造舒文约做宴上盘、碗、盅、碟、瓶等件，钦此。计开：交两淮做瓮大玉一块，拉六锯得回残六块，瓮高二尺，面宽四尺，进深三尺五寸。里钻打十三钻，约做碗四十一件，盅子十八件，回残六块约得碗二十一件，盘子五十一件，瓶一对，碟子四件，以上共约得大宴玉器一份，计一百四十七件。于四十五年十月初一日，员外郎五德等将两淮送到玉瓮一件，安在养心殿呈览，奉旨：着在宁寿宫乐寿堂安设讫。

丹台春晓玉山（图27），其玉开采于新疆和田，重约三千斤，运抵北京后，乾隆四十一年八月初六日下旨：将三千余斤大玉一块着方琮、邹景德画得南山积翠纸样四张带至热河交太监如意呈览，奉旨：照样准做，钦此。于二十八日副都统金因南山积翠大玉底面打取钻心已得十二小钻，又取得大钻心一个，尚有大钻心一个未取下，看得玉少石性过多，兼颜色平常等情回奏，奉旨：不必再打取钻心，将玉送进呈览，钦此。于本日副都统金因大玉一块分量沉重，如送进宫内呈览，必须用地车拉运，恐伤损地平，请谕安在咸安宫前。于初二日呈览等情交太监如意口奏，奉旨：准于初二日呈览，钦此。于十二月初二日将做南山积翠大玉一块安在咸安宫门前呈览。副都统金面奉谕旨：不必打钻，着即交两淮盐政寅著照样成做，钦此。于七月二十五日员外郎四德、五德将两淮盐政寅著送到南山积翠木样一件持进交太监如意呈览，奉旨：仍发回交寅著照样成做，钦此。于四十五年十月初一日，员外郎五德等将两淮送到南山积翠一件，安在养心殿呈览，奉旨：着在宁寿宫乐寿堂安设讫。乾隆四十六年题玉山名曰"丹台春晓"，并镌刻御制诗《咏和田玉丹台

图27　丹台春晓玉山

图28　大禹治水图玉山

春晓图》，丹台，指道仙圣境。

南厅所设丹台春晓玉山和雕云龙纹玉瓮，玉瓮内刻有乾隆御笔《玉瓮记》，以告诫子孙，以为殷鉴。玉瓮可盛水为鉴，故象征海。玉山原名南山积翠，出自《诗经·天保》："如月之恒，如日之升。如南山之寿，不骞不崩。如松柏之茂，无不尔或承。"山上雕刻有茂密的松柏，象征长寿。玉瓮、玉山二者一东一西的成组陈设，则象征福海寿山，符合"智者乐水，仁者乐山；智者乐，仁者寿"之义，有山有水，使乐寿堂顿生林壑意。

4. 北厅设大禹治水图玉山

乐寿堂北厅设大禹治水图玉山（图28），其玉采自新疆和田，重约九千斤，运抵北京后，乾隆四十六年二月初十日下旨：将九千斤大玉一块画得《大禹开山图》纸样，正背左右四张具奏，奉旨：九千斤准做大禹开山图样式，将内里收贮《大禹开山图》发交舒，着贾全照图式样在大玉上临画，准时发往扬州，交图明阿成做，钦此。乾隆四十六年二月二十七日，将拨得《大禹开山图》玉山蜡样，随纸画样四张呈览，奉旨：准交两淮盐政图明阿照此蜡样做法、纸样大小成做。其座子照玉形配做铸料铜座。其大玉上所画钻心，照依大小并照纸样所贴深浅尺寸数目取钻心，俟打得时，即送京呈览，钦此。奉发蜡样，恐日久熔化，故照发到蜡样刻成木样一座，咨送贵处呈览，敬谨办理在案。

乾隆五十二年三月十三日传旨：苏州现做玉兰亭记山子陈设一件，为何至今还未做得？两淮大禹开山尚且做得，在途解送来京，着传与舒寄信催问，钦此。

乾隆五十二年四月十九日传旨：两淮成做大禹开山业经奏过做得，至今未见送到，着舒文向伊家人问明回奏，钦此。于二十日奴才舒文谨奏为遵旨，传问据两淮盐政徵瑞坐京家人周祥声称大禹开山陈设一件，已经做得，现在光亮，于六月内始能下船由水路运解交约于八月间方可到京等语，奴才又诘问文章家人周详，你主儿活计成数折子上已奏报，正月内光亮，为何至今尚未光得，六月内始能下船，据称系问得跪折差并进贡来京家人所说是实，为此谨奏缮写折片交太监鄂鲁里具奏奉旨：知道了。

乾隆五十二年四月二十六日，笔帖式福海来说将两淮送到大禹开山木样一座，安在奉三无私呈览，奉旨：着交舒文、伊龄阿看地方安设，其现做大玉山子俟送到时亦交舒文、伊龄阿在乾清宫、宁寿宫看准地方奏明再安，钦此。于四月 日将大禹开山木样一座安设在淡泊宁静讫。于八月二十五日员外郎同德等交来折片一件内开奴才伊龄阿、舒文谨奏为奏闻请旨事，本年四月二十六日奉旨两淮现做大禹开山俟送到时交伊龄阿、舒文在乾清宫、宁寿宫看准地方奏明安设，钦此。今据两淮盐政徵瑞于八月十六日送到大禹开山陈设一件，连座通高一丈六寸，奴才等即督同造办处官员前往乾坤清宫、宁寿宫等处量其分位大小，详细斟酌以期如式谨拟得：乾清宫西暖阁对如意门陈设，并拟请宁寿宫东暖阁现安玉瓮分位换安，如蒙允准，其玉瓮拟陈设乐寿堂西梢间。再拟得乐寿堂向北现安西洋水法一统万年青分位换安。又拟得颐和轩西次间雕龙柜分中安，设计踏勘得应行陈设地方谨画得地盘纸样五张，一并粘签恭呈御览，伏祈圣主训示遵办，为此谨奏等因。

于八月二十日交太监鄂鲁里转奏奉旨：准在西洋水法一统万年青分位安设，钦此。

乾隆五十二年十二月二十日，接得押帖一件内开十一月二十日懋勤殿交宁寿宫白玉大禹治水图山子上御笔本文二张（其本文现贴原处），传旨：交启祥宫照本文刻，钦此。

乾隆五十三年五月初四日，接得郎中保成呈明稿一件内开为呈明行用踏朵事，于乾隆五十二年九月内两淮送到大禹治水图玉山子一座安宁寿宫乐寿堂，陈设于乾隆五十三年正月二十五日。太监鄂鲁里传旨：着如意馆朱永泰刻字，钦此。今为刻做大禹治水图玉山子一座，高九尺五寸，刻做不能得力，须用踏朵一座方能刻做，理合呈明堂台批示，交活计房转交该作成做踏朵一座应用，俟活计完时交造办处钱粮库另录尺寸单粘后一并呈阅等因回明兵部右侍郎伊龄阿，御前大臣内大臣福长安准行，遵此。内务府大臣舒文、总管福克精额、花尚阿准行记此。踏朵一座，随高四尺、宽三尺、板厚一寸、每凳高一尺。

大禹治水图玉山，是乾隆时期雕琢的最大玉山子，乾隆对此十分关心，一再催问，在玉山运至北京之前，两淮还把玉山制作成木样运抵北京，根据此样先行看地方丈量，以便玉山运到时能即时到位安设。经伊龄阿、舒文两位大臣踏勘后，选择了两处地方即乾清宫和宁寿宫供乾隆帝定夺。八月十六日，玉山运到，八月二十日，乾隆帝下旨将乐寿堂北厅的西洋水法一统万年青撤下，换安大禹治水图玉山。

乐寿堂内外所设置的这些山子，体量巨大，是以往宫殿所未有者，它们的设置恰如山峰林立，表达了乾隆帝"仁者乐山"的情怀，正是这一追求使乐寿堂在具有居住、读书等功能外，更加园林化了，层层山峰相顾有情，景深无穷，宫殿如林壑，在宫殿里就能享受到大自然的美景。

乾隆帝于宫殿中立山子的目的，他在景福宫西垂花门外所立的文峰石上所刻《文峰诗》中做了进一步说明（图29），诗曰："物有一兮必有偶，伯兮叔兮相与友。玲峰既峙文源阁，文峰讵复藏岩薮。贲然肯来树塞门，景福宫前镇枢纽。是处拟为归政居，老谢远游迩斯守。皇山较此实卑之，却笑犹堪拜米叟。巨孔小穴难计数，诡棱奇砑自萦纠。西山去京无百里，车载非关不胫走。洞庭湖石最称珍，博大似兹能致否。宋家花石昔号纲，殃民耗物鉴

图 29　景福宫西垂花门外的文峰石

贻后。岂如畿内挺秀质,弗动声色待近取。抑仍絜矩于人材,政恐失之目前咎。设因文以寓词锋,姑俟他年试吟手。""是处拟为归政居,老谢远游迩斯守。"宫殿中设置的山子如自然界中的山峰一样,所以乾隆帝称归政后没有必要学谢灵运那样外出远游,而要居于此,近距离地与山子厮守终生。

(二)颐和轩明间的宝座陈设

颐和轩明间分南北二厅(图 30),南厅据陈设档记载:"颐和轩明殿设紫檀地平壹分(上铺绣五彩黄毡一块,此款于光绪三年十月初四日,敬事房首领景进禄传要,于初七日,总管范长禄口传旨,出帐),紫檀镶玻璃三屏风壹座(此款于咸丰九年九月二十九日,敬事房传旨要进,咸丰十一年四月十一日,呈明出帐),紫檀边镶黄杨木心宝座壹座(上铺此五款于咸丰九年十一月十八日,敬事房传旨要进)。左右设画鸾翎扇壹对(紫檀杆座,此款于咸丰九年十一月十八日,敬事房传旨要进,于咸丰十一年四月十一日,呈明出帐。此款于同治十一年八月十二日,据敬事房首领陈泰和传要,当即交进。于同治

图 30 颐和轩

十二年三月二十八日，据敬事房首领张吉祥口传出帐）。左右设铜掐丝珐琅用端壹对（紫檀香几座）、铜掐丝珐琅垂恩香筒壹对（紫檀座）。"

明殿即明间原陈设有紫檀木地平、紫檀镶玻璃三屏风、紫檀边镶黄杨木心宝座，宝座左右设画鸾翎扇一对和铜掐丝珐琅用端一对。据档案记载地平已于光绪三年撤出，紫檀镶玻璃三屏风和紫檀边镶黄杨木心宝座一座则早于咸丰九年已撤出。据民国时的老照片（图31），明间改成了武备展厅，东板墙下设展柜，里陈八旗盔甲，西板墙下设兵器。明间仍有宝座和屏风，没有地平，然而仔细辨看，发现屏风不是档案记载的紫檀镶玻璃三屏风，而是镶仙山楼阁"母仪天下"屏风；宝座也不是档案记载的紫檀边镶黄杨木心宝座，而是紫檀镶珐琅雕蝠寿纹宝座。为庆祝慈禧太后60大寿，太上皇宫区于光绪十八年进行了大规模的改造，其中乐寿堂和颐和轩是主要改造区域，乐寿堂的月台和院中的山子都被拆除了，西暖阁改成了她的寝宫。颐和轩的"母仪天下"屏风和蝠寿纹宝座极有可能是这个时候陈设于此的。

据造办处档案记载，乾隆四十年五月二十五日，乾隆下令将乐寿堂紫檀木框裱云龙缂丝七屏风换安七扇玻璃，于九月二十七日完成。据此，陈设档

图 31 颐和轩老照片

记载的颐和轩紫檀镶玻璃三屏风，与乐寿堂紫檀镶玻璃七屏风属同样样式，故可确定颐和轩紫檀镶玻璃三屏风与紫檀边镶黄杨木心宝座属乾隆时的陈设。

南厅设屏风宝座遵循了宫殿陈设的普遍规则，除了东西板墙下设大案外，南厅陈设空阔，视线一览无余，其目的是坐在宝座上远眺乐寿堂北厅里陈设的大禹治水图玉山，大禹治水图玉山成为颐和轩的借景（图 32）。

（三）恢复颐和轩的"挹明月"和"引清风"

颐和轩北厅空间小，查《钦定日下旧闻考》，书中把北厅称为后厦，"后厦额曰'导和养素'，联曰：'静延佳日春常盎，茂对祥风景总宜。'……颐和轩后门额二：一曰'引清风'，一曰'挹明月'，门内为景祺阁。"后厦悬挂有"导和养素"匾，两侧柱子上悬挂有对联，工字廊悬挂有"引清风"和"挹明月"两块匾。现北厅原状陈设无存，欲复原北厅陈设，我们先从"引清风"和"挹明月"两块匾入手。通过查找，我们在书画部的库房中找到了"引清风"和"挹明月"这两张匾文，于是为它们制作了木框，恢复了这两块匾。当把这两块匾运至颐和轩工字廊时，由于工字廊北侧月亮门已被新做的石膏板墙隔开了看不见，故很自然地把这两块匾挂在了南侧的月亮门的里外。刚开始是把"引清风"挂在里面即朝南，"挹明月"挂在外面即朝北，但我们马上想到"引清

图 32　从颐和轩内看大禹治水图玉山

风"挂在里面,是引不来清风的,只有把"引清风"挂在外面,当工字廊东西的两扇门打开时,清风才有可能被引进来。当把这两块匾挂好时,一想这还是不对呀,这两块匾应该是挂在两个月亮门上的。按礼制,乾隆帝从颐和轩正门进,当他走到后厦时,看见第一座月亮门,如同一轮明月,好像是刚从水中舀出来一样,故此月亮门上应挂"挹明月"匾(图 33),与此景相符。当视线穿过第一座月亮门看到第二座月亮门时,"引清风"匾出现了。故"引清风"匾应挂在第二座月亮门上(图 34)。乾隆帝站在后厦,只有当他看到"挹明月"和"引清风"两块匾时,奇妙的境界才会产生。由于第二座月亮门后是景祺阁室内,此处是引不来清风的,因为没有风。但为何还是要把"引清风"匾挂在第二座月亮门上呢?突然想起原来景祺阁内西侧是戏台,戏台的两侧门上挂有"静听"和"澄观"两块匾。所谓"引清风",引的是戏台的乐声即"清籁"之音,如同清风拂面而来,也就是对联中的"茂对祥风"。

　　"挹明月"和"引清风"两块匾,在宫殿林壑的基础上又上了一层,使宫

图 33 "挹明月"匾

图 34 "引清风"匾

殿的园林化更具有意境。

（四）恢复颐和轩的"导和养素"匾

据《钦定日下旧闻考》记载颐和轩后厦悬挂有"导和养素"匾和"静延佳日春长盎，茂对祥风景总宜"对联，它们在哪儿呢？2018 年 4 月 18 日，这天阳光明媚，我们在家具库里，终于从放置家具的顶层架子上找到了"导和养素"匾联，当小心翼翼地从架子上搬下来时，它们已经面目全非，上面罩着一层厚厚的尘土，很多嵌件也已经脱落（图 35）。拭去尘土，我们震惊了，每个字都是由无数个雕刻成龟背纹的螺钿片拼成的，匾联的框是红雕漆的，边饰雷纹、龙纹和蝙蝠纹等，底雕饰花心龟背纹。经修复后，于 10 月 22 日，它们挂在了颐和轩后厦上（图 36），后厦顿时生辉，匾对上的龟背纹螺钿在灯光的照射下发出耀眼的光芒。

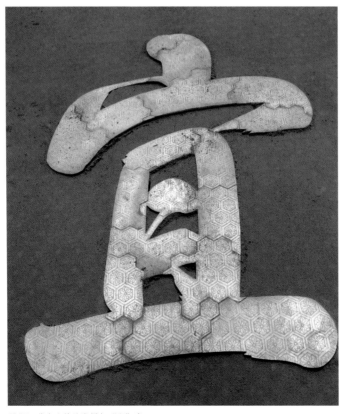

图 35　蒙上尘埃的嵌螺钿"宜"字

图36 恢复的颐和轩后厦匾联

（五）春驻乐寿堂和颐和轩

乾隆帝除了在乐寿堂设山子，颐和轩挂"挹明月""引清风"匾外，对两个宫殿又进行了春的渲染，试图把春引进宫殿里。

乐寿堂明间匾曰"与和气游"（图37），联曰："座右图书娱画景，庭前松竹蔼春风。"乐寿堂里和气充满，庭前的松竹沐浴在春风里。颐和轩明间匾曰"太和充满"（图38），联曰："景欣孚甲含胎际，春在人心物性间。"颐和轩大门内对联曰（图39）："丽日和风春淡荡，花香鸟语物昭苏。"颐和轩后厦匾曰"导和养素"，联曰："静延佳日春长盎，茂对祥风景总宜。"（图40）在太上皇宫中轴线上的重要位置上乐寿堂有一副带"春"的对联，颐和轩则有三副带"春"的对联，其他宫殿则未出现，显然这是乾隆帝的有意为之。孚甲，指种子分裂发芽，新的生命开始孕育了。"物性间"即通过春天种子的发芽生长之物性的启发，新的希望、生命的力量充满了我的心中，也就是人们常说的"春常在我心中"。风和日暖，春气荡漾，佳日延续是因为春常充盈。从乾隆帝的对联中可以感受到这儿是春天常驻的地方。春天在哪里，哪里就

图 37　乐寿堂明间匾联

图 38　颐和轩明间匾联

图 39　颐和轩大门内对联

是最美的地方。春天在乾隆帝的乐寿堂和颐和轩里，所以这个地方就是乾隆帝心中最美的地方。

为何二殿都与春有关系呢？

首先，二者的殿名含义深远，"乐寿"出自《论语》："仁者乐山……仁者寿。"乾隆《题乐寿堂》诗亦称："乐寿由来寓智仁，取名别有意焉循。"但这只

图40 颐和轩后厦对联

是表面之义，深层的意思是春即仁也。万物的萌生，生命的出现，是从春天开始的，故对联中有"孚甲""胎际""昭苏"等词。春天就是体仁，就是种子的发芽，故《易传》说："春木，仁也。"乾隆诗曰："四序春为首，一心长体仁。""书屋长春到处如，长春之义可言诸。元为善长功生物，人以仁名语启予。""元为善长"出自《周易·乾卦》："元者，善之长也。"天有四德是元、亨、利、贞，对应春、夏、秋、冬。"元"是创始，能生育万物，是天的仁德，是天的善性，所以"元"就是仁，仁是首要的善。乾隆帝称名长春书屋是因为仁名启发了我。四季以春为首，善以元为长，故春即元，元即仁，所以乐寿堂含有春的意思。当我们每个人的心中充满了仁即太和时，春就在我们的心中。

"颐和"出自《周易》颐卦，"养正则吉也""天地养万物，圣人养贤以及万民，颐之时大矣哉"，天地养育万物没有私心，圣人要学习天地养育万物的正道，充满仁心，把万民养育好。所以颐和轩含有仁之义即春之义。故而乐寿堂、颐和轩所悬挂的对联中含有"春"字。

乾隆曾写了二十首《生春诗》，并把诗题写于《京师生春图》上（图41），他提出了20个"何处生春早"的疑问，然后自问自答，说春生斗杓中，春生积雪中，春生书福中，春生春贴中，春生仙木中，春生三素中，春生祈谷中，春生元夕中……他希望整个宇宙都充满春天即和气充满，则"思齐千万寿，

图 4-1 清佚名画《弘历生春诗意北京图》

筹满海山丛", 有了春就会长寿。乐寿堂和颐和轩中的带"春"字对联正是基于此而出现的。

笔者发现颐和轩轴线上连续悬挂含有带"春"字的三副对联, 是挂"春"最多的宫殿, "春在人心""春淡荡""春长盎", 这在所有宫殿中绝无仅有, 说明这座宫殿是乾隆帝最想表达"春"的宫殿, 为何要这样呢?

(六)颐和轩的龟背纹装饰与灵龟空间

充满了春, 就会长寿, 因为春即仁, 仁者长寿。乾隆帝在颐和轩挂如此多的带"春"字的对联, 目的是追求长寿, 用什么来象征长寿呢?

笔者发现颐和轩东西板墙的槛窗和南北厅的隔断装饰为紫檀雕龟背纹嵌黄杨梅花夹纱(图42), 仿佛整个宫殿被龟背纹所包围。后厦即北厅悬挂的"导和养素"匾和"静延佳日春长盎, 茂对祥风景总宜"对联漆地亦雕饰为花心

图42 颐和轩东西板墙槛窗紫檀雕龟背纹嵌黄杨梅花夹纱槛窗

图 43 "导和养素"匾

龟背纹（图 43），上面的字由螺钿镶嵌而成，每个字由无数的龟背纹螺钿片拼成（图 44）。档案记载这副匾联是乾隆四十一年十一月十九日挂上的："（乾隆四十年十一月）十六日，员外郎四德、库掌五德、福庆来说太监胡世杰交御笔宣纸'导和养素'匾文一张，御笔宣纸字对本文一副，俱系宁寿宫颐和轩殿内。传旨：着发往苏州交舒文照本文随意漆做匾一面、对一副送来，钦此。于四十一年十一月十九日，员外郎四德、库掌福庆将苏州送到漆匾一面、对一副持进交太监如意呈进交原处安挂讫。"乾隆帝明确指出匾联要遵循文本之意制作，也就是说匾联上的龟背纹与建筑装修上的龟背纹是统一设计的，是按照乾隆帝所理解的长寿之意设计的。

颐和轩大量装饰龟背纹，笔者进一步查找线索，发现这与颐和轩殿名出自颐卦有关，颐卦卦辞有"舍尔灵龟，观我朵颐"句，故而乾隆想到了用龟背纹来象征长寿。《周易注疏》注曰："朵颐者，嚼也。以阳处下而为动始，不能令物由己养动而求养者也，夫安身莫若不竞，修己莫若自保，守道则福至。"朵颐，指下巴嚼食而颤动，颐卦卦象以初九处下而为动，故曰朵颐。疏曰："灵龟谓神灵龟兆，以喻己之明德也。"灵龟是大自然的杰作，是生命长寿的象征，宫殿园林化的设计就是为了引出这只灵龟。灵龟又称大龟，古人以龟腹甲占卜，认为龟历久知远，活得越长越有灵应。龟长得大说明活得时间长，故以大龟

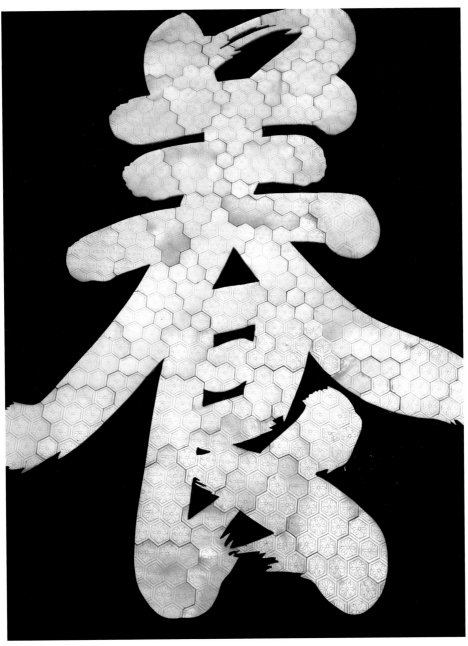

图 44　北厅匾额上的由龟背纹螺钿片组成的"养"字

为灵龟。爻辞的意思是由于灵龟坐卧静养不吃食，故而舍弃自己的大龟，却看着别人大快朵颐而垂涎欲滴。为何要舍弃灵龟？上天生物，是为了让其长寿，延续生命，因此每个人心中都藏有与天俱来的灵龟即本性，由于灵龟静止不食，而愚昧的人看见别人大快朵颐而起贪婪之心，故而舍弃之。这里乾隆帝反用其意，指应保持灵龟的颐养之道即清心寡欲，也就是人的本性。灵龟活得长，

图 45　颐和轩后厦老照片

是因为灵龟善于颐养，因此要保持灵龟的颐养之道，这样才能增长寿命。乾隆帝对灵龟的理解不是停留在表面长寿上，而是要学习灵龟的颐养之道即无欲的本性。乾隆四十一年太上皇宫落成之时，乾隆帝作诗希望能实现期颐之梦，一百岁时迁居于此。乾隆帝想活到一百岁，灵龟自然就成为他表现这种愿望的最好代言者了。

　　悬挂在颐和轩大门内的金漆雕龙乾隆御制诗《颐和轩》挂匾上的诗曰："即渐菟裘构，居图豫立那。此时仍尽瘁，他日拟颐和。奢愿谁能息，高年彼任磨。虽然期廿岁，驹隙度羲娥。"菟裘：出自《春秋左传正义》卷四《隐公传十一年》："使营菟裘，吾将老焉。"后世称士大夫告老退隐之处为"菟裘"。豫立，出自

《中庸》:"凡事豫则立,不豫则废。"构筑菟裘之所,要早做打算。"他日拟颐和",乾隆帝称颐和轩才是他将来归隐颐养的地方,在此颐养,目的就是要学习灵龟的颐养之道。

在检视老照片中,发现了一张颐和轩北厅的老照片(图45),其原状完全出乎我的意料,北厅安装有地平,地平上置宝座。从照片中可以看出来,在北厅的这个小空间里,乾隆帝做了一个类似明间的宝座间。由于此处空间有限,地平做得很小,仅够摆下一张宝座,以便能无妨碍地从旁边通过到达工字廊。根据照片,发现此处的宝座正是存放在景祺阁中的紫檀嵌玉雕蟠螭纹漆面宝座。

宝座背靠龟背纹隔断(图46),上方是"导和养素"匾,左右对联是:"静延佳日春长盎,茂对祥风景总宜。"匾联上的文字由龟背纹螺钿片拼接组成,这种布置使这个空间形成了一个灵龟的空间。导和即"与和气游"和"太和充满",把乐寿堂和颐和轩所追求的和气引导到了这里;养素,出自嵇康《幽愤诗》"志在守朴,养素全真",即顺其自然,返璞归真,像灵龟那样安静而守朴,这正是灵龟的颐养之道,所以宝座是专为灵龟设置的。当然这座宝座只有乾隆帝能坐在上面,暗示他就是灵龟的化身。乾隆帝希望能活到一百岁,像灵龟那样长寿,但要像颐卦那样颐养即做一个仁者。所以当乾隆帝坐在这个宝座上时,面前的月亮门若一轮明月,圆满天成,故题匾曰"挹明月"。

图46　颐和轩南北厅紫檀雕龟背纹嵌黄杨梅花夹纱隔断

第十章

明清太子宫的设置

端本宫与惇本殿

太子宫历来被认为是国之大本，但不同的皇帝对此想的不一样，有的皇帝为立储做准备，营建太子宫，培养太子治理国家的能力，但有的皇帝则害怕太子权力过大，影响到自身的安危。或许皇帝在位时间太长，或许是太子太想上位，凡此种种，必然会影响到皇帝与太子之间的关系。而明清太子宫的营建与装修，就充分揭示了他们之间波澜起伏的关系。

毓庆宫是康熙时修建的太子宫，后来废弃了，雍正时改为斋宫，乾隆时曾一度又作为太子宫。咸丰三年，咸丰帝于惇本殿置朱漆填金字《大学》屏风，有苍龙训子之意。咸丰六年，皇长子载淳（同治帝）出生。但同治亲政后，对未来是否有太子并不上心，由于从小受到母亲慈禧太后的严格管束和教导，早已对这种生活失去兴趣。亲政后的第二年，他着手对毓庆宫进行了改造，拿出的方案自然与前代不同，而且别出心裁，营建了不一样的风景。

一、太子宫前身慈庆宫的肇建

朱棣营建北京紫禁城时，仿太祖之制于东建文华殿以为东宫太子宫。《太祖实录》记："文华殿，东宫视事之所也。"[1]《太宗实录》记："先是内官设皇太子座于文华殿。"[2] 永乐时大学士陈敬宗《北京赋》亦曰："其左则为文华之殿，鹤禁青宫，玉叶金枝，储副是崇。"朱厚熜即位后，10余年膝下无子嗣，嘉靖十二年，庶长子朱载基降生，但两个月后夭折，追封谥号哀冲太子，这给嘉靖帝以沉重打击，嘉靖十五年遂将文华殿改易黄瓦，作为帝王与大臣经筵讲论之所和斋居之所。[3] 文华殿作为东宫使用至此就结束了（图1）。但嘉靖皇帝还是给未来的太子找了另一处宫殿清宁宫作为太子宫，嘉靖十五年四月初九日，嘉靖帝下令说："今复思太皇太后、皇太后二宫，我皇祖原未有制。

图 1　文华殿

今曰清宁者，乃青宫所居，虽无其人，可无其所，是非母后所居也。曰寿者
乃统于乾清宫者，非母后之宫。今朕拟将清宁宫存储居之地后即半作太皇太
后宫一区，仁寿宫故址并除释殿之地作皇太后宫一区，以备皇祖一代之制。"[4]
嘉靖帝说，我左思右想，宫里为什么没有太皇太后和太后二宫呢？原来是皇
祖未有立制，没有建造。清宁宫从现在开始定为太子宫，虽然太子还没出生，
但住所岂能不早作准备，所以这里不宜母亲居住。为完善祖宗制度，于是在
储君之地清宁宫后半地建太皇太后宫，在仁寿宫故址建太后宫。这段话隐约
地表明太后宫只为自己的母亲而建，不考虑张太后。将清宁宫后半地建造为
太皇太后宫，也是为母亲以后当太皇太后作准备的。

　　清宁宫原是武宗皇后的居所，位于东华门内三座门里，嘉靖元年正月
十三日，发生火灾，嘉靖帝强令武宗皇后及妃迁居仁寿宫。嘉靖四年清宁宫
重建完工后，成为母亲蒋太后的居所。嘉靖十五年将清宁宫定为太子宫，并
下令修建太后宫作为母亲将来新的居所。

　　仁寿宫原为孝宗皇后即张太后的居所，位于西路，嘉靖四年三月辛巳发
生火灾被烧毁，火场放置十余年后，于嘉靖十五年五月十一日，嘉靖帝敕令

廷臣议撤佛殿一事，于其地修建皇太后宫。嘉靖十七年六月壬寅朔，嘉靖帝谕礼部曰："朕恭备祖宗一代之制，命建慈庆宫为太皇太后居，慈宁宫为皇太后居。今上有次第，以慈宁奉圣母章圣皇太后，以慈庆奉皇伯母昭圣皇太后，一应供帐悉取给内府，如祖宗例行。"[5] 东建慈庆宫为太皇太后宫，西建慈宁宫为太后宫。嘉靖十七年七月二十二日慈宁宫完工，母亲蒋太后从清宁宫搬出入住慈宁宫，而张太后却没有入住慈宁宫，不得已，嘉靖十九年十一月慈庆宫竣工后，嘉靖帝下令让张太后入居慈庆宫，第二年八月初八日张太后郁郁而终。

二、明代太子宫的格局及特点

清宁宫火灾重建后，嘉靖帝的母亲入住清宁宫，等到修建慈宁宫时，为了让母亲搬出清宁宫至慈宁宫居住，嘉靖帝特让看陵寝的廖文政至清宁宫查看，尚书夏言、大学士李时等陪同，廖文政说："臣看得清宁宫殿平矮，内里暗黑，纯阴无配。"[6] 说明清宁宫规格低，殿宇低矮。而于清宁宫后半地建造的太皇太后宫慈庆宫却规格高（图2）。隆庆时，太后和陈皇后入居慈庆宫[7]。万历时，仁圣陈太后即隆庆陈皇后仍居慈庆宫[8]。但到万历二十七年时，慈庆宫的命运则发生了改变，慈庆宫进行了重新修葺，以备太子居住，《明实录》记："朕仰承天眷祖德，赐生元子暨诸皇子，前屡旨明白。去岁以来，卿等数揭上请以其元子册立。冠婚之礼重典，且原所居之宫狭小，已将慈庆宫葺饰以备移居，昨该监已工完，兹大典可挨次举。"[9] 皇长子朱常洛诞生于万历十年，在册立为太子之前，由于原居之宫狭小，神宗皇帝下令将慈庆宫进行了重新修葺，先让长子入居，然后举行太子册立和冠婚典礼。慈庆宫改为太子宫，其旧悬匾额也要更名，《明实录》记："慈庆宫既改为元子之宫，旧悬匾额悉当更定，容臣等拟名上请。"[10] 但新匾额名并没拟定，仍沿用旧名，到崇祯时才进行了更名，原因也是因为太子要婚娶入居慈庆宫。明光宗朱常洛即位后从慈庆宫到入住乾清宫不到一个月就暴毙了。长子朱由校即位是为天启皇帝，也就是说天启皇帝在即位前没有在太子宫慈庆宫住过一天，而他本人又好木技，《酌中志》记"圣性又好盖房，凡自操斧锯凿削，即巧工不能及也……先帝每营造得意，即膳饮可忘，寒暑罔觉"[11]，使他无意于子嗣后代，数年后，仍无子。天启末懿安皇后入居慈庆宫，意在早生太子。天启七年，天启皇帝

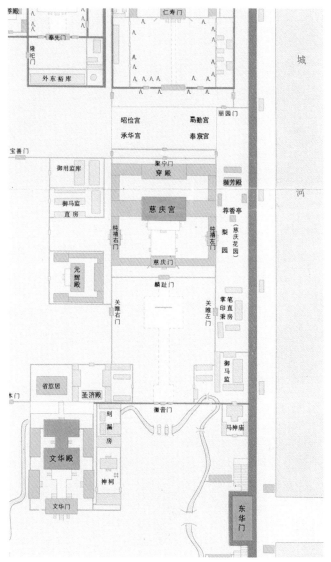

图 2　慈庆宫图（采自中国社会科学院考古研究所绘制《明天启紫禁城图》）

服用"仙药"而死，懿安皇后继续留居慈庆宫。但到崇祯十五年时，因太子朱慈烺要婚娶，需入住太子宫，于是崇祯帝下令懿安皇后迁至仁寿殿，皇太子从钟粹宫迁入慈庆宫，更慈庆宫名曰端本宫[12]，以重国本。《烬书》记："原端本宫（按：慈庆宫更名）在东华门内，即端敬殿之东，前庭甚旷，长数十丈，左为东华门，右为文华门。光宗皇帝青宫时所居也。天启末，懿安张皇后移居于此，名慈庆宫，其外为徽音门。壬午（按：崇祯十五年）八月懿安移入居仁寿殿，因改为端本宫以待东宫大婚。宫门前三石桥，盖大内西海子之水蜿蜒从此出焉。皇太子原居大内钟粹宫，在坤宁宫之左，既渐长当移居。上以慈庆为皇考（按：光宗皇帝）旧居，其后勖勤宫即上（按：崇祯皇帝）旧居也。因以居东宫，奉迁懿安皇后于仁寿殿。前门徽音改前星门，内关雎左右门改为麟祥、燕翼，第二门麟趾改为重晖，第三门慈庆改为端本。纯禧左右门改为养正、体元，再入为端本宫，中设皇太子座，画屏金碧，座左右二大镜屏，高五尺余，镜方而长，左右各有连房七间，门上各堆纱，画忠孝廉节故事。左七间即寝宫内有二雕床，余皆空洞；右七间有雕红宝座及奥室，其内有弘仁殿，规制曲折，与左不同矣。又后为穿殿，两庑翼然，有清正二轩，又后则聚宁门，今改为凝宁门，端本宫至此止矣。"[13]

太子宫端本宫有三道门，第一道门即大门曰徽音门，更名曰前星门，第二道门曰麟趾门，更名曰重晖门，第三道门曰慈庆门，更名曰端本门，说明在万历修葺慈庆宫为太子宫时，拆除了慈庆宫前面的低矮的清宁宫，使前庭变得十分宽阔，可设置三道大门，形成如下格局及陈设特点：

第一，前有三座门。按礼制，帝王为五门三朝，太子则为三门一朝，第一座门曰前星门（图3），第二座门曰重晖门，第三座门曰端本门。前星，出自《汉书·五行志下》："心，大星，天王也。其前星，太子也；后星，庶子也。"前星象征太子，前星门表示这里是太子宫。

第二，端本宫呈工字殿。端本宫"左右各有连房七间，门上各堆纱，画忠孝廉节故事。左七间即寝宫内有二雕床，余皆空洞；右七间有雕红宝座及

图3　前星门（徽音门）

奥室，其内有弘仁殿，规制曲折，与左不同矣。又后为穿殿"[14]。奥室，《后汉书·梁冀传》记："堂寝皆有阴阳奥室，连房洞户。"奥室指被分隔成的很多小间，曲折而隐蔽。所谓"穿殿"即是穿堂，说明端本宫前殿与穿殿连为一体，呈工字形殿。穿殿有东西两庑，再后为端本宫的后门凝宁门。

第三，有慈庆宫花园。《明实录》记："（万历三十一年四月丁未）慈庆宫花园等处工完，遣侍郎周应宾行祀土礼。"[15]说明太子宫功能完备，等级高。

第四，端本宫"中设皇太子座，画屏金碧，座左右二大镜屏，高五尺余，镜方而长"[16]，正中设皇太子座，地位尊贵。座左右设二大镜屏，取唐太宗"以铜为鉴，可以正衣冠；以史为鉴，可以知兴替；以人为鉴，可以明得失"之意。这种陈设模式深深地影响了清代太子宫的陈设。

三、康熙帝肇建太子宫毓庆宫

清入主紫禁城后，初未设太子宫，康熙十四年刚满周岁的胤礽被立为皇太子，《清史稿》记："康熙十四年十二月丙寅，立皇子胤礽为皇太子，颁诏中外，加恩肆赦。"[17]但康熙帝并没有于当时建造太子宫。

明代太子宫端本宫是在康熙时被拆除的，乾隆五年六月十二日的一则档案记载了此事："臣等查得撷芳殿之前的空地长数十丈，即明朝慈庆宫宫前有三门，左麟祥，右关雎，其正门则为前星门。伏查我朝宫殿图样，撷芳殿之南直接前星门，其慈庆宫并麟祥、关雎两门业已拆毁，改建上驷院衙署，所余前星门不过明朝旧址，实无关轻重。"[18]上驷院是清代内务府的三院之一，是掌管宫内用马的机构，它的前身是明代二十四衙门中的御马监，顺治十八年改为阿敦衙门，《钦定日下旧闻考》称："康熙十六年，改今名，旧署在东华门内三座门之西。今改建于左翼门外，门西向。"东华门内三座门指的就是端本宫的大门前星门。上驷院建于康熙十六年，档案记载："（康熙十六年）十二月初五日，总管太监顾太监送来汉文，内开我奏称将翻书房、上驷院之祭祀房图样奏览时，奉旨：两处正房俱各隔出两间，中间一间空出，两边厢房照例修理后刨炕等处，着内务府大臣与营造司官员商议后刨修。原有大门、房门勿堵死，房屋顶子、墙、台阶、院、井、静室修理时，俱用旧砖，南北长房房内新开小门俱砌死，钦此，钦遵。"[19]

康熙拆除了端本宫（慈庆宫）后，上驷院并没有于其上建造，而是建在了端本宫基址的西侧，档案记载："乾隆三十九年十一月初八日，据上驷院衙门奏请挪盖御马圈并衙署一折，奉旨:好，即照此办理，钦此，钦遵。移咨前来，奴才等率员前往查看得上驷院衙署旧有房三十七间内建盖文渊阁，展宽地基，将该署大堂等房拆去一半，始足敷用。遵照该管大臣等所奏，在拆毁房间院内补盖喂马房五间，并留旧房十间以备御马圈之用。将左翼门东边旧有喂马房一所挪盖衙署，于内除现有大门五间，群房十间，毋庸修理外，应挪盖大堂五间，配房十间，顺山房六间。"[20] 乾隆时，为了建造典藏《四库全书》的文渊阁，将上驷院衙署挪盖于左翼门东，再于拆毁的地基上补盖喂马房五间。

由于明代太子宫已被拆除，康熙十八年建太子宫时，就选址于奉先殿西明代神霄殿的基址上，让太子宫紧临祭祀祖先的奉先殿，以不忘祖宗之恩德。康熙朝《钦定大清会典事例》记："十八年，建皇太子宫，正殿曰惇本殿，殿之后曰毓庆宫，前曰祥旭门。"[21] 从宫殿门座名看，祥旭门与重晖门意同，惇本殿与端本宫意同，说明康熙时太子宫完全仿照明太子宫建造，惇本殿相当于端本宫，毓庆宫相当于穿殿，清代为了防火，前后殿没有连在一起，中轴上也少了两座门，没有前星门和端本门，也没有花园，显然比明代太子宫的规模小，等级低。这说明原毓庆宫东西为游廊，不是围房形式，应该是继承了明太子宫的形式，到康熙三十九年才于游廊内盖房，但并没有拆除游廊。惇本殿的左右是否如端本宫一样建有连房七间，据现状看，狭长的空间使东西没有足够的空间来建房，故没有连房七间。

太子宫建好后，按文献的习惯称法，太子宫被称为毓庆宫。皇太子胤礽于此住了 30 年，太子宫有过一段辉煌的历史，但至康熙四十七年胤礽因罪被废，囚禁于咸安宫，四十八年三月复立为皇太子，五十一年十月再次以罪被废黜，仍禁锢于咸安宫。五十二年康熙帝谕旨不再立皇太子,《清史稿》记："清自康熙五十二年后不复建储。"[22] 毓庆宫从这时起作为皇太子宫暂时结束了它的使命。

胤禛即位后，废除了立太子制度，毓庆宫再也不是太子宫了，雍正九年改为斋宫，但建筑格局并没有改变，档案记载："（雍正九年）二月初二日，内务府总管海望奉上谕：毓庆宫改为斋宫，不必将就盖造，另画样呈览过，重新盖造，钦此。"[23] 乾隆《新正重华宫》诗中"初咏关雎吉所迁"句后自注曰："雍正五年，娶孝贤皇后，始自毓庆宫东所迁居于此西二所。"这说明弘历结婚前并没住在毓庆宫里，而是住在毓庆宫东所，东所应在毓庆宫院外。

四、乾隆八年意欲改建毓庆宫为太子宫

弘历即位后，于元年七月将皇次子即嫡长子永琏密定为皇储。这对于乾隆来说是开天辟地的大事，因为他之前的四个皇帝都是妃子所生，没有一个属于嫡出。永琏是嫡长子，将来由他来继承皇位，才是正支正脉，但未想到的是两年之后永琏就夭折了，乾隆赠给永琏谥号为"端慧皇太子"。但乾隆八年时发生了两件事：一是永琏于十二月十一日入葬端慧皇太子园寝；二是十一月初九日，毓庆宫改造工程启动，据档案记载："奴才海望、三和谨奏为请领银两事，奴才遵旨办理毓庆宫工程，照依奏准式样建造大殿五间，后殿五间，照殿五间，前东西配殿六间，琉璃宫门二座，转角露顶围房三十四间，宫门前值房十四间，后院净房一间，成砌宫门大殿、后殿、西边院墙，铺墁甬路，散水，丹墀海墁地面，其殿宇房座俱照宫殿样式油饰彩画裱糊。"[24] 与康熙时相比，毓庆宫增加了一座照殿、前东西配殿、两座琉璃宫门和转角露顶围房三十四间。照殿即位于最后的殿，在毓庆宫后。从增加的"转角露顶围房三十四间"看，整个宫殿区形成了一圈转角围房，康熙的游廊被彻底拆除了。围房把惇本殿、毓庆宫给包围了起来，照殿则与围房相连。如此巨大规模的改建，乾隆帝心中一定有新的希望出现，才会让他投入巨大的财力和人力。

一边是毓庆宫改建，不仅没缩小，反而扩大了，一边是太子入葬，说明乾隆八年毓庆宫的改建与入葬太子有关。在乾隆帝的心中，虽然太子入葬了，但太子宫不能没有，增加的一座琉璃宫门名"前星门"就是为等待下一位嫡子的出生而准备的。[25] 因此乾隆帝相信，孝贤皇后一定再会带给他一个惊喜。

乾隆帝要想把毓庆宫作为太子宫，就得考虑其他皇子们的居所，于是想到了被拆除的明太子宫这一区域。上文所引乾隆五年派内务府总管查看明太子宫区域时称明太子宫已被拆除改建为上驷院，只有撷芳殿与前星门相对，之间有长数十丈的空地，"至于门内外两傍堆贮石块系拆毁慈庆宫及麟祥、关雎两门并修理宫殿余积之物，且无碍于前星门道路。再查紫禁城内地面俱有该内管领监视打扫清理，其桑格奏请整饰辉煌之处应毋庸议可也。谨此奏闻，奉旨：桑格所奏前星门堆放土石一事或于风水稍有关碍，亦未可定。尔等着钦天监同洪文澜看，再地方理宜洁净，其堆放石块内择其堪用者运送圆明园以修工程处应用，其不堪用者，移于紫禁城外空闲处堆放"[26]，开始清理前星

图 4　南三所

门道路两旁堆放的拆毁慈庆宫及麟祥、关雎两门的石块瓦砾余积之物，为建南三所作准备[27]。

　　乾隆十一年四月初八日皇七子诞生，为孝贤皇后所生，为嫡出，这使乾隆实现嫡子继位的梦想又有了希望，说明乾隆八年太子宫的改建没有白付出。当年作为皇子们集中居所的新址南三所正式兴工（图4），对撷芳殿等处柱檩柁梁间的楠木作了统计，档案记载："奴才三和谨奏为续请银两事，查先经奴才因遵旨建造三所工程折奏内开所需工料，查得撷芳殿等处柱檩柁梁间有楠木，估计酌添松木银两四千五百七两八钱四分三厘……拆卸之时，如楠木甚多，添换松木银两不敷再行奏请等因，于乾隆十一年三月二十二日具奏，奉旨：知道了。乾隆十二年四月十三日具奏。"[28] 撷芳殿是明代宫殿，刘若愚《酌中志》记："徽音门内曰麟趾门，内则慈庆宫，神庙时，仁圣陈老娘娘居之。内有宫四，曰奏宸宫，勖勤宫，承华宫，昭俭宫。其园之门，曰韶舞门，丽园门，曰撷芳殿，荐香亭，麟趾门之东，曰关雎左门。"[29] 按刘若愚所记，撷芳殿应在四座宫之后，当康熙拆除了慈庆宫等诸宫后，乾隆五年时的档案记载才会称撷芳殿与前星门直对。

　　撷芳殿在雍正时期就已成为皇子居住的地方，档案记载："（雍正八年五月）十七日，营造司员外郎释迦保等来文称：内务府交付，撷芳殿后殿修理裱糊后，

图 5 中所撷芳殿

拟由四阿哥、五阿哥住等语。"[30] 雍正帝驾崩后，和亲王还曾在撷芳殿住过一段时间，档案记载："本日总理事务王大臣奉上谕：和亲王向在宫内居住，今梓宫奉移之后，和亲王福金可择日暂移撷芳殿。俟和亲王府第定议时再行移居。"[31] 乾隆十一年建南三所时，拆除撷芳殿，但又在端本宫的位置上重建了撷芳殿以作为中所（图5），故撷芳殿名一直沿用，并成为南三所的代称。档案记载："查撷芳殿改建三所房间，系乾隆十一年三月内兴工，次年工竣，迄今二十年未加粘修。殿宇头停配殿天沟俱有渗漏，板墙糟朽，山花坍损，油饰爆裂，又因阿哥等于二十六年移出之后，其外围茶饭值房等项房屋俱改为各处值房，今遵旨修理给阿哥等居住。所有应用炉灶、炕铺装修隔断等项，应照旧式修理，应共估需工料银三千九百余两。"[32] 乾隆十二年南三所竣工后，这里就成为皇子皇孙居住的地方了。[33]

但就在这一年的年底，乾隆帝又遭受到一次更残酷的打击，乾隆十二年十二月二十九日亥时，皇七子夭折。特别让他心灰意冷打消了念想的是孝贤皇后于乾隆十三年三月十一日崩逝，嫡子从此无续。也就是从这时开始，乾隆帝就取消了毓庆宫为太子宫的意图，不得已才将毓庆宫作为皇子皇孙入学后居住的地方。嘉庆帝《毓庆宫忆昔有感》诗曰"髫龄即居此，训政复三年"[34]，称自己5岁时入住毓庆宫，时间是在乾隆三十年。所以毓庆宫成为皇子居住的时间最早不能超过乾隆三十年。也就是说皇子居住的地方除了南三所，还有毓庆宫。

五、乾隆六十年改建毓庆宫为太子宫

乾隆即位时曾对天立誓，执政 60 年后归政，他在《新葺宁寿宫落成新正恭侍皇太后宴因召廷臣即事联句》中称"本拟乾隆六十年，设诚如愿禅应然。敢期增益比皇祖，定卜京垓迈老箋"，注中说："皇祖临御六十一年，予不敢上同皇祖，是以践作之初，吁天默祝至六十年，即拟归政。"[35] 由于毓庆宫是皇子皇孙读书和居住的地方，所以至乾隆六十年新年后，即着手改建毓庆宫以作为即将册立为皇太子的永琰的居所，档案记载："奴才和珅、福长安谨奏为奏闻……遵旨将毓庆宫殿前添盖大殿一座，计五间，其惇本殿并配殿露顶、祥旭门俱往前挪盖，添盖围房六间，拆去值房十一间，改盖值房六间。后照殿前添盖东西游廊六间，照殿东山添盖抱厦一间等项活计烫样呈览，奉旨：照样准做，钦此……详细估得毓庆宫添盖大殿一座，计五间，内明间面阔一丈二尺五寸四，次梢间各面阔一丈一尺二寸五分，进深二丈四尺……内里成搭万字高炕……照殿东山添盖抱厦一间，面阔一丈六尺，进深五尺……后殿两边添盖游廊二座，每座计三间，内明间面阔一丈二，次间各面阔九尺五寸，进深四尺……东西围房接盖六间，各面阔九尺，进深一丈一尺……挪盖惇本殿一座，计五间，东西配殿二座，每座计三间，配殿南山房二座，每座一间。旭祥门一座，俱黄色琉璃头停，照旧式修理。旭祥门前院改盖值房二座，每座计三间……惇本殿前月台一座，面阔三丈四尺，进深一丈四尺，毓庆宫前丹陛一道，面阔三丈五尺，进深一丈九尺，游廊后檐丹陛二道，各面阔一丈一尺二寸，进深五尺五寸。成砌看墙二道，掐子墙四道，曲尺板墙二道，挪安青白石灯座二分，缸座二分。"[36]

于毓庆宫前添建大殿一座即毓庆宫前殿，原毓庆宫则成为后殿。将后殿东廊房改造为东套殿即东顺山墙殿，并于殿前添盖抱厦一间。后殿两边添盖游廊二座。东西围房接盖六间。由于添盖了毓庆宫前殿（图 6），故而将惇本殿前移挪盖（图 7）。祥旭门照旧式修理。前院改盖值房二座。惇本殿前增建月台一座，毓庆宫前增建丹陛一道，游廊后檐丹陛二道。成砌看墙二道，掐子墙四道，曲尺板墙二道，挪安青白石灯座二分，缸座二分。[37]

图 6　毓庆宫

图 7　惇本殿

图 8　毓庆宫全景

这次改建，使毓庆宫最后定型，形成了二门三殿周围房的格局（图 8）。这次改造规模远超乾隆八年的改造，一方面可能是因为永琰已经步入中年，宫殿不能像太子宫那样简单了，以增加宫殿的形式来彰显永琰的地位。太子宫只是短暂的过渡，马上这里就是皇帝办公的地方了；二是乾隆还打算住在养心殿里继续执政，即使永琰即位当上了皇帝，毓庆宫办公条件俱佳，不必搬至养心殿办公。

至今太子宫正殿惇本殿还残存着乾隆六十年改建后至嘉庆四年时的一些装修，明间楣间南向悬挂的是乾隆帝御书"笃祜繁禧"匾，两楹所挂对联曰："祖德敬而承，仰思堂构；天恩引以冀，远逮云礽。"堂构：立堂基，造屋宇，出自《尚书·大诰》"若考作室，既底法，厥子乃弗肯堂，矧肯构"；云礽：远孙，出自《尔雅·释亲》"晜孙之子为礽孙，礽孙之子为云孙"。此乃乾隆六十年永琰受封时所赐，要继承祖先的功德，常怀敬仰之心，才能得到上天的保佑，福佑子子孙孙。这副对联是乾隆帝对太子永琰的谆谆教导，这时的毓庆宫已成为太子宫。门内北向悬挂的匾曰"履道安敦"（图9），两柱上悬挂的对联曰："笃学在躬行，宜循实践；淑心惟理顺，克务懋修。"此为乾隆四十四年赐给嘉庆帝潜邸的匾联。[38] "笃祜繁禧"和"履道安敦"两块匾的赐予和悬挂正殿，证明乾隆帝的一种担心，他内心还是害怕永琰将来不顾父子之情干出让祖宗不安的事来（因为乾隆帝归政后还想居住在养心殿），故以儒家提倡的老实本分，追思祖上功业为立身和治理国家的根本。

永琰入住毓庆宫后，对父皇的匾联保持原状，而且还于嘉庆三年，乾隆帝驾崩后，即于"履道安敦"匾旁悬挂自己的御笔《惇本殿敬纪》挂匾，"殿额日瞻诗敬纪，诞敷帝德遍含淳"[39]，以表明心声，叙说父皇恩德，每日瞻视题额，牢记九经要义，滋养寸心，做人敦厚诚实。

图9 乾隆御笔"履道安敦"匾

六、嘉庆帝装修毓庆宫以为几暇临幸

乾隆帝改建毓庆宫，目的是在宣布永琰为皇储后入居毓庆宫，据嘉庆帝《毓庆宫赐额》中注曰："乾隆六十年乙卯九月三日宣谕，立储于十一月十八日，命自撷芳殿移居毓庆宫，复赐额'继德堂'。"十一月十八日，永琰被正式确立为皇储，入居毓庆宫。但明年元旦，乾隆帝才宣布退位，这段时间毓庆宫实际上就成为一座太子宫了。乾隆帝退位后，又训政了三年，直到乾隆帝驾崩后，嘉庆帝移驾养心殿，才有机会对毓庆宫进行改造，改造的目的是把乾隆帝装修的带有太子宫色彩的陈设和装修去掉，改为几暇临幸之处，他在《毓庆宫识语》中说："予蒙恩独厚，自乙卯至己未居此四年。今虽居养心殿，若仍令皇子居毓庆宫，致启中外揣摩迎合之渐，大非皇子之福。敬遵我皇考历年所降之旨，于建储一事，万分慎重，永守勿替。此予留置毓庆宫为几暇临幸之处，意在杜邪心，息诐说，非为游览消遣也。"[40]故嘉庆四年至六年对毓庆宫进行了大规模的装修改造，现存毓庆宫后殿即继德堂殿中的众多小间（图10），据林姝《从毓庆宫继德堂"迷宫"看清仁宗的政治理念》一文的考证，

图10　继德堂

图 11　毓庆宫味余书室

图 12　嘉庆帝御笔"宛委别藏"匾（修复前）

为嘉庆帝亲政时的装修遗存，西次间通过板墙与坐榻分隔为五个小间，东次间分隔为四个小间，东二间分隔为五个小间。[41] 由于东西梢间改造为"味余书室"和"宛委别藏"两处书屋（图 11、图 12），较为开阔，这些小间的出现，主要起到了一种曲径通幽、览胜，洞幽烛远的作用。

关于毓庆宫前后殿之间的工字廊的建造时间，嘉庆朝《钦定大清会典事例》记："六年，重修斋宫并添建继德堂后穿堂一座。"[42] 档案亦记嘉庆六年八月初九日："毓庆宫后檐至继德堂添建穿堂一座，计三间，内里装修楠木书格，毓庆宫头停后坡、继德堂头停前坡找宽瓦片。"[43] 故工字廊建成于嘉庆六年。

七、咸丰帝设《大学》屏风意欲恢复太子宫

咸丰六年，咸丰帝长子出生，八年开始装修毓庆宫，十一月十二日踏勘毓庆宫东进间拟添安柏木圈口、楠木亮窗和楠柏木栏杆。十一月十八日对工字廊和前殿进行了踏勘，确定的装修方案是："工字廊东边真门口向南安博浪壁子门一扇，往东开；东间壁纱橱连真假门口挪安西间，添做木壁糊纸。真门口在南，假门口在北。前殿西间隔扇罩一分撤去，东进间暖阁嵌扇一扇，撤下照南床式样改安床挂面一块。东次间前后檐嵌扇四扇，撤下，共六扇，俱安明间。东次间后檐撤去高矮床，向南改安高床一张。十二月十三日又作了一次踏勘，拟毓庆宫明间安风门架门窗一分，冰纹式样油红边绿楞条隔扇，俱安博缝糊严。东进间添安圈口一个、楠木夹纱亮窗一扇、栏杆七堂。"[44]

庄立新和张燕芬两位同仁都对咸丰时的档案和样图 167-0093（图13）、167-0086（图14）和 167-0168 进行了对比研究，认为现存前殿原状应是咸丰时的装修，此不赘述。[45]

图13　图167-0093 毓庆宫前殿东进门装修图　　　图14　图167-0086 毓庆宫明殿前檐添做冰纹式鱼鳃风门

图 15　惇本殿明间陈设的咸丰帝御笔金字《大学》红漆屏风（修复前）

　　据惇本殿现存原状，我们发现地平上所置朱漆填金字《大学》屏风（图15），是咸丰时陈设的,屏风上落款为"癸丑仲秋御笔敬书"和"咸丰御笔"印。屏风的陈设显然不是为皇子们准备的，这与咸丰帝本人有关系。他被父皇道光帝安排居住在钟粹宫，继位后写有《钟粹宫感旧》诗，言"居此幼龄十七年"，"昔是承恩予旧地，今为基福后之宫"句[46]，咸丰帝认为钟粹宫虽不是太子宫，但实际上与太子宫差不多，他是被当作未来的储君而居住于此的。所以咸丰帝想名正言顺地把毓庆宫再改为太子宫。咸丰六年,载淳（同治帝）出生，这是他唯一的儿子，八年开始重新装修毓庆宫，设《大学》屏风，俨然一副苍龙训子的样子，毓庆宫欲为太子宫之意昭然若揭。

八、同治帝改造装修毓庆宫

　　庄立新和张燕芬通过图档对比研究，均认为编号为 165-0024、176-0004、176-0007 的毓庆宫装修地盘样图是同治时期的装修图[47]，本文在此基

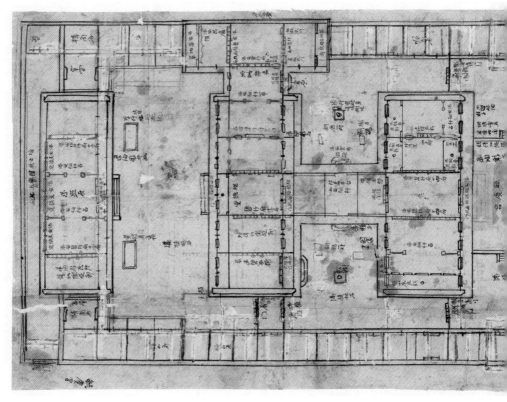

图 16　图 165-0024 毓庆宫地盘样

础上，作进一步的分析说明，图 165-0024 工字廊上标有"改盖平台，上安栏杆""横楣坐凳"，后罩殿东西标有"转角廊"，后罩殿后院墙标有"墙上画线画七间"（图 16），右上角写有"十三年正月初六呈回"；图 176-0004 工字廊上标有"改盖平台，上安栏杆"，后罩殿院墙标有"墙上画过绘线法七间"（图 17）；图 176-0007 上标有"贵巴、傅孟同治十二年十二月二十日查毓庆宫"，工字廊两侧标有"改平台""上栏杆""添横楣坐凳"（图 18）。三幅样图标记的这些相同内容装修，在档案中得到了印证[48]，档案记载同治十三年二月二十三日："毓庆宫正殿、东西配殿并各殿宇房间，满加陇捉节，錾坎油饰，院内地面、瓦满挑换，归安石料，以及添砌琉璃瓦池，改安门窗、隔扇，添安屏门、曲尺、影壁、药栏、狮子、金海石座。工字廊三间改盖平台，添安栏杆、座凳、山石、踏朵。后院改盖东西转角廊子。后院大墙满抹饰淋浆白灰，上画线法。正殿、后殿、东套殿、后照殿、东西顺山殿及东西围房添做楠柏木栏杆罩碧纱橱，四十四槽满安镀银什件，添做挂檐床楠木屉子，俱随糊饰。"[49]这证明三幅样图都属同治时的毓庆宫装修图。

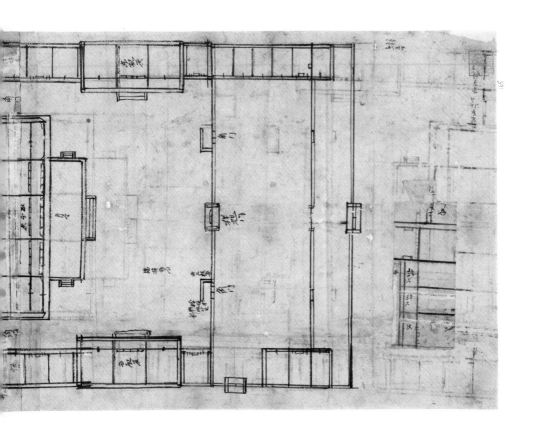

图 176-0007，字潦草，用毛笔勾勒大概，是贵巴大臣踏勘后的草图。图
165-0024，样图画得比较规矩，但有不少改涂，是在草图基础上的第二稿装修
图，故注明是"十三年正月初六呈回"[50]。图 176-0004，样图干净，无涂改痕迹，
是最后的定稿图。

按样图和档案记载，毓庆宫将作如下的改造和装修：

1. 于祥旭门外安狮子，门内两侧设曲尺板墙，惇本殿前安设药栏。

2. 毓庆宫前殿明间东西添安碧纱橱十四扇。东次间南北几腿罩床见新，
西安四扇槛窗，两侧安桂月窗两扇。东梢间北几腿罩床见新，南添安栏杆罩。
西次间西添安栏杆罩。西梢间北安玻璃屉，外安支窗，西顺山床见新。

3. 工字廊改盖平台，上安栏杆和横楣坐凳，还有山石踏跺。

4. 毓庆宫后殿明间与东西次间之间安碧纱橱十二扇。图 165-0024 东次
间东原写的是"添安碧纱橱十二扇"字样，却被纸条盖上了，重新画了一个
八方门和两侧的上扇面下六方的窗两扇，说明这组碧纱橱不添安了，改成了
八方门（图 19），图 176-0004 即按此方案重新绘制的（图 20），这也是确定

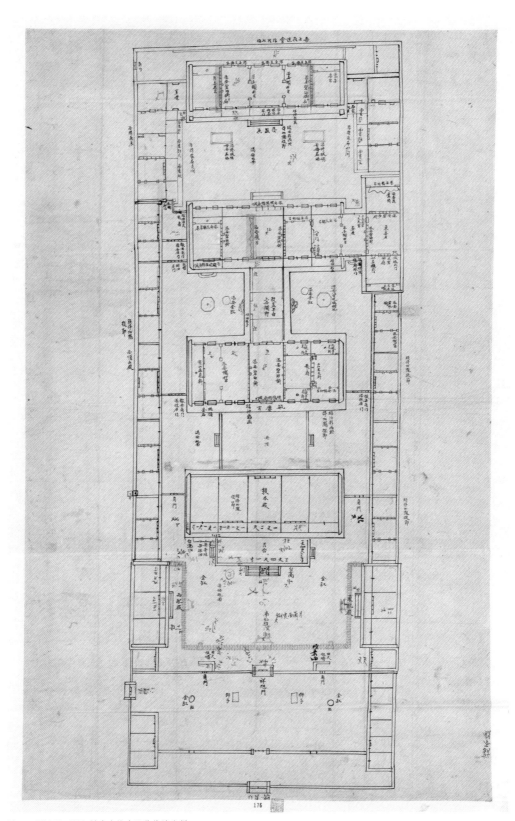

图 17　图 176-0004 毓庆宫惇本殿装修地盘样

图 18　图 176-0007 毓庆宫装修糙底图

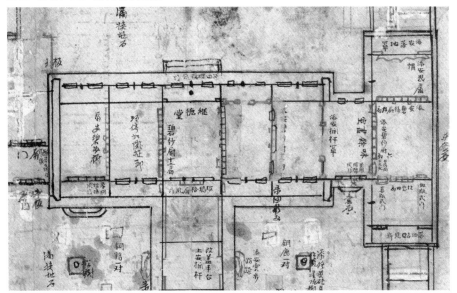

图 19　图 165-0024 毓庆宫后殿装修图

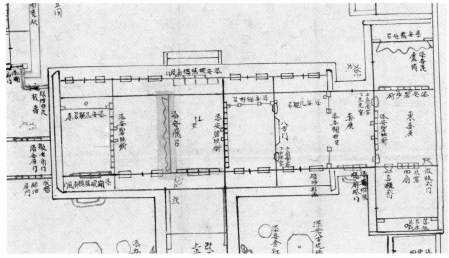

图 20　图 176-0004 毓庆宫后殿装修图

此图为最后定稿的原因之一。东梢间东添安栏杆罩。抱厦味余书屋西中添安碧纱橱，两侧安上扇面下元光的窗两扇。东套殿北添安碧纱橱二十扇，南中安北窗四扇，两侧安真假瓶式门两扇。西次间西添安碧纱橱。

5. 后罩殿东西添盖拐角廊，明间东西添安栏杆罩，东西次间与东西梢间之间添安碧纱橱十扇。

6. 后院墙上画线法画七间。

按此装修样图，毓庆宫将大变样，我们会吃惊地发现毓庆宫像一座花园了。同治帝的心思没放在是否将它改造为太子宫，为以后建储作准备，而是要改造为一处与众不同的充满游乐的空间：

1. 祥旭门内立了屏门影壁，东西两侧的角门内安装曲尺。惇本殿前院安药栏即竹篱笆墙，有了篱笆墙，就会有花，这样就使毓庆宫失去了庄严性，没有太子宫的压抑了，像花园了，空间更自由了。

2. 毓庆宫前后殿之间的工字廊的屋顶被改成了平台，两侧安装了栏杆，平台上置坐凳、山石、踏朵。人可以在上面走动或坐在石凳上，品茗，下棋，观赏，真可谓有春宜花、夏宜风、秋宜月、冬宜雪的情趣了。试想，站在平台上，玉树临风，是何等惬意！

3. 在工字廊的两侧砌八方琉璃树池，后罩房前砌方形琉璃牡丹花池，树木参差，花香鸟语，漫步其间，自然不受拘束，低头闻花香，抬头望蓝天，花园的气息更加浓烈了。

4. 后院大墙满抹饰淋浆白灰，直接在上面画线法画。线法画即通景画，具透视效果，像真的空间一样，让人有走进去的感觉，有限的空间得到了视觉上的延伸。这可是同治帝的创新——通景画壁画，不是贴落通景画。一共有七幅，具体内容我们不得而知，但可以肯定地说这种壁画在清宫中应是首次出现。毓庆宫愈加美轮美奂了。

前有药栏，中有露天平台，后院墙上画有大面积的线法通景画，一幅园林景致。档案记载于同治十三年二月初十日开工，但工作断断续续。据现存原状，毓庆宫前殿几乎未作改动，工字廊仍为嘉庆时的楠木书格[51]，后殿明间东则安装了碧纱橱（图21），而嘉庆时的众多小间也未按图纸施工拆除。或许是国事多艰，同治帝改变了主意，也有可能是年底同治帝宾天了，停止了改造工程。不管怎样，后殿众多小间的保存，使我们今天有幸还能看到这些神奇的"迷宫"格局。

图 21　毓庆宫后殿明间碧纱橱

　　明清太子宫不是同一座宫殿，但二者有渊源关系，宫殿名称一脉相承，特别是明间大镜屏陈设，为清代所继承和采用。虽然明太子宫不复存在，但清太子宫保存完整，且有档案和装修样图留存，为我们研究其发展演变提供了条件。特别是三幅同治时的装修样图的确定，厘清了各个时期的装修内容与现存原状的关系。明代太子宫至万历时才确定下来，形成三门一朝带工字廊的太子宫形制。清代太子宫肇建于康熙十八年，但帝王们根据各自不同的目的，几经改建，最终形成两门三殿格局，与礼制较为不符。清代太子宫的室内装修也是一个不断变化的过程，主要有三个时期的装修影响了毓庆宫的格局：一是嘉庆亲政时的装修，形成众多的小间格局；二是咸丰时期，形成了现在毓庆宫前殿的装修风格；三是同治时期，安装了很多碧纱橱，似有明代"门上各堆纱，画忠孝廉节故事"的作用。

注 释

1.《大明太祖高皇帝实录》卷一一五，洪武十年十月甲戌。

2.《大明太宗文皇帝实录》卷二九，永乐二年三月庚午。

3. [清] 于敏中等编纂：《钦定日下旧闻考》卷三四，《钦定四库全书·史部地理类》，台北商务印书馆影印，1986 年。

4.《大明世宗肃皇帝实录》卷一八六，嘉靖十五年四月癸巳。

5.《明世宗肃皇帝实录》卷二一三，嘉靖十七年六月壬寅朔。

6.《文政公行程实录记》，《兴邑衣锦三僚廖氏族谱》，江西兴国县三僚村廖氏家族藏。

7.《大明神宗显皇帝实录》卷二，隆庆六年六月己巳。

8.《大明神宗显皇帝实录》卷一九一，万历十五年十月丁巳。

9.《大明神宗显皇帝实录》卷三四五，万历二十八年三月己巳。

10.《大明神宗显皇帝实录》卷三四五，万历二十八年三月己巳。

11. [明] 刘若愚：《酌中志》卷一四，第 72 页，北京出版社，2018 年。

12.《山书》记："崇祯十五年七月更名端本宫。"见《钦定日下旧闻考》卷三五。

13. [清] 于敏中等编纂：《钦定日下旧闻考》卷三五，《钦定四库全书·史部·地理类》，台北商务印书馆影印，1986 年。

14. [清] 于敏中等编纂：《钦定日下旧闻考》卷三五，《钦定四库全书·史部·地理类》，台北商务印书馆影印，1986 年。

15.《大明神宗显皇帝实录》卷三八三，万历三十一年四月丁未。

16. [清] 于敏中等编纂：《钦定日下旧闻考》卷三五，《钦定四库全书·史部·地理类》，台北商务印书馆影印，1986 年。

17.《清史稿》卷六《本纪第六·圣祖本纪一》，中华书局，1977 年。

18.《奏报前星门堆放土石无碍道路折》，乾隆五年六月十四日，《奏销档 202-166-1》，中国第一历史档案馆藏。

19.《康熙帝谕修翻书房等处事》，康熙十六年十二月初五日，《长编 70078》，《内务府上传档 4》。

20.《御前大臣福隆安等奏为上驷院请盖御马圈并衙署估需工料银两事》，乾隆四十三年二月二十一日，《奏案 05-0335-002》，中国第一历史档案馆藏。

21.《钦定大清会典事例·工部》（康熙朝）卷一三一，"营造一·内府"。

22.《清史稿》卷一〇五《志八〇·舆服四附卤簿》，中华书局，1977 年。

23.《清宫内务府造办处档案总汇》，第五册，第 664 页，雍正九年二月初二日，人民出版社，2005 年。

24.《总管内务府大臣海望等奏为修理毓庆宫》，乾隆八年十一月初九日，《长编 60495》，《内务府奏案，全宗 5 奏案卷 58 号 28》，中国第一历史档案馆藏。

25. 参见陆成兰：《毓庆宫的三次改建与清代建储》，该文论及了第二次改建与乾隆立储的关系，认为乾隆八年的改建与乾隆的建储思想和宫廷制度的完善是一致的。《中国紫禁城学会论文集》第 3 辑，紫禁城出版社，2000 年。

26.《总管内务府大臣海望等奏为修理毓庆宫》，乾隆八年十一月初九日，《长编 60495》，《内务府奏案，全宗 5 奏案卷 58 号 28》，中国第一历史档案馆藏。

27.《总管内务府大臣海望等奏为修理毓庆宫》，乾隆八年十一月初九日，《长编 60495》，《内务府奏案，全宗 5 奏案卷 58 号 28》，中国第一历史档案馆藏。

28.《内务府大臣三和谨奏为请领建撷芳殿等处工程银两事》,《长编60819》,《奏案05-0085-022》:乾隆十二年四十三日,中国第一历史档案馆藏。

29.[明]刘若愚:《酌中志》卷一七,第151页,北京出版社,2018年。

30.《营造司员外郎释迦保等咨文广储司给发修撷芳殿物料事》,雍正八年五月十七日,《长编60201》,《内务府广储司消费档》,《内务府广储司消费档全宗号5案卷号236译自满文》,中国第一历史档案馆藏。

31.《和亲王福金暂移撷芳殿》,雍正十三年九月初十日,《雍正朝汉文谕旨汇编》,第2册,第264页,广西师范大学出版社,1999年。

32.《奏为修缮东三所约估银两数目事折》,乾隆三十一年五月十七日,《奏销档280-037》,中国第一历史档案馆藏。

33.参见单士元:《故宫南三所考》,《故宫博物院院刊》1988年第3期。

34.《清仁宗御制诗集》第2册,《故宫珍本丛刊》,海南出版社,2000年。

35.[清]弘历:《新葺宁寿宫落成新正恭宴皇太后复因召廷臣即事联句》,《御制诗集四集》卷三三,《钦定四库全书·集部·别集类》,台北商务印书馆影印,1986年。

36.《内务府大臣和申等奏为毓庆宫添盖大殿估需银两事折》,乾隆六十年二月初三日,《长编68848》,《奏销档446-136-1》,中国第一历史档案馆藏。

37.《内务府大臣和申等奏为毓庆宫添盖大殿估需银两事折》,乾隆六十年二月初三日,《长编68848》,《奏销档446-136-1》,中国第一历史档案馆藏。

38.[清]章乃炜:《清宫述闻》卷五,第317页,北京古籍出版社,1988年。

39.《清仁宗御制文初集》卷二四,第400页,《故宫珍本丛刊》,海南出版社,2000年。

40.《清仁宗御制文初集》卷一〇,第86页,《故宫珍本丛刊》,海南出版社,2000年。

41.林姝:《从毓庆宫继德堂"迷宫"看清仁宗的政治理念》,《紫禁城》第289、290、292期。

42.《钦定大清会典事例·工部二》(嘉庆朝)卷六六二,"宫殿营建"。

43.《总管内务府大臣明安等奏为修理斋宫等处房间用过银两事》,嘉庆六年八月初九日,《长编62961》,《奏案05-0490-044》,中国第一历史档案馆藏。

44.《呈为成做毓庆宫工字殿真假门帘架壁子改安高床等银两事》,咸丰十年十二月二十六日,《长编67682》,《内务府呈稿咸营34》,中国第一历史档案馆藏。

45.参见庄立新、单群璋:《毓庆宫内檐装修的添安年代及工艺特征》,《中国文物报》2016年2月5日,第6版。张燕芬:《毓庆宫建筑沿革与前殿内檐变化》,《沈阳故宫博物院院刊》2019年第1期。

46.章乃炜:《清宫述闻》(下),第555页,紫禁城出版社,2009年。

47.参见庄立新、单群璋:《毓庆宫内檐装修的添安年代及工艺特征》,《中国文物报》2016年2月5日,第6版。张燕芬:《毓庆宫建筑沿革与前殿内檐变化》,《沈阳故宫博物院院刊》2019年第1期。

48.参见庄立新、单群璋:《毓庆宫内檐装修的添安年代及工艺特征》,《中国文物报》2016年2月5日,第6版。

49.《总管内务府呈长春宫钟粹宫昭仁殿毓庆宫等处需修缮处清单》,同治十三年二月二十三日丙申,《长编64056》,《奏案05-0875-089》,中国第一历史档案馆藏。

50.参见张燕芬:《毓庆宫建筑沿革与前殿内檐变化》,《沈阳故宫博物院院刊》2019年第1期。

51.庄立新、单群璋:《毓庆宫内檐装修的添安年代及工艺特征》,《中国文物报》2016年2月5日,第6版。

第十一章

紫禁城里的斗坛设置

澄瑞亭与英华殿

斗坛拜斗母，但却跟北斗有关系，因为她是北斗即众星之母。北斗，在天上，看得见，是自然现象，但却不是神。斗母虽然看不见，但却是高于北斗的神。我们先说北斗，汉代司马迁说它如帝车运于天庭中央，临制四方，分阴阳，建四时，移节度，定诸纪。远古先民有的是蜷曲着身躯的葬式，据说这就是北斗之形。著名的西水坡蚌壳龙墓葬遗址，男性足下用人腿胫骨摆成了一个北斗形。明太祖朱元璋驾崩后，葬在南京紫金山下，他的陵寝从下马坊到宝城，一共建了7座建筑，形状如北斗，死后仍可临制四方，并预示子孙昌盛。[1]

　　自永乐帝于钦安殿供奉真武大帝后，他的后世子孙就把钦安殿当成了拜北斗的场所了。弘治时于钦安殿外竖立巨大的北斗七星蠹旗杆。蠹旗杆插在一座方形青白石基座里（图1），基座中心为圆洞，直通地下，深不见底。

图1　钦安殿蠹旗杆石座

图 2 铜镀金重檐圆亭

圆洞里原插有七星纛旗的旗杆，由长九丈五尺五寸、根径一尺的桅木制成，折合今约 31 米，高出紫禁城，在皇宫外远远地就能看到那飘扬的七星纛旗。乾隆时旗杆糟朽，需要更换，令湖南巡抚采办，但遍历湖南，寻迹黔省，深入苗境，竭力搜求，也没有找到合适的木材。[2] 因为制作纛旗杆的木材十分讲究，必须是自然长成的，又高又圆又直，但又不能太粗，不裂、不腐、不蛀、少节的木材，就像船上的桅杆一样。在这座纛旗杆基座的旁边置铜镀金重檐圆亭一座（图 2），内供七星纛神牌一面。明代又于钦安殿天一门外立"诸葛拜斗石"（图 3），象征御花园是宫中拜北斗的中心。

有了明代拜北斗的基础与规模，雍正时兴起的众多斗坛则是对明代拜北斗的补充与提升。

图 3　天一门前的诸葛拜斗石

一、清宫斗坛的建造与分布

斗坛诵经礼忏,解厄延生,供香燃灯,顺星利运,可"上朝金阙,下覆昆仑"。明代黎民衷《礼斗坛》诗曰:"永夜焚香侍碧坛,七星高曜紫霄端。徘徊似有真霞降,风露凄凄沆瀣寒。"

(一)养心殿斗坛

清康熙帝即位后,入住乾清宫,养心殿则改为造办处,负责造办各种御用物件。西暖阁是工匠制作器物的地方,东暖阁是皇帝临幸此地时的晏息之处。康熙三十年将造办处迁移至慈宁宫茶饭房。雍正即位后(图4),以养心殿为倚庐守孝三年(图5),就住在东暖阁,期满后觉得这里起居和办公

图 4 雍正像

图 5 养心殿

都很不错，就留了下来，并将东暖阁改为"长春方丈"室，俨然是一个出家修行之处。雍正五年十一月初二日，"东暖阁长春方丈室内陈设的洋漆书格下，着做桌面式楠木垫板二块"³。雍正六年对养心殿及后殿进行了装修，八月初九日，"传旨养心殿后殿东二间门外靠落地罩，着做挡门围屏四扇，其高以卷着门帘上边一般高，高照落地明连抱柱一般宽，帘缝做折叠的，东边以板墙抱柱上计牢安柱子，围屏上两面画西洋书格八副"⁴。八月初十日，"养心殿后殿明间靠落地明西一扇落地明亦照东面做围屏四扇，二面亦画书格。北面墙上贴的画不好，尔将原贴的书格果子画两边长条画揭去，其余画片不必动，添补空处集锦。再东西屋内门扇拆去，镶楠木口，落地明两边柱头，着看好日期打平"⁵。九月二十九日，"养心殿后殿东二间屋内西板墙对宝座处，安玻璃插屏镜一面，镜背面安一活板，若挡门时，半板拉出来，若不用时，推进去，要藏严密。镜北边板墙上安一表盘，钟轮子俱安在外间内书格上。此屋内陈设的水缸款式不好，尔另寻一水缸换上，钦此"⁶。

雍正八年七月初五日，据圆明园来贴内称五月十七日郎中海望奉旨："养心殿后殿西二间着收拾，西暖阁安床书格画样呈览，俟秋令再做，朕进宫时要用。"⁷七月二十七日，"首领太监李久明持来床九张，书格上玻璃六块，说首领太监潘凤传养心殿西暖阁原陈设书格六格上玻璃拆出，其格子留在里边，用床九张，亦留下三张里边用，其余床六张持出"⁸。

西暖阁于八年七月安了三张床，是雍正帝的燕寝之处，但让人意外的是到了十月份，他突然于此建造起了斗坛，做起祈神拘鬼的事来（图6），档案记载：

雍正八年十月十四日，"内务府总管海望将圆明园造办处备造的一套十供呈览，这套十供是四年八月初八日下的旨，于六年七月初八日才送去圆明园造办处制作的，计开：香：系陈香山子，紫檀木座子一件。花：系象牙茜色花一束，随白玉瓶一件，紫檀木座一件。灯：系铜烧古见镀金蜡台一件，上安象牙茜红色蜡一枝。团：系亮白玻璃有盖团一件，紫檀木座一件。果：系珐琅托一件，随紫檀木座，上安紫檀木画金花元碟一件。茶：系紫檀木边黄杨木心画金花敞口匣一件，随红漆桌一张。食：系白玉碗一件，随红漆桌一张。宝：系铜镀金八宝假红蓝宝石地景白瑞石盆一件，随红漆桌一张。珠：系水晶元珠随彩漆座一件、红漆桌一张。衣：系黄缎画五彩龙衣一件，红漆彩金箱一件盛装，红漆桌一张"⁹。雍正帝阅后，即降旨着在养心殿西暖阁斗坛坛

图 6　雍正道装像

内陈设，"其内佛衣再做绣的一件，得时换上水晶珠，不必用桌上，另做一紫檀木座，座上安一挑杆，上挂好数珠一串，或用珠子，亦可将水晶珠另配一高些架子，朕另用"[10]。

　　十月十五日，"内务府总管海望奉旨着养心殿西暖阁做斗坛一座。于十月十八日画得斗坛纸样一张，内务府总管海望呈览，奉旨：照画样做。内务府总管海望随奏栏杆用锦糊，毗卢帽用石青绣缎绣金线夔龙等语奏闻，奉旨：照所奏糊裱"[11]。

十月二十二日，"将十供内珠分位换做，得呆录玻璃念佛庄严数珠一盘，上有珊瑚佛头四个，松石塔一个，珠子记念三十个，白玉豆一个，墨晶豆一个，珊瑚银锭一个，镀金铜敖里一个，铁錽银戟一个，鹅黄辫子，随紫檀木座，黑漆挑杆一件，并其余十供九份，员外郎满毗带领柏唐阿阿富拉他持进陈设在养心殿西暖阁斗坛内讫。于十二月十七日将水晶珠一件，配得紫檀木架一件，内务府总管海望呈进讫"[12]。

十月二十三日，"柏唐阿六达子持来养心殿西暖阁斗坛内陈设银躺炉一件，铜烧古炉一件，说内务府总管海望传旨：着将银躺炉满镀金，铜烧古炉另烧古配一锦座。记此。于十月二十三日将银躺炉满镀金，铜烧古炉另烧古配得锦座，员外郎满毗带领柏唐阿都八格持进陈设在养心殿西暖阁斗坛内讫"[13]。

十月二十六日，"太监樊宁来说首领太监潘凤传做养心殿西暖阁斗坛内用长五寸红铜扁镊子一件，交红油杆，长二尺四寸。太监张玉柱交来四足象鼻玉炉一件，随嵌玉乌木盖一件，乌木座一件，系随赫德进，传旨：着将玉炉内配铜镀金胆一件，耳子要高些，上嵌香木，得时供在斗坛前面"[14]。

十一月初一日，"太监樊宁来说首领太监潘凤传做斗坛内用红铜径四寸勺匙一个，红铜长七寸筷子一双，铜灯花剪刀一把"[15]。

十一月十一日，"照画样做得糊锦栏杆石青缎金线夔龙斗坛一座，内务府总管海望呈进，安于养心殿西暖阁讫"[16]。

（二）乾清宫斗坛

乾清宫为明代帝王的寝宫，明末毁于战火，清顺治十三年重修完工后始移居乾清宫，康熙帝继位后，遵旧制仍居住乾清宫。《国朝宫史续编》记："乾清宫临轩听政，岁时内廷受贺、赐宴及常日召对臣工，引见庶僚，接觐外藩属国陪臣，咸御焉。"

在建养心殿斗坛的同时，雍正帝下令于乾清宫月台搭建斗坛，这两座宫殿非同寻常，都是召见大臣、处理国家大事的地方，却于此大张旗鼓地建坛作法事，档案记载：

雍正八年十月二十七日，"内务府总管海望奉旨：乾清宫月台上新盖黄毡板房后，着做斗坛一座，外面用黄毡安板墙开门。于十月二十八日，做得乾清宫月台上板房斗坛烫胎小样一件，内务府总管海望呈览，奉旨：此是做法不是，尔在月台上板房一间，将呈过的拆卸斗坛搭在此板房内，周围俱要走得人。则可斗坛内做一插屏，上身高三尺三寸，宽二尺四寸，满扫天青，中间做一径圆四寸玻璃镜，左边做一玻璃红日，右边挂一玻璃白月，俱径一寸二三分，下画流云，上画祥光，暂供用。嗣后再做一九龙边扫金座，上身插屏用白檀，满扫天青。其镜日月照此样做，另画样呈览。于十一月初一日，做得乾清宫月台上板房佛龛烫雕小样一件，画样二张，内务府总管海望呈览，奉旨：板房边胎样是照样盖造，斗坛内牌位画样，中间元光太高，日月画在元光上，祥光到顶云穿插，半掩半露。牌身用柏木做，座子用紫檀木做。其供桌或用花梨木或用紫檀木做，不必用帏，外层板顶，准用黄毡，两山红油薄缝。于十二月二十六日，照样做得紫檀木佛龛一座，催总刘山久持进安讫"[17]。

十一月初七日，"内务府总管海望持出高足方玉鼎一件，奉旨着配铜镀金胆，鼎盖配做紫檀木的，其架手亦做紫檀木的。于十二月初七日，将玉鼎配做得铜镀金胆一件，随紫檀木盖一件，架一件，内务府总管海望呈进，奉旨尔将此供在月台上新盖斗坛内"[18]。

十一月十三日，"太监张玉柱传旨：乾清宫前月台上新盖黄毡引见三间，房内东一间南北安隔断一槽，北面东西安隔断一槽，可做板壁或做围屏式样，靠南窗安床，窗上安玻璃。钦此。于本月十四日，内务府总管海望画得隔断装修样一张呈览，奉旨：床不必太大，窗上不必太高了，其余准做。钦此。于十二月十四日，员外郎满毗带领匠役进内装修安讫"[19]。

（三）澄瑞亭斗坛

雍正帝建斗坛的兴趣大增，于九年正月二十七日，在内务府总管海望和道士娄近垣的陪同下，亲行至御花园，查看何处可以建造斗坛，据档案记载，当时海望所奉上谕曰："朕看后花园千秋亭若设斗坛不甚相宜，用后层方亭设斗坛好。"[20]

方亭即澄瑞亭（图7），位于御花园的西北，正北为倚园北墙而建的位育斋，正南为千秋亭。亭坐落于石桥上，桥下有东西长的矩形水池。亭建于明万历十一年（1583），方亭内为金龙图案井口天花，正中有双龙戏珠八方藻井。

图 7　澄瑞亭

雍正时于前檐添盖抱厦，亭的四面装有护墙板以开门窗，内设斗坛，档案记载：

雍正九年六月初二日，"据圆明园来贴内称本月初一日，内务府总管海望将做得御花园澄瑞亭改为佛亭，前接抱厦三间，内里桌张并陈设装修烫胎小样一件呈览，奉旨：照样盖造。今将烫胎样一样，着柏唐阿苏尔迈送去抱厦三间，已交总理监修处，照样接盖，内装修并陈设桌张，今交造办处司库三音保、催总刘三九用光明殿匠役，后需用工料银两，俟得实用数目，向总理监修处取领可也。于八月初二日，司库三音保、催总刘三九、笔帖式清宁，为造供桌三张、佛柜一张、香桌三张、琴桌六张呈明，内务府总管海望，着用造办处绣缎物料，其飞金木料、银两向总理监修处取用"[21]。

八月初七日，"据催总刘山久来说，内大臣海望传斗坛内应用供器等类办理一份，坛内应用供器等类物件开列于后：南音座鼓一架、陈设六张、铺地平花粘一块、帑炉一件、十柱香炉一件、香色漆圆盘一件、红漆腰圆盘二件、十供一份（计香、花、灯、团、果、茶、食、宝、珠、衣）。法器一份，计开：磬一口（随衣锤）、朝钟一口（随衣锤）、扇器一面、铛子一架、大小木鱼二个、锅子一副、帝钟二把、手磬一个、牌墩二个。于九月十六日据催总刘山久来说司库常保的话，此法器一全份，不必做罢"[22]。

十月二十五日，"圆明园来贴内称本日常保来说宫殿监督领侍陈福传旨：养心殿斗尊供在后花园，别设正位，略偏些，候寅时请"[23]。

十月二十六日，"首领太监李玉隆来说宫殿监督领侍陈福传：澄瑞亭斗坛内着做红铜勺匙，径四寸一个，径二寸一个，见方二寸一个，红铜剪烛罐一份，黄铜桌掐四个"[24]。

十月二十七日，"首领太监李玉隆来说，宫殿监督领侍陈福传做澄瑞亭斗坛内用：锡蜡台二对（高一尺）、锡供茶壶一把、锡酒壶一把、锡汤壶一把、锡油钓一把、铜剪烛罐一份、铜筷二只、铜勾匙二个、铜镊子二个、盛硫黄绢盘一个、黄纸盘一个、黄庄缎疏带一条。于十一月二十日做得锡烛台二对、锡供茶壶一把、锡酒壶一把、锡汤壶一把、锡油钓一把、铜剪烛罐一份、铜筷二只、铜勾匙二个、铜镊子二个、盛硫黄绢盘一个、黄纸盘一个、黄庄缎疏带一条，催总张四支、首领李玉隆持去讫"[25]。

十一月初二日，"司库常保、催总吴花子来说，宫殿监督领陈福传做澄瑞亭斗坛内用焚纸铁八卦炉一件"[26]。

十一年十二月二十四日，"太监王常贵、高玉交麻子佛一尊，传旨：着照斗坛内现供紫檀木圆龛样式配龛一座，供在花园斗坛内"[27]。

（四）钦安殿斗坛

钦安殿位于御花园北、天一门内，供奉道教尊神真武大帝，在明代钦安殿是宫内最主要的道教活动场所：

成化时始见有于钦安殿举办斋醮活动的记载，成化二十二年，龙虎山四十七代大真人张玄庆被召进京，"命醮于钦安殿"[28]。

弘治五年六月辛亥，光禄寺卿胡恭上奏称："本寺器皿近以钦安殿修斋急用，尽数辏补，恐后有斋事，无以供应，故造办以备。"[29]

弘治十一年八月五日，弘治皇帝想于钦安殿外竖立斋醮所用幡杆，工部尚书徐贯等谏道："太监李广等所奏钦安殿等处设斋醮所用幡杆，非祖宗旧制，凡宫禁之内不宜用此。"弘治帝回答说："尔等言是，其勿造。"[30]

嘉靖二年五月七日，给事中张嵩以天戒进谏道："太监崔文等于钦安殿修设醮供，请圣驾拜奏青词，是以左道惑，陛下请火其书，斥其人。惟日临讲读，亲近儒臣。"[31]

嘉靖十年十一月二十三日，嘉靖皇帝于钦安殿举办斋醮："上求嗣，设醮钦安殿，礼部尚书夏言为祈嗣醮坛监礼使，侍郎湛若水、顾鼎臣充迎词导引官，文武大臣郭勋、李时、王宪、汪鋐、翟銮递日荐香。"[32]

嘉靖十一年正月十三日至十五日，嘉靖皇帝于"钦安殿建醮三日夜，以武定侯郭勋为上香使，辅臣等皆入陪，祈圣嗣也"[33]。

嘉靖十五年十二月十九日庚子，皇子应念而生，嘉靖帝于钦安殿举办了七昼夜的答谢上天的金箓大醮，"以皇子诞生，命真人官道于玄极宝殿修建祗答洪庥金箓大醮七昼夜。礼部尚书夏言请上香，监礼迎词导引等使如前钦安殿祈嗣事例。上依拟仍命百官各加恭敬毋生毁恶。玄极宝殿即钦安殿更名也"[34]。

钦安殿设有斗坛（图8），乾隆四十四年七月二十七日，"总管王忠交裁绒花毡一块，着在钦安殿斗坛地平上沿黄布边改做铺设"[35]。清代钦安殿斗坛使用情况是："钦安殿斗坛每月礼斗日期为：初一日月斗，初三日下降，初九日下降，十五日月斗，二十七下降，庚辰日吉祥斗，壬寅日吉祥斗。"

图8　天一门内斗香桌

（五）深柳读书堂斗坛

雍正帝住在宫中，故宫中多处建有斗坛，特别是养心殿西暖阁斗坛，直接就建在寝宫里。而圆明园深柳读书堂也是雍正帝常住的地方，于此亦建斗坛。据档案记载：雍正九年正月二十七日，内务府总管海望奉上谕："朕到圆明园，在深柳读书堂住，但佛楼斗坛太远，在深柳读书堂后新盖大平台下将行龛斗坛设立，再量地式，添盖板房几间，应添院墙如何收拾之处，尔画样呈览。"[36] 深柳读书堂，位于圆明园福海西岸，胤禛于康熙五十八年为圆明园题赋"园景十二咏"之一，其名源于唐代诗人刘眘虚《阙题》："道由白云尽，春与青溪长。时有落花至，远随流水香。闲门向山路，深柳读书堂。幽映每白日，清辉照衣裳。"胤禛即位前这里是他读书寝食之处，即位后，这里成为他的寝宫。雍正四年六月十五日，据圆明园来贴内称首领太监李统忠交御笔序天伦之乐事匾和深柳读书堂匾文一张，传旨：着配合做匾。[37]

雍正九年二月十九日内务府总管海望奉旨：斗坛画像急速办做。[38] 同日海望又奉上谕："朕二十二日未时起身，酉时到圆明园，尔将乾清宫月台上供的斗坛行龛牌位，二十二日卯时随佛请至圆明园深柳读书堂大平台处，未时安位。"[39]

雍正九年二月二十八日，"内务府总管海望传做深柳读书堂平台内斗尊围屏一架十二扇。此围屏系工程处成造，京内造办处表糊，于本月三十日糊完，司库常保持进，陈设在深柳读书堂讫。其原拆下美人画十二扇交领催马孝迄讫。于十年八月二十四日，司库常保将美人画十二张持进交太监刘沧洲讫"[40]。

雍正九年四月十三日，"太监马进忠持来拉古里木碗一件、斗母菩萨一尊，系贝勒特母代进，太监张玉柱传旨：着将斗母配龛。于本月二十七日内务府总管海望遵旨画得斗尊龛一张呈览，奉旨：斗遵龛着另做圆式的，如不得此合式的圆玻璃，将圆龛前面接出圆筒玻璃。于十月十五日，配做得紫檀木龛，催总胡当保持进，供在深柳读书堂讫"[41]。

（六）雍和宫斗坛

雍正帝的潜邸，康熙三十三年于此建造府邸，赐予四子雍亲王，称雍亲王府。胤禛即位后于雍正三年改为行宫，称雍和宫。雍和宫前为昭泰门，中为雍和门，内为天王殿，中为雍和宫，宫后为永佑殿，殿后为法轮殿，西为戒坛，后为万福阁，东为永康阁，西为延绥阁，最后为绥成楼。雍和宫之东为书院，门三间，入门为平安居。后有堂，堂后为如意室，室后正中南向为书院正堂，雍正帝御书额曰太和斋。斋之东其南为画舫，南向正室曰五福堂。斋之西为海棠院，北有长房，更后延楼一所。西为斗坛，坛东为佛楼，楼前为平台。据档案记载雍和宫斗坛是照养心殿斗坛样式建造：

雍正九年三月十二日，"据圆明园来贴内称内务府总管海望传旨：着照养心殿所供玻璃龛像斗坛内供桌柜，九凤瓶、九皇灯、斗钟、鼓供器等类，猪撑一份，急速成造一份，雍和宫斗坛内供用。计开：斗母画像一轴，紫檀木玻璃门龛一座，红油供桌大小四张，珐琅九皇灯一份，磬一口随衣摆，朝钟一口随衣摆架子，鼓一面随架子，诸经二部，牙简一块，珐琅水盂一件，剑一口，肩鼓一面，铛子一架，大小鱼二件，锅子一副，帝钟二把，黄彩漆璃盘一件，手磬一件，经袱二件，经盖二件，牌垫二件，银躺炉一件，银手炉一件，银奠池一件，大铜鼎一件，填漆香盘四件，九凤瓶一座，海灯一座随罩，坛香炉二件随座，方炉一件随座。于九年八月十九日做得斗母画像一轴，紫檀木玻璃门龛一座，催总张自成、张四送至雍和宫同头等侍卫兼郎中苏合讷安讫。于十年闰五月初九日做得红油供桌大小四张，珐琅九皇灯一份，磬一口，朝钟一口，鼓一面，诸经二部，牙简一块，珐琅水盂一件，令牌一件，请尺一件，剑一口，肩鼓一面，铛子一架，大小鱼二件，锅子一副，帝钟二把，黄彩漆璃带一件，手磬一件，经袱二件，经盖二件，牌垫二件，银躺炉一件，银手炉一件，银奠池一件，大铜鼎一件，填漆香盘四件，玻璃九凤瓶一座，海灯一座，坛香炉二件，方炉一件，俱随座。催总张自成送赴雍和宫交佛楼太监金廷相收讫"[42]。

雍正九年四月十四日，"为做雍和宫斗坛内大鼎炉一件，方炉一件，檀香秋耳炉二件，用拔蜡匠邢二上、泥匠谷国贤，自本月十五日起至二十九日止。五月初十日，斗坛内龙钟一口，大鼎炉一件，拔蜡用拔蜡匠邢二上、泥匠谷国贤，自六月初十日起至七月初十日止。五月十五日，为做斗母像一张，用裁缝二名，自本月二十日起至二十四日止"[43]。

雍正九年四月二十七日，"据圆明园来贴内称内务府总管海望传旨：热河曾有用磁青纸画过的斗母坛城，不知是何人所画，着查问"[44]。

雍正九年八月十六日，"雍和宫请斗母像，暂用鲜明彩绣（由）一百五十个，俟用完时交回"⁴⁵。

（七）乐志山村斗坛

圆明园乐志山村始建于雍正九年，雍正十年四月初一日，"圆明园来贴内称三月三十日司库常保来说内大臣海望谕乐志山村照样做匾大小十三面。于闰五月二十一日，据圆明园来贴内称本月十四日首领李统忠交出御笔乐志山村匾文、皓月清风匾文等十三张"⁴⁶。

雍正十年七月初四日，"圆明园来贴内称本日司库常保、首领萨木哈来说宫殿监副侍李英传旨：乐志山村斗坛内供水铜九凤瓶照雍和宫供水玻璃九凤瓶改换"⁴⁷。

二、建造斗坛的原因

从雍正八年十月十五日至九年四月，在半年多的时间里，共建斗坛七座，其中四座在宫内，三座在宫外，为何雍正帝在如此密集的时间里建造了数座斗坛，而且第一座斗坛建在寝宫养心殿西暖阁里，是何原因？原来与雍正帝患病有关系。《起居注册》雍正九年一月二十四日一则谕旨曰："昨岁朕躬偶尔违和，贾士芳逞其邪术，假托'祝由'以治病。朕觉其邪妄，立时诛之，而余邪缠扰，经旬未能净退。有法官娄近垣者，秉性忠实，居心诚敬，为朕设坛礼斗，其至诚默感，确有灵应。又以符水解退，余邪涣然冰释，朕躬悦豫，举体安和。娄近垣一片忠悃，深属可嘉，因赐以四品龙虎山提点司，钦安殿主持。"⁴⁸ 由娄近垣重修的《龙虎山志》在"恩赉"条目中一字不漏地记录了雍正帝的这则谕旨。⁴⁹

雍正帝从七年开始生病，宫中御医穷尽医术，仍不见效，到八年六月病情加重，几乎到了吩咐后事的地步。在这种情况下，他也就只好求助于所谓的"灵丹妙药"，白云观道士贾士芳进宫为帝治疗，病情反复无常，使他认为这都是贾士芳蛊毒魇魅所致，下令按大逆罪于雍正八年十月初二日丁酉处斩。但雍正帝的病情并没因贾士芳的处死而好转，仍然邪气缠身，这时请来了大明光殿的娄近垣道士。据娄近垣所撰《黄箓科仪》记："近垣于雍正丙午以值季来京，幸荷圣恩，获司金箓。"⁵⁰ 雍正四年娄近垣离开龙虎山值班北京大光明殿。选拔外地著名道观的道士供职京城皇家道观，一直是宫廷的惯例，被称作"御前值季法官"，这些法官往往从各地正一派道观中选拔年轻且道术高深者入京担当，负责京中各大皇家道观的斋醮祭祀活动以及道录司的部分行政职务。我们从档案中发现娄近垣得宠适在雍正八年十月即白云观道士贾士芳被处斩之后，月底娄近垣就得到大红道衣的赏赐："（雍正八年十月）二十八日，太监张玉柱传旨：着照府内持来大红道衣做一件，再将黄纱心、绿纱边做一件，赏娄金（近）垣。再照法衣式样，其花样问娄金（近）垣，指花样绣一件，赏娄金（近）垣。钦此。"于九年六月初一日，"做得绣黄缎法衣一件，绣黄纱边绿纱心法衣一件，司库常保交太监张玉柱收讫。于十一月初一日，做得绣红缎九龙法衣一件，司库掌保持出，赏法官娄金（近）垣讫"。[51] 也就是说不到一个月，雍正帝的病得到了好转。

娄近垣是用什么方法暂时治好了雍正帝的病呢？就是雍正帝自己说的"设坛礼斗"与"符水解脱"。

娄近垣所建的斗坛，与明代的拜北斗不一样，不是礼北斗，而是礼斗母，斗母又称斗姆或斗姥，拜的是金星长庚星，主雷霆，为北斗之母。娄近垣在《梵音斗科》中解释说："斗尊，由来尚矣。但依法号，称斗姥为九天雷祖者，非九霄中之九天雷祖也。盖斗尊乃金星所化，居西方八天之中，即书中所谓八佛母，故称为九天雷祖。其职则执主雷霆，权衡化育者也。故曰敕赐雷霆大法主也。又曰常行日月二天前即《小雅》所云东有启明、西有长庚是也。《汉书》云星者金之散气，与人相应，是太白实为金之精，而斗姥即为太白之清。以金生水，故为北斗之母，北斗为众星之主，故又为众星之母也。太白既称启明，所以开辟福门，又称长庚，所以绵寿算，宜乎祈求福缘。"[52] 据上述雍正帝所建斗坛的档案记载，坛内设有围屏、忏牌、神牌、供桌、牙简、珐琅水盂、令牌、请尺、剑、肩鼓、铛子、大小鱼鼓、朝钟、磬、九皇灯、帝钟、锅子、坛香炉、斗母画像、猪鞚、十供（计香、花、灯、团、果、茶、食、宝、珠、衣）、鼎、炉等，供桌上设龛，龛里供斗母，或者于壁上挂斗母像。

斗母的形象源自佛教摩利支天，法相三面四首，左右各有四臂，手中分别拿着太阳、月亮、帝钟、金印、弯弓、矛、戟等法器（图9）。《先天斗母奏告玄科》称斗母的号为"九天雷祖大梵先天乾元巨光斗母紫光金尊圣德天后圆明道母天尊摩利支天大圣"。《道门问答》记："问：大梵斗多释家咒语，何也？答：大梵乃唐一行释师得自西域，故多梵语。问：如何道教行之？答：

图9 中南海万善殿所供斗母　　　　　　　图10 供有摩利支天的铜鎏金喇嘛塔

三教同源，道之元始王即佛之毗卢遮那，道之先天斗姥即佛之摩利支天。"摩利支天意为"光""阳焰"（图10），是隐身和消灾的保护神。摩利支天具有极大的威力，在上掌管三十六罡星，在下掌管七十二地煞星，此外二十八宿皆为其所管。摩利支天具备隐形自在的大神通力，能救芸芸众生于危难水火之中。摩利支天形象为手执莲花，头顶宝塔，坐在金色的猪身上，周围还环绕着一群猪。

法官站在斗坛上，以府衙公文呈递的形式来沟通神从而达到祈祷目的。因斗坛供的是斗母，所以奏告章表是向斗母奏告，这就是江西龙虎山正一派的"告斗科仪"，希望斗母光降法坛，证盟奏告，如《先天斗母奏告玄科》所记："天地广大，故爱物而不遗；日月高明，宜容光而必照。云关虽远，天耳遥闻，以今雷霆都司，焚香关召三界符使、四直功曹、直坛土地只应等神，闻今关召火速到坛，有事指挥。疾。密咒存至，杳杳冥冥，天地同生，散则成气，聚则成形，闻呼则至，遇召即临，有违吾命，如逆上清。急急如律令！" [53]

符水治病是指法官于坛上作法事，把烧尽的符扔在瓷缸的水中，念咒请神拘鬼，然后把符水给患者服用。此根据"取坎补离"之理。水有滋补之功。肾在五行中属水，肾为元气之源，乃元精之储所，"固肾补元"是活命之需。而水利于培元，为人之命根。将"气"注到清水里，水火既济，以德善治，让病人内服，这是扩大疗效的手段。服用符水后，或许巧了，这时雍正帝的病神奇般地暂时好了，雍正帝说："余邪涣然冰释，朕躬悦豫，举体安和。"

三、澄瑞亭北斗形斗坛

雍正帝建的斗坛是什么样的呢？在检视老照片时，发现一张民国时的供神龛的老照片（图11），神龛里供斗母像，供案上设五供，再前有汉白玉栏杆。汉白玉栏杆的出现，说明这个建筑不是一般的宫殿建筑，不是封闭的室内，

图11　澄瑞亭斗坛老照片

图 12　楠木雕流云纹贴金屏风

图 13　屏风上的流云纹

它应跟外面直接相连，这使我想到了档案记载的澄瑞亭斗坛，并马上到澄瑞亭核对，果然是该处。但此澄瑞亭斗坛早已无存。

一天，古建部张淑娴老师发来一张屏风文物照片，询问照片中的楠木雕云龙纹屏风是哪座宫殿里的陈设，当我看到照片中的屏风时，马上就想到了老照片，屏风终于找到了。进入库房，发现屏风共有 17 扇（图12），楠木，满雕流云纹（图 13），宽 10 米余，高 3 米余。将这扇屏风与民国初年拍摄的澄瑞亭老照片中屏风进行对比，二者完全吻合。

澄瑞亭虽建于明万历时期，但作为斗坛使用则是从清雍正时开始的，并一直保存至民国时期。但当我们把屏风的尺度与澄瑞亭的尺度放在一起时，发现屏风是摆不下的。经测量，澄瑞亭内从地面到斗拱的高度为 4.4 米，安设屏风的高度够了，但东西宽约 7 米，小于 10 米，现存 10 米宽的屏风如何摆放呢？

继续从老照片中寻找蛛丝马迹，终于发现西侧的屏风是向南折的。而斗坛又与北斗有关系，故而确定屏风的陈设形式为凹字形，符合北斗七星之斗魁形状，即中间设 7 扇，东西两侧各设 5 扇，正好为 17 扇，与现存屏风的构件、数量、尺度完美吻合。所以这扇屏风应该称为楠木雕流云纹贴金斗魁式屏风，是专为澄瑞亭斗坛量身定制的。屏风按斗形陈设，目的是使澄瑞亭形成一个斗形的坛，成为斗母的住宿之地。

从老照片中还发现这座屏风的顶部向前支出一块雕流云纹楠木板，两侧还有流云飘带，在库房中也找到了相应的实物。原来在屏风的上面安装这样的雕流云纹楠木板，是为了把它当作伞盖使用，以便罩住下面供奉的神亭。根据澄瑞亭老照片，神亭置于斗魁式屏风前须弥座上，亭顶装饰玻璃红日和玻璃白月，这是斗母所摄日月的象征。亭里供奉坐式斗母画像，亭前供紫檀木圆龛一座，圆龛前供佛教八宝。须弥座前为红漆描金大供桌，上供铜鎏金藏式喇嘛塔和五供，塔内供摩利支天铜像。供桌前是拜案，罩黄云龙套，上供五供。须弥座两侧设挑杆宫灯和香几，香几上承花瓶，地铺黄毡。与《御花园斗坛位育斋陈设档》记载澄瑞亭斗坛陈设相一致："祥云七猪辇，内供香胎斗母一尊。紫檀木大龛一座，内供画像斗母一尊。"

整个斗坛的设置中，楠木雕流云纹贴金斗魁式屏风最为耀眼，体量大，面积广，如袅袅升起的祥云，萦绕在开敞的方亭之中，以衬托斗母在云天之上、星河之中。澄瑞亭斗坛用了北斗之斗魁形，将北斗与斗母结合在一起。

四、英华殿的北斗神龛

英华殿位于内廷西北角（图 14），建于明代，初名隆禧殿，曾是明代万历帝的母亲李太后的礼佛场所。它有两进院落，第一进院落南院落正中为山门，门后为宽敞的庭院。第二进院落北院落院门为英华门，英华门与英华殿之门有高台甬路相连，甬路正中为乾隆时增建的攒尖式碑亭一座（图 15），碑亭内石碑上刻乾隆御制《英华殿菩提树歌》《英华殿菩提树诗》。《英华殿菩提树诗》曰："何年毕钵罗（菩提树一名毕钵罗见《酉阳杂俎》），植兹

图 14　英华殿

图 15　英华殿碑亭

清虚境。径寻有旁枝，蟠拏芝幢影。翩翩集佳鸟，团团覆金井。灵根天所遗，嘉荫越以静。我闻菩提种，物物皆具领。此树独擅名，无乃非平等。举一堪例诸，树以无知省。"《英华殿菩提树歌》曰："我闻法华调御丈夫成道处，乃于伽耶城中菩提树。又闻华严海会诸如来，一佛一树乃至恒沙数。一亦非合恒沙数非离，是佛是树皆菩提。娑罗贝多阁扶谁则见，惟有菩提之树郁葱蔚郁常依佛日生光辉。英华之殿耸层甍，胜国莫考，国初曾以居慈宁。思斋太任笃奉佛，爰供法象延禧笃祜贻云仍，时来瞻礼意肃穆，装严宝轴相好合梵经。或云：即是北斗之七星，贝帙一一名可征。菩提七树森列庭，是诚不可思议标祥祯。

图16 乾隆《御制英华殿菩提树歌》碑

图17 英华殿外菩提树

枝枝叶叶数无万,如斯无万数,绳绳继继永世绵皇清。"(图16)

原来山门通向大殿的甬道两旁各有一株菩提树(图17),相传由明代万历皇帝的生母圣慈李太后亲手所植,到乾隆朝已生长为七棵,乾隆帝说是北斗七星的祥祯,又特作《御制英华殿菩提子数珠诗》曰:"七树恒沙结子多,数珠拈百八云何。欲因悠久卜皇祚,讵是寻常佞佛陀。颗颗圆融开意蕊,累累联缀振禅柯。莲池净业吾无暇,静置如闻鸣法螺。"乾隆帝把七棵菩提树看作是北斗七星,枝枝叶叶如恒河沙数,象征子孙绵延无穷。

英华殿面阔5间,黄琉璃瓦单檐庑殿顶。殿内所供万历时期的佛像,于崇祯五年秋，俱送至朝天等宫大隆善等寺安藏。到清代乾隆时这里又成为礼佛的地方，据光绪二年四月十六日所立《英华殿现存等样器皿》的记载如下："光绪二年四月十六日奴才范长禄等谨奏，查得英华殿正殿内供红油五彩贴金龛七座，每龛内铺石青妆缎褥一床，红朱油供案七张，每案设铜香炉一件，每案一件，共七件。铜海灯一件，每案一件，共七件。木座丝线方胜一件，每案一件，共七件。木瓶线栊罗一件，每案一件，共七件。铜供钟七件，每案七件，共四十九件。铜托盘五件，每案五件，共三十五件。铜镜一面，每案一件，共七件（随锡托架七件）。铜项圈一围（嵌合珠七颗），每案一围，共七围（随锡托架七件）。镀金坠子一副六个（玻璃珠十二颗），每案一副，共七副。锡花瓶一对，随纸花一对，每案一对，共七对。漆架二座，左边一座，右边一座。画戟七杆，左边四杆，右边三杆。腰刀七口，左边四口，右边三口。令箭七枝（上拴五色绸七块），左边三枝，右边四枝。乾隆四十年十一月二十一日换新五色绸七块，百花妆缎哈达十七个。乾隆四十年十一月二十一日换新妆缎哈达十七个（破坏），各色官用缎哈达二十八个。乾隆四十年十一月二十一日换新各色官用缎哈达二十八个（破坏），各色绫哈达一百四十六个。乾隆四十年十一月二十一日换新各色绫哈达一百三十八个。内有八个堪用，未换。以上换下旧的俱衣服库人收去。正案前小桌一张，随妆缎围上设。朝冠耳檀香炉一件（系掐丝珐琅）。铜香瓶二件。斗母前供锡香炉一件，锡花瓶一对，随纸花一对，锡供钟二件，锡托盘四件。龙母前供锡香炉一件，锡花瓶一对，随纸花一对，锡供钟二件，锡托四件，青缎金字大幡二首。羊角灯二连，每连七个，正月初一日起至十六日每晚点（破坏），总像一轴，现用锡香炉七件，铜海灯十四件，西洋花拜毡一块。西耳房宝座上安黄缎绣金龙迎手靠背坐褥一份，里间宝座上铺黄缎绒绣五彩龙迎手靠背坐褥一份。"[54]

殿内供有红油五彩贴金龛七座（图18），红朱油供案七张，香炉七件，海灯七件，方胜七件，花瓶七对，铜钟七件，画戟七杆，腰刀七口，令箭七枝，都跟七有关系，特别是七座红油五彩贴金龛，其布局为北墙设三座龛，东西墙各设两座龛，呈凹字形的斗魁形，显然七座神龛的设置与北斗有关，但却不拜北斗，而是拜斗母，当然拜斗母也就拜了北斗。自然斗母也进入了英华殿内，与完立妈妈一起成为供奉的主尊。乾隆皇帝又将英华殿外的七棵菩提比喻为北斗七星，与祖先神七仙女有关系，"祭祀典礼，满洲最重，一祭星，一祭祖"。坤宁宫祭祀时挂供七仙女神像（图19），这七位美丽的仙女就是北斗七星神的变体。她们不仅美丽，也象征生育。

图 18 英华殿内红油五彩贴金龛

图 19 坤宁宫所供星神图

注　释

1. 叶蕾、婉慧：《朱元璋魂归明孝陵"北斗"》，《中国地名》2004 年第 2 期。

2.《工部为钦安大高二殿换造旗杆需用桅木事》，《长编 69510》，乾隆十五年四月十五日丁亥，中国第一历史档案馆藏。

3.《清宫内务府造办处档案总汇》第 2 册，雍正八年七月初五日，第 560 页，人民出版社，2005 年。

4.《清宫内务府造办处档案总汇》第 3 册，雍正八年七月初五日，第 114 页，人民出版社，2005 年。

5.《清宫内务府造办处档案总汇》第 3 册，雍正八年七月初五日，第 114 页，人民出版社，2005 年。

6.《清宫内务府造办处档案总汇》第 3 册，雍正八年七月初五日，第 353 页，人民出版社，2005 年。

7.《清宫内务府造办处档案总汇》第 4 册，雍正八年七月初五日，第 353 页，人民出版社，2005 年。

8《清宫内务府造办处档案总汇》第 4 册，雍正八年七月二十七日，第 359 页，人民出版社，2005 年。

9.《清宫内务府造办处档案总汇》第 4 册，雍正八年十月十四日，第 600 页，人民出版社，2005 年。

10.《清宫内务府造办处档案总汇》第 4 册，雍正八年十月十四日，第 600 页，人民出版社，2005 年。

11.《清宫内务府造办处档案总汇》第 4 册，雍正八年十月十五日，第 600 页，人民出版社，2005 年。

12.《清宫内务府造办处档案总汇》第 4 册，雍正八年十月二十二日，第 600 页，人民出版社，2005 年。

13.《清宫内务府造办处档案总汇》第 4 册，雍正八年十月二十三日，第 514 页，人民出版社，2005 年。

14.《清宫内务府造办处档案总汇》第 4 册，雍正八年十月二十六日，第 398 页，人民出版社，2005 年。

15.《清宫内务府造办处档案总汇》第 4 册，雍正八年十一月初一日，第 412 页，人民出版社，2005 年。

16.《清宫内务府造办处档案总汇》第 4 册，雍正八年十一月十一日，第 626 页，人民出版社，2005 年。

17.《清宫内务府造办处档案总汇》第 4 册，雍正八年十月二十七日，第 629 页，人民出版社，2005 年。

18.《清宫内务府造办处档案总汇》第 4 册，雍正八年十一月初七日，第 470 页，人民出版社，2005 年。

19.《清宫内务府造办处档案总汇》第 4 册，雍正八年十一月十三日，第 471 页，人民出版社，2005 年。

20《清宫内务府造办处档案总汇》第 5 册，雍正九年正月二十七日，第 41 页，人民出版社，2005 年。

21《清宫内务府造办处档案总汇》第 4 册，雍正九年六月初二日，第 727 页，人民出版社，2005 年。

22《清宫内务府造办处档案总汇》第 4 册，雍正九年八月初七日，第 776 页，人民出版社，2005 年。

23.《清宫内务府造办处档案总汇》第 5 册，雍正九年十月二十五日，第 118 页，人民出版社，2005 年。

24.《清宫内务府造办处档案总汇》第 4 册，雍正九年十月二十五日，第 775 页，人民出版社，2005 年。

25.《清宫内务府造办处档案总汇》第 4 册，雍正九年十月二十七日，第 776 页，人民出版社，2005 年。

26.《清宫内务府造办处档案总汇》第 4 册，雍正九年十一月初二日，第 779 页，人民出版社，

2005 年。

27.《清宫内务府造办处档案总汇》第 5 册，雍正十一年十二月二十四日，第 723 页，人民出版社，2005 年。

28.《皇明恩命世录》卷七，《道藏》第 34 册，文物出版社、上海书店、天津古籍出版社出版。

29.《明孝宗实录》卷六四，弘治五年六月辛亥，台北"中研院"历史语言研究所校印，1966 年。

30.《明孝宗实录》卷一三九，第 2410 页，台北"中研院"历史语言研究所校印，1966 年。

31.《明世宗实录》卷二五，第 724 页，台北"中研院"历史语言研究所校印，1966 年。

32.《明世宗实录》卷一三二，第 3134 页，台北"中研院"历史语言研究所校印，1966 年。

33.《明世宗实录》卷一三四，第 3172 页，台北"中研院"历史语言研究所校印，1966 年。

34.《明世宗实录》卷一九四，第 4103 页，台北"中研院"历史语言研究所校印，1966 年。

35.《清宫内务府造办处档案总汇》第 42 册，雍正九年正月二十七日，第 773 页，人民出版社，2005 年。

36.《清宫内务府造办处档案总汇》第 5 册，雍正九年正月二十七日，第 41 页，人民出版社，2005 年。

37.《清宫内务府造办处档案总汇》第 1 册，雍正四年六月十五日，第 783 页，人民出版社，2005 年。

38.《清宫内务府造办处档案总汇》第 4 册，雍正九年二月十九日，第 672 页，人民出版社，2005 年。

39.《清宫内务府造办处档案总汇》第 5 册，雍正九年二月十九日，第 42 页，人民出版社，2005 年。

40.《清宫内务府造办处档案总汇》第 5 册，雍正九年二月二十六日，第 58 页，人民出版社，2005 年。

42.《清宫内务府造办处档案总汇》第 4 册，雍正九年四月十三日，第 813 页，人民出版社，2005 年。

43.《清宫内务府造办处档案总汇》第 5 册，雍正九年三月十二日，第 101 页，人民出版社，2005 年。

44.《清宫内务府造办处档案总汇》第 5 册，雍正九年四月十四日，第 170、190 页，人民出版社，2005 年。

45.《清宫内务府造办处档案总汇》第 4 册，雍正九年四月二十七日，第 725 页，人民出版社，2005 年。

46.《清宫内务府造办处档案总汇》第 5 册，雍正九年八月十六日，第 189 页，人民出版社，2005 年。

47.《清宫内务府造办处档案总汇》第 5 册，雍正十年四月初一日，第 363 页，人民出版社，2005 年。

48.《清宫内务府造办处档案总汇》第 5 册，雍正十年七月初四日，第 282 页，人民出版社，2005 年。

49.《起居注册》，雍正九年一月二十四日，台北故宫博物院藏。

50.[清] 娄近垣编：《重修龙虎山志·恩赉》卷一。

51.《清宫内务府造办处档案总汇》第 4 册，雍正八年十月二十八日，第 603 页，人民出版社，2005 年。

52.[清] 娄近垣：《黄箓科仪·清微黄箓大斋科序》，《故宫珍本丛刊》第 525 册，第 67 页，海南出版社，2001 年。

53.[清] 娄近垣：《梵音斗科·大梵先天奏告元科序文》，《故宫珍本丛刊》第 525 册，第 277 页，海南出版社，2001 年。

54.《英华殿现存等样器皿》，光绪二年四月十六日立，故宫博物院藏。

还原紫禁城最初的
原状设计空间

紫禁城最初的原状空间是什么样的？在第六章《紫禁城的玄武空间》里做过探索与考证，确定紫禁城是按照龟蛇来布局的，万岁山（清称景山）如龟，金水河似蛇，紫禁城坐落在龟蛇的环抱之中。龟蛇是天神玄武的化身，如此设计，象征天神镇佑紫禁城。第六章虽然考证了金水河被设计成一条蛇状，但只限于紫禁城中。景山西红墙外的河是否也是金水河的一部分？如果是这样，才能真正地体现龟蛇相伴，才能真正地还原紫禁城最初的原状空间。

　　首先，从紫禁城的环境结构来看，靠山面水，坐北朝南。山和水均为人工所为，原本皆无。所以这山水并不是简单地而为之，必有所本，它完全可以按照人的意志来进行设计。

　　在紫禁城中，所有建筑都是静止的，唯有金水河是流动的，动静结合是古代建筑设计的根本理念。如何让金水河动起来呢？引证第六章中三国时人管辂所说的那句话，称水有三奇："曰横、曰朝、曰绕，精神气概，相其委蛇……"晋人郭璞解释说："委蛇，则为活蛇，故吉；直硬，为死则凶。"按照这一原则，必须要把金水河设计成一条蜿蜒的河流（图1），河道不能太宽，如果太宽则不像蛇形，蛇形的河流就动起来了，一动一静，紫禁城就完美了。

　　关于金水河像蛇形，在第六章中已有详细论证，此不赘述。在此，还要再次提到娄旭老师的发现，他在紫禁城东南角金水河即将流出时发现了金水河蛇头（图2），进一步坐实了金水河被设计成了一条蛇的形状。蛇头找到了，那么，蛇尾在哪儿呢？

　　我们知道金水河的水源是从西北角的城墙下经涵洞而流入的，自然就想到这个地方应是蛇尾处。到此察看，却不像蛇尾，像是蛇身子的一段从涵道里进来一样（图3）。

　　一日，观看乾隆时的《太簇始和图》（图4），吃惊地发现景山西南角红

图 1　从西北角楼处流入紫禁城的金水河

图 3　紫禁城西北角楼下的金水河涵洞

图 2　紫禁城东南角的金水河

图 4　《大簇始和图》局部：石桥

水流入紫禁城里的涵洞

图5　西北角楼下的涵洞

金水河入口处

图6　筒子河北岸进水涵洞

墙外也就是现在三大元饭店外有一座石桥，说明这里有河。于是把中国社会科学院考古研究所绘制的《明天启北京城图》拿出来一看，原来景山西红墙外与一排排灰瓦房之间有一条狭窄的河道，经万岁山西门、白石桥，向北过雷霆洪应殿、北闸口，抵衮祥桥，桥里就是宽阔的太液池（今北海）。

　　原来景山西红墙外还存在着如此狭长的一条河道，这条河是否与紫禁城中的金水河有关联呢？

筒子河靠西北角楼下的涵洞是与紫禁城里的金水河相通的（图5），说明金水河里的水是来自筒子河里的水。当站在这个涵洞的岸上时，发现它的斜对面即北岸也有一个涵洞（图6），这个涵洞在大三元饭店偏东一点，是景山西红墙外的那条河流入筒子河的洞口。

两个涵洞遥遥相望，大小一致，说明二者把紫禁城里的金水河与景山西红墙外的河连接了起来，变成了一条河。因此这两条看似隔开的河，其实是一条河，名曰金水河。可惜的是景山西侧的河道不存在了，被填平了，改成了绿化带（图7）。我曾到此测量，发现绿化带的宽度与紫禁城里的金水河的宽度是一样的。

图7　已改为绿化带的万岁山（景山）西红墙外的金水河

图 8　景山西南墙角外的石桥和金水河复原图

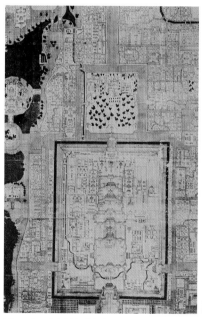

图 9　康熙时绘制的《皇城总图》局部

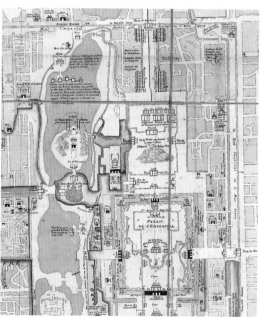

图 10　乾隆十七年由传教士绘制的《北京城平面图》

为了继续证实大三元饭店外是否有一座石桥，我咨询了50-60年代曾住在故宫附近的故宫人，师傅们说小时候曾在景山西南墙角外的石桥上玩过，我问师傅是否见过这条河，河道护堤上是否覆有黄色琉璃瓦。师傅说跟故宫金水河河道一模一样，宽窄都一样（图8）。

　　从康熙时绘制的《皇城总图》（图9）和乾隆时期由外国传教士绘制的《北京城平面图》看（图10），这条金水河是存在的，其走向、位置、长度与中国社会科学院考古研究所绘制的《明天启北京城图》几乎是一致的。

　　所以，紫禁城里的金水河只是蛇的大半个身子，还有部分身子在紫禁城外景山西红墙下。完整的金水河则是从黍祥桥至东华门古今通集库南（清称銮仪卫），蛇头在紫禁城东南处，蛇尾在太液池黍祥桥处（图11），整个金水河河道护堤均覆黄色琉璃瓦，宽约3.5米，深约5米，全长约3500米。

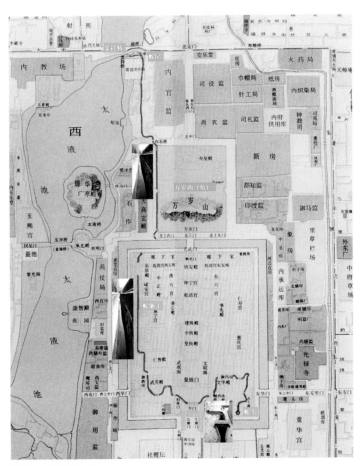

图11　完整的金水河

特别有意思的是，衾祥桥的命名，它不用"饮"字，而用古字"衾"，金和水组成了"衾"字，是不是在暗示金水河是从这里发源的？

这条金水河如一条巨大的蟒蛇，蜿蜒曲折，或隐或现，倏忽即逝，或洋洋洒洒，或雍容娴雅，伴山而行，穿行于紫禁城中。

笔者不仅在康熙《皇城总图》和乾隆早期《北京城平面图》中确定了金水河的起止，还发现图中景山上没有任何建筑。与第六章中引证的《明史·高瑶传》所记完全相符。也就是说万岁山在明代的形状与在清代的形状是不一样的，乾隆时于山上增建五亭，从此万岁山变成了五指峰。

没有建筑的万岁山，其形状如汉代刘向所言龟"磐衍象山"一样，如蹲踞的一只大龟。在古代，北方的山曰玄武山，玄武即龟，所以也叫龟山，龟长寿，故而明代称为万岁山，并把紫禁城的北门命名为玄武门（清称神武门）。

万岁山与金水河，组成了龟蛇天象，恰似天上的玄武在人间的投影，气势恢宏，意象深远。

龟蛇是北方天空玄武七宿的象征（图12），按天象布局，东方属青龙七宿，南方属朱雀七宿，西方属白虎七宿。所以永乐帝专门于紫禁城的北方建有东、西七所以象征北方天空七宿。玄武门里的钦安殿亦供奉玄武天神以彰显。

永乐帝《御制真武庙碑》说："惟北极玄天上帝真武之神，其有功德于我国家者大矣……肆朕肃靖内难，虽亦文武不二心之臣疏附先后，奔走御侮，而神之阴翊默赞，掌握枢机，斡运洪化，击电鞭霆，风驱云驶，陟降左右，流动挥霍，濯濯洋洋，缤缤纷纷，翕欻恍惚，迹尤显著。"

这正是永乐帝把紫禁城设计成龟蛇空间的原因所在。

这种设计前无古人，不仅完美地解决了用水与排水的功能，而且赋予水以神话，了无造作痕迹，几百年来静静地流淌着，无人知晓。古人建城与意志紧密相连，建筑、自然、思想融为一体，这就是古人的生活状态，这种生活与文化、神话的结合，才可能创造出震古烁今、令人肃然起敬的作品来。

图 12　钦安殿玄武天神像前的龟蛇相缠

后　记

完成本书后，心归于平静，又回到了原处，独坐灯下，细思跟紫禁城的缘分。记得有一年大学放暑假，我买了一张票进了故宫，记忆中依稀记得走出一座宫门时，天空飘起了小雨，觉得很美，突然心里一动"要是能在这里工作就好了"，当时回头看了一下这座门，叫"贞顺门"。所以要感谢上天，给了我一个机会，让我从遥远的偏僻小镇来到了紫禁城，并能够对紫禁城一步一步地研究下去，虽然仍存浅薄和谬误。其次要感谢理解、帮助过我的师友，给了我力量，让我在心烦意乱时有了定力，心无旁骛。再次要感谢出版社，感谢编辑的辛勤付出，使本书得以顺利付梓。

紫禁城 600 岁即将到来，600 年的风雨使紫禁城有了厚重的沉积，"如日之升，如月之恒，如南山之寿，不骞不崩"。当我面对这样一座伟大的城时，怦然心动，有了继续书写紫禁城的欲望。

回检过去写过的几本有关紫禁城的书，仍觉平庸与浅薄，有很多的地方需要重新修饬，重新思考。这种动力驱使我不断地努力，发愤忘食，乐而忘忧，只要有时间就一点一点地写，靠着平时的积累，下起笔来若有所思，能够写下去。

"夫子之墙数仞，不得其门而入，不见宗庙之美，百官（舍）之富"，虽然在故宫里工作，但有几人能找到通往紫禁城深处的大门呢？老祖宗告诉我们，方法只有一个，学而不厌，永远保持敬胜之心，不能有丝毫的懈怠之意。只有这样才能看到里面宗庙的雄伟、房舍的多种多样。

我至今仍是门外汉，对紫禁城的了解仍属皮毛之见。所谓"仰之弥高，钻之弥坚"，越是抬头望，越觉得高不可攀，越是钻研深入，越觉得深奥，无法把握。但仍不揣鄙陋粗浅，写成是书，抛砖引玉，祈望专家批评、指正。

王子林

2018 年 5 月

图书在版编目（CIP）数据

紫禁城建筑之道 / 王子林著. — 北京：故宫出版社，
2020.3（2024.3 重印）
ISBN 978-7-5134-1294-0

Ⅰ.①紫… Ⅱ.①王… Ⅲ.①紫禁城—建筑艺术
Ⅳ.①TU-092.2

中国版本图书馆 CIP 数据核字（2020）第 041353 号

紫禁城建筑之道

王子林　著

出 版 人：章宏伟
责任编辑：程　鹃　徐　海
装帧设计：王　梓
责任印制：常晓辉　顾从辉
出版发行：故宫出版社
　　　　　地址：北京市东城区景山前街4号　邮编：100009
　　　　　电话：010-85007800　010-85007817
　　　　　邮箱：ggcb@culturefc.cn
制　　版：北京印艺启航文化发展有限公司
印　　刷：北京启航东方印刷有限公司
开　　本：787毫米×1092毫米　1/16
印　　张：20
版　　次：2020年3月第1版
　　　　　2024年3月第2次印刷
印　　数：3001-5000册
书　　号：ISBN 978-7-5134-1294-0
定　　价：126.00元